ことばの起源

猿の毛づくろい、人のゴシップ

ロビン・ダンバー 著
松浦俊輔＋服部清美 訳

Grooming, Gossip and the Evolution of Language

青土社

ことばの起源　目次

ことばの起源——猿の毛づくろい、人のゴシップ

謝辞

本書は、いつもながら、非常に多くの人々に多くのことを負っている。本書で展開した考え方をともに論じてきたすべての人々、とくに本書の基礎となる研究に力を注いでくれた人々に感謝する。なかでも、レズリー・アイエロ、ロブ・バートン、ディック・バーン、リチャード・ベンタル、宮藤浩子、ピーター・キンダーマン、クリス・ナイト、サム・ローエン、ダン・ネトル、サンジダ・オコンネル、ボグスラフ・パブロフスキー、ピーター・ウィーラーに感謝する。ネイル・ダンカン、アマンダ・クラーク、ニコラ・ハースト、キャサリン・ロウ、デビッド・フリー、アンナ・マリオットはさまざまな研究プロジェクトを手伝ってくれ、ニコラ・コヤマは引用文献を調べてくれた。いつものように、編集者ジュリアン・ルースの熱意と忍耐に感謝を捧げる。

1

むだ話をする人々《トーキングヘッズ》

猿に毛づくろいされると、原始的な感情を経験することになる。最初は、はっきりしない関係へのためらいからくるスリルを感じるが、やがてしだいに、素肌の上を巧みに舞う相手の熱心な指に負けてしまう。発見する手が、肌をそっとつまんでつついて揉みながら、一つのしみから新たに見つけ出した別のほくろへと驚きながら動いていくのである。肌をつままれることによる束の間の面食らうような痛みは、心を和らげるような喜びの感覚に取って代わられ、それが意識の中心から外側へじわっと広がっていく。だんだんくつろいできて、この動作にひたすら神経を集中し、存在の奥深い核のどこかにある意識をぱたぱたとたたいて、周辺部から脳へすばやく駆けぬけていく神経信号の満ち引きに、心地よく身を任せるのである。

この経験は肉体的な感覚であると同時に、社会的な交流でもある。軽く触れ、やさしく愛撫することは、この世のあらゆる意味を伝えることができる。ときには慰めの言葉、謝罪、毛づくろいの要求、遊びへの誘いになり、あるときには特権の主張、どこかよそへ移れという要求になる。またあるときには、なだめる作用や、害意はないことの表明にもなるのだ。どういう意味をくみ取るべきか知ることは、まさしく相手の心を注意深く読むことに依存している社会的な生き物の基本にほかならない。めまぐるしく変わる狂乱の世界にあって、互いに理解しあうこの短いひとときに、あらゆる社会生活がただ一つの身振りの中で純化される。

この一つの身振りが猿や類人猿の社会生活において何を合図するのかを理解するためには、当事者の猿たちを非常に詳しく知る必要がある。誰が誰と友人関係にあるのか。誰が支配し誰が服従しているのか。誰が前の週に与えた恩のお返しを受けているか。誰が過去の侮辱の返報をしたのか。社会生活のめまぐるしい活動における、まさにこの複雑さが、我々自身の生活におなじみのあの曖昧さをもたらしている。

たとえば、はじめての子供を出産したばかりのジョジョを見てみよう。彼女は子供を腕に抱えている。それと同時に、この奇妙で湿っぽいものに当惑して、自分がどうすべきかよくわからないでいる。もう周囲の状況に応じる態勢になっているこの赤ん坊は、あたかも周囲の見慣れない光景や音に驚いているかのように、頭の向きを変えようともがいている。二頭が二頭だけでいる時間は長くはない。ジョジョの母親のペルセポネがやってくる。彼女は赤ん坊をじっと見下ろして、ためらいがちに匂いをかぎ、手を伸ばしてその尻に触る。それから穏やかなうなり声を発してジョジョを毛づくろいしはじめ、毛の奥を引き出しながら、社会的相互作用の儀式にいそしむ。しかし、赤ん坊から気をそらすことはできず、ときおり手をとめては赤ん坊の頭に触れて毛づくろいし、そうしながら舌をピチャピチャ鳴らしている。

ジョジョは母親の毛づくろいのリズムにくつろぎ、目をなかば閉じている。しかし、赤ん坊がぐずるとまたはっと目をあける。二頭の若い猿がこの乳児にちょっかいを出している。乳児の片足をおそるおそるひっぱると身をよじるため、面白がっているのだ。ジョジョはペルセポネの毛づくろいを中断させて、赤ん坊を引き離すと彼らに背を向ける。ペルセポネは二頭の若猿をきっと見つめ、頭を低くして脅かすように眉を上げる。若猿たちはあわてて逃げ去り、他の誰かにいたずらをしかける。

たまたまここに挙げたジョジョとペルセポネはひひであり、アフリカ東部の樹木が茂る草原の、岩が露出した地域を中心に生活する群れに属している。しかし、アフリカのどこかというのはどうでもいい。それどころか、アジア、アフリカ、南アメリカの森や森林地に生息するおよそ一五〇種の猿や類人猿の、どの一員でもいいのだ。さらに、彼らの行動や反応の過程には、不気味なほどなじみ深い何かがある――まるで、人間といってもいいような、アラスカからタスマニア、ベニンからブラジルまで地球のあらゆる場所に散らばっている約六〇〇〇の文化集団の一員といってもいいようなところがある。この日常生活の些細なできごとにおいて、我々自身と、我々に最も近い親戚である猿や類人猿とが一点に収斂する。ここには、我々がたちまち感情移入する行動がある。日常の社会経験にある、ほのめかしや機微といったものだ。

ただ、違いが一つある。我々の世界には言語がすっかり浸透しているが、一方、彼らの世界は言葉のないページェントでことが進むのである。

人間の赤ん坊はだいたい生後一八か月で、初めて本当の言葉を話す。二歳頃にはかなりよくしゃべるようになり、語彙も五〇ほどになる。次の一年間で日々新しい語を学び、三歳になる頃には一〇〇〇の語になる。そして、単語をつなげて二、三語からなる短い文を作り、人の注意を目的のものに促して、あれこれ要求する。文法を操る力はもうほぼ大人と同じくらい達者になる。ただ、まだ愉快な、それでいて論理的な間違いを犯して、*'ate'* ではなく *'eated'*、*'mice'* ではなく *'mouses'* と言ったりする。やがて堰を切ったようになる。六歳になる頃には、普通の子供はおよそ一万三〇〇〇語を使ったり理解したりするようになる。そして、一八歳頃には、使える語彙が六万語ほどになる。つまり、最初の誕生日から毎日平均一〇の単語を憶えているということであり、起きている間、九〇分に一つの新しい単語を憶えていることになる。

これはただごとではない。そんなことを可能にする装置だから、これを維持する代価がきわめて高いのも無理はない。人の脳は体重のわずか二パーセントを占めるにすぎないが、食事から得られる全エネルギーの二〇パーセントを消費している。言いかえれば、同じ重量で考えた場合、脳は働き続けるために、体の残りの部分の一〇倍のエネルギーを使うのである。この状況は、脳が単に普通の働きをしているのではなくて活発に成長している幼い子供たちでは、さらに極端になる。胎児の脳は妊娠の最後の段階においてめきめき成長しており、母親がへその緒を通じて送り込む全エネルギーの七〇パーセントを消費する——そしてもちろん、母親はそのすべてを供給しなければならない。誕生後ですら、生後一年の間、まだ脳は胎児の総エネルギー消費量の六〇パーセントを使う。授乳は、体力を消耗する仕事なのである。

人類がこれまでに存在したどんな種より、体の大きさに比べて大きな脳を持っていることがわかっても、驚くにはあたらないだろう。我々の脳は、同じ体の大きさの哺乳動物が持つと予測される大きさの九倍以上である。体が同じ大きさの恐竜の脳より、三〇倍以上大きいのだ。この点で我々に近いのは、小型の鯨やいるかだけである。しかし、いるかがその知性と社交性で知られているとはいえ、言葉という尺度では、やはり人類に太刀打ちできない。彼らの自然言語である口笛や舌を鳴らす音も複雑ではあるが、人類の言語と同類とは思えない。

たいした話ではないけれど

言語は特異なものらしいので、なおさら驚異的に見える。他の種は吠えたりきいきい言ったり、うなり声や遠吠えをあげたりするが、どれ一つとして言葉を話さない。たぶんしかたのないことだろうが、それで我々人類は自らを特別なものと見なすようになり、自分たちはえらいと思う傾向が強くなるのだろう。ところが、我々に最も近い親戚である猿や類人猿を見ていると、なじみ深いものが多々見つかる——我々自身の私生活と同じように密接な社会生活、同じようなささいな口げんか、喜びや挫折、そして同じく機嫌の悪い両親をいらだたせる、ぐずる子供たち。しかし、猿も類人猿も、人間が日常的にかわす会話において認められるような言語は持っていないのだ。

このように言葉を持たぬ無口な類人猿の子孫である我々に、なぜ彼らにはない、このたぐいまれな力があるのだろう。猿や類人猿の社会生活が我々になじみのものだけに、ますますこの疑問が大きくなる。それが我々のよく知っていることだと思わせているものは、彼らが長々と続く毛づくろいのあいだ、互いの必要性《ニーズ》にせっせと応えながら親密な肉体的ふれあいに費やしている、その時間である。彼らは人間の母親が子供のもつれた髪に注ぐのと同じひたむきさで互いの毛の奥を引き出し、毛をすき、抜き取り、かき分けることに時間を費やすのをまったく厭わないのだ。

この難問に見えることに対する答えは、我々が自分の言語能力を使う、その実際の利用方法にあるというのが私の説である。もし人間であるあかしが言葉を話すことだけなら、世界を動かしているのは生活の中の雑談であって、アリストテレスやアインシュタインの唇からこぼれ落ちた知恵の真珠ではない。我々は社会的な生き物であり、我々の世界は——猿や類人猿の世界に劣らず——日常の社会生活の利害や些細なことがらに包まれている。それらは、はかり知れぬほど我々を魅了する。

この論点を補足するために、少しばかり統計を挙げよう。今度カフェかバーに入ったら、しばらく周囲の人々の声を聞いてみるとよい。我々の調査結果と同じように、彼らの会話のおよそ三分の二は、社会的な意味を持つことがらに費やされているはずだ。誰が誰と何をしており、それが良いことか悪いことかだの、誰が誰と今旬で誰と誰がもうだめで、それはなぜかだの、恋人や子供や同僚が関わる面倒な社会的状況を解決するにはどうすればよいかなどである。もしかするとたまたま、仕事上の専門的な問題あるいは読んだばかりの本に関する、異様に熱心なやりとりを耳にするかもしれない。しかし、賭けてもいい。聞き続ければ、せいぜい五分もすると会話はまた別の話題に移り、社会生活の自然の流れに戻ってしまう。

大学の談話室や多国籍企業の食堂など、我々の知的生活やビジネス生活のまさしく中枢における会話を聞いていたとしても、状況はさほど違わないはずだ。確かに、時には、何か深遠な科学上の専門的な話やビジネス上の取引に関する、熱心な議論に出くわすこともあるだろう。しかし、それは来客がそういう話が好きだとか、個々の人物が、共通する何か重要な問題を徹底的に論議するという、特定の目的で集まっているときだとかだけである。それ以外の日常の会話のうち、その時代の文化、政治、哲学、科学的な問題のような知的なほうに重心があることがらが、およそ四分の一以上になるとは考えにくい。

さらに二つの統計を挙げるが、今度は出版の世界から集めたものだ。年間に出版される全書籍のうち、販売部数で見たランクのトップにくるのは小説である。地元の本屋をちょっとのぞいてみよう。大学構内の本屋を別にすれば、棚の三分の二には小説が並べられているだろう。その場合でも、我々を惹きつけるのはわくわくするような冒険物語でなく、主要登場人物たちが様々なつきあいを繰り広げるものである。我々を魅了するのは、彼らの物事への対処の仕方、生活の中で起きる事件への対応——「ひょっとしたら、自分もそういうことになるかもしれない」という状況なのだ。しかも、あらゆる小説のうちで、出版社の販売部数リストのトップにくるのは、評価の高い大家の著作ではなく、ロマンス小説なのである。

他のものは何もかも——美術史から写真術やスポーツにいたるまで、科学や手工芸から素人愛好者向けの車の修理のしかたにいたるまで——「ノンフィクション」という、いっさいを含む分類のもとに一緒くたにされている。ただ一つ伝記だけが、独自にかなりの市場シェアを誇ることができる。毎年、この類の書籍がどっと出現し、金持ちや有名人や落伍者の人生経験を繰り返し語っている。テレビニュースキャスター、政治家、女優、ダーツからサッカーにいたる二流スポーツ選手など、誰も彼もみな自分の身の上話を出版している。亡くなって久しい小説家、将軍、政治家たちも、それなりに人々の関心を引いている。

では、なぜ我々はそういった本を買うのか。当のスポーツについて学ぶためでも、テレビでニュースを読む方法を学ぶためでもなく、自分たちのヒーローや、自分の家族と同じくらい親しみを感じるようになった人物の、私生活を知るためである。細かい個人的なこと、ゴシップ、彼らの最も内面にある考えや感情を知りたいのであり、演技のしかたや議会手続きの詳細な専門的分析を知りたいのではない。できごとがどのように彼らに影響を与えたか、人生の浮き沈みに彼らがどう反応したか、友人や親族について何を考えたか、彼らが受けた侮辱、彼らが貢献した勝利などについて知りたいのである。

今度は、毎日の新聞を見てみよう。政治や経済に関する重い記事に、どれくらいの欄が割かれているだろうか。ここに、昨日の新聞の二紙、高級紙の『ロンドンタイムズ』紙と、イギリスの大衆向けタブロイド紙『サン』の数字を挙げてみる。大衆向けの『サン』の本文一〇六三インチコラム〔紙面の広さの単位で、一インチコラムはひとつのコラム（柱）の縦一インチ分の面積〕のうち、七八%が「人物系」の記事、つまり読者に他人の個人的な生活を覗かせることだけを目的とするような記事にあてられている。政治・経済時事、スポーツの結果、近日公開される文化イベントその他のために残されているのは、わずか二二%である。権威ある『タイムズ』紙ですら、一九九三インチコラムの本文のうち、主なニュースおよび、政治的・専門的ニュースに対する論評に割かれているのは、五七%だけである。四三パーセントが人物系の記事（インタビュー、もっと雑多な類のニュース記事といったもの）に費やされているのだ。「ゴシップ」に割かれているインチコラムの実数は、二紙ともほぼ同じで、それぞれ、八三三と八五〇だった。

我々のほとんどが、経済の進展や科学の発達などの込み入った内容よりも、偉大な人物やひどい人物の行為について知りたがっていることは明らかだ。O・J・シンプソン裁判は、アメリカ議会委員会の審議より多くの関心を呼んで、非常に高い視聴率を獲得した。シンプソンが有罪か無罪かによって生じる考えうるかぎりの影響よりも、委員会の結論のほうが、はるかに我々の将来の生活に影響を与えるだろうというのに。

さて、そこに奇妙な事実がある。我々がたいそう誇りにしている言語能力は、もっぱら、社交的なことがらに関する情報交換に利用されているらしい。我々は、互いに関するゴシップにとりつかれているらしいのだ。我々の思考の構造からして、そうなるようになっているらしい。もちろん、言語を利用すれば、立派なこともできる。シェークスピアやT・S・エリオットは我々に対してそれなりの影響力を持っているし、使用マニュアルの無名の執筆者もそうだ。確かに我々は、役立つことや楽しみのために言語を利用できる。それに、言語はやはり、我々の最大の宝である。というのも言語がなければ、我々は、社会的に孤立した世界ではないとしても、きっとはなはだしく豊かさに欠ける世界に閉じこめられるのだ。言語は我々を共同体の一員にさせてくれ、他のどの種もできないやり方で知識や経験を共有する機会を与えてくれている。それではどうして我々は、このたぐいまれな能力を持っていながら、大部分の時間はほとんどこれを活用していないように見えるのだろう。

言語、心理、話し方に関する、一世紀にわたる徹底的な研究は、言語について非常に多くのことを教えてくれた。言語がどのように生じるのか、文法の役割は何か、子供がどのようにこれを学んでいるか。しかし、それにもかかわらず、何万ものあらゆる現生種のうち、なぜ我々だけがこのたぐいまれな能力を持っているかについては、ほとんど何もわかっていない。いつそれが進化したか、口にされた最初の言語はいったいどのような音だったのか、はっきりしていないのだ。とはいえ、我々はこの一〇〇年で、人類の進化の背景や、我々に最も近い親戚である猿や類人猿の習性について、それ以前の一〇〇〇年を全部まとめたよりも多くのことを学んだ。そして、現代のダーウィン主義生物学にしっかり根をはっている、この新しい進化論の観点は、これまで見過ごされてきた言語に関する問題に、我々の関心を集中させてきた。この過程において、何十万年もの歴史という澱んだ水面下に埋もれてきた、我々自身の過去の諸相に、ようやく光が当てられたのである。

私が採る進め方《アプローチ》は、このように、言語を従来の方法で研究している人々の観点とは非常に異なっている。この一世紀の間、言語の研究はもっぱら三つの主要な領域に焦点が置かれていた。言語学（文法構造への関心が主流である）、社会言語学（性および社会階級が我々の使用する言葉、我々のその発音のしかたにどう影響しているかに関心がある）、言語の神経生物学（我々が話をしたり理解したりできるようにしている脳の構造）である。考古学や言語史（そして方言が成立する過程）については、いくらか関心が持たれていたものの、主流の学者からは、周辺的であり、まともには扱えないほど憶測に基づくものと見なされていた。

言語の機能や、なぜ我々がそれを持ち、他の種が持っていないのかに向けられる関心は、さらにわずかなものだった。それどころか、このような問題はしばしば故意に避けられてきた。代わりに、言語は「付帯現象」であると見なされることが多かった。つまり他の生物学的プロセス（とりわけ我々の超特大の脳）の副産物として出現したものであり、その他の説明は必要ない、というわけだ。

この奇妙な状況は、主として、人間の習性一般、とりわけ言語は社会現象であり、従って生物学的説明の範囲を超えているという（社会科学で広く論じられている）主張に由来する。神経生物学は、言語を生み出しそれを理解する仕組みについて洞察を与えてくれるかもしれないが、その範囲を超えると、生物学は言語の本質をほとんど解明していない。概して、生物学者はこの境界線を尊重してきた。しかし、進化生物学の最近の発達からすれば、人間の習性および他の動物の習性を理解するうえでいろいろなことが言える。いきおい、言語が、新しくより強力なこの顕微鏡の下に置かれるようになった。

本書は、これらの新たな発見、および我々の言語能力の起源について述べるものである。言語を利用して我々が何を行なうかだけでなく、なぜ我々がそれを持ち、それがどこから生じ、どのくらい前に出現したのかという、より根本的な問題も検討する。本書は、生物学の意外な一部から別の一部へ、歴史からホルモンへ、猿や類人猿の非常に社会的な行動からこの上なく人間的な親交の瞬間へと我々をあちこち飛び回らせる、不思議な探検の旅《マジカル・ミステリー・ツアー》である。何章もある人類の歴史を、我々が人類となる以前まで、つまりとくに並外れた種ではなくて類人猿にすぎなかったときまで、さかのぼることになる。最初の言語はどんな音だったのか。それを話したのは誰か。そして、言語が、このような初期の口ごもるような段階から進化して、変化や多様化が著しくなったのはなぜか。どうして今やおよそ五〇〇〇の相互理解不能な言語（しかもこれは、人の手で書きとめることが可能になる以前の何千年間かに消滅したものは、数に入っていない）を存在させるようになったのだろうか。

2　めまぐるしい社会生活へ

人間の社会生活の特徴は、互いの行為に示す強い関心である。我々は互いに一緒にいて、なでたり、触れたり、話したり、ささやいたり、誰が誰と一緒に何をしているといった細々したことに聞き耳をたて、文字どおり何時間も過ごしている。この点が、我々が他の生物よりも一段上になるしるしだと思うかもしれないが、そうだとすればそれは間違っている。猿や類人猿に関するこの三〇年間の徹底的な研究から何かを得たとすれば、それは、我々人間がけっして特異な存在ではないということだ。猿や類人猿は我々とまったく同じくらい社会的であり、自分を取り巻く社会生活にまったく同じくらい大きな関心を抱いている。

そこで、人間の物語の舞台を整えるために、我々が霊長類だった頃まで時間をさかのぼる必要がある。霊長類にあって、それを他の動物とこれほど違わしめたもの、ひいては我々に特異な形質を与えたものは何だろう。その答えは、霊長類が他の動物よりも、はるかに手の込んだ社会的世界に暮らしていることである。

私の背後にいる猿

猿や類人猿はきわめて社会的な種だ。その生活は、ともに生き、動き、存在する個体群の、小さな群れを中心にまわっている。猿も人間と同様、友人や親族がいなければ、生き延びることはできないだろう。霊長類の社会生活は濃密で切実なものである。彼らは一日の大半を、特別な友人との社会的な毛づくろいに従事して過ごしている。一章の冒頭に出てきたジョジョとペルセポネのように、相手は母系の親戚であることが多い。祖先である霊長類の前《プレ》イブまで時の闇をぐってさかのぼっていく、母と娘の一対一の関係という途切れることのない鎖に、自分の母親の系譜を通じてつながっているのである。

生物学者のリチャード・ドーキンスは、この系譜の鎖が実際はどれほど短いか、気づかせてくれた。彼はこう言っている。ちょうどケニアがソマリア南部と接する国境のところにあるインド洋に面した海岸に、自分が立っているところを想像してみよう。南を向いて手を伸ばし、自分の右手と母親の左手をつなごう。あなたと向かい合っているのは、同年齢、同性のチンパンジーで、左手をその母親の手とつないでいる。あなたの母親は右手をその母親の手とつなぎ、チンパンジーの母親は左手をその母親の手とつないでいる。二本の世代の鎖は並んでうねうねとつながり、西に向かってアフリカの平原を越え、地平線の雲の上にかすかな茶色い輪郭を見せている遠方のケニア山に向かっている。この鎖が、わずか五〇〇キロの距離にあるそのケニア山に着くころには、この母と娘による線は一つに収束し、ただ一人の母イブに合流する。彼女はアフリカ東部のサバンナのどこかで、五〇〇万年から七〇〇万年前のいずれかの時代に生きていた。

あなたとこの祖先イブとの間の世代数は、驚くほど少ない。両腕を伸ばした長さを控えめに一・五メートルと見なし、一世代の平均的長さとを二〇年と見なした場合でも、ケニアの海岸にいるあなたとケニア山の斜面にいる彼女の間を隔てているのは、わずか三五万の個体にすぎない。これは、イギリスの国民健康保険のために働く人数の三分の一にすぎず、イングランドの中程度の州都の人口程度であり、また、じつに劇的な見方をするならば、毎年イングランドとウェールズで生まれる新生児数のおよそ二分の一である。一世代が一〇年にすぎないと見なしても（おそらくこのほうが、チンパンジーや我々のごく初期の祖先においては女性がはじめて出産する標準年齢の推定値として妥当だろう）、生命の線は海岸から約一〇〇〇キロの距離、ビクトリア湖の西岸まで伸びるだけで、個体数もおそらく全部で七〇万といったところだろう。

我々をチンパンジーと共通の祖先から隔てる世代の数がこれほど少ないと考えると、はっとさせられる。確かに、ここにいるのは単なる遠い親戚ではなく、姉妹種なのだ。生物学者の一部が我々を三番目のチンパンジー（つまり、普通のチンパンジーと、そのきわめて近い姉妹種であるボノボすなわちピグミーチンパンジーに加えて）と呼び始めたのも、驚くにはあたらない。

しかし、ドーキンスの鮮かなたとえを、もう少し時をさかのぼって追ってみよう。旧世界猿と類人猿の共通の祖先に達するには、さらにどれだけ進む必要があるだろう。

せいぜい一四〇キロ先、ケニア山を越えて一週間も歩けば軽く達するところで、我々はゴリラとチンパンジー＝人類系統との共通祖先に出会う。これは、雌がだいたい一〇歳で初産という、ほとんどの大型類人猿にあてはまる想定をした場合、およそ一〇万世代くらいである。同じ尺度でみると、さらに一〇〇〇キロちょっと先で、人類‐チンパンジー＝ゴリラ族と、アジアの森に住む愛らしい赤い類人猿、オランウータンとの共通祖先に出会う。そのとき我々は、ちょうどウガンダとザイールの国境にいて、ダイアン・フォッシーが、何よりも愛したマウンテンゴリラを観察しながら暮らして亡くなったビルンガ火山群の北部の、ほんの目と鼻の先にいる。

もっと小型の種から種へとさらにさかのぼるにつれて、世代の長さはいっそう短くなる。大型類人猿の現生種の共通祖先を過ぎると、たぶん平均五、六年くらいだろう——しかも、腕を伸ばした長さは今やわずか四五センチであり、隣り合った頭どうしの間隔は九〇センチである。この大型類人猿と、現在東南アジアだけに見られる小型類人猿の手長猿との共通祖先は、わずか六〇〇キロ強先だ。そこから、アフリカおよびアジアの猿と類人猿すべての共通祖先までは、さらに一八〇〇キロ弱である。このころには、コンゴ共和国の中央あたりにいるが、大西洋に到達するまでまださらに八〇〇キロある。アフリカ大陸の最も幅が狭いところなのに、それを横切ってもいないのだ。我々は三〇〇〇万年の時をさかのぼってきたが、太古のアフリカの森で木々のてっぺんの間を跳ねまわっていた、とっくに死んでいる前-前イブとあなたとをつなぐ途切れることのない鎖には、たった四〇〇〇万の雌しかいない。ロンドンかパリの人口の半分にも満たないし、今日のリオデジャネイロの人口のわずか四分の一である。

我々は、恐竜の時代に向かって、ほぼちょうど半分ほど時をさかのぼった。この巨大な爬虫類の帝国の終末期にいた、最初の原始的先行前霊長類という起源まで、まだ長い道のりがある。霊長類が進化から生まれた高等で新しい高等な産物であるどころか、実際は哺乳動物最古の系統の一つであり、食虫目〔もぐらの類〕や、こうもりの類の非常に近い親戚だと知ると、たいていの人が驚く。彼らの祖先と我々の初期の祖先は、長い恐竜王国の黎明期に、同じように、のろまな蜥蜴《とかげ》たちから身をかわして逃げていたのである。

霊長類の始祖は、長く突き出た鼻を持つ小型のりすに似た動物で、恐竜時代の末期に存在した熱帯密林の下生えや木々の間を、ちょろちょろ動きまわっていた。彼らは恐竜時代の終焉によって新たに自由を得ると、大半が北半球の現在のヨーロッパおよび北アメリカにおいて、何百もあるいろいろな生態的地位《ニッチ》を占める、無数の新しい種に分かれた。これらの種はすべて原猿類で、その直系の子孫で現生するものにはマダガスカルのきつね猿、アフリカやアジアのガラゴやロリスがいる。彼らは三〇〇〇万年の間、北半球の森林地を支配した。

やがて、地球の気候が急激に冷え、それが二〇〇万年ほど続いた。熱帯の太平洋の海面温度は、蒸し暑い摂氏二三度から約一七度にまで下がった。[*1] 熱帯は南寄りに、現在の赤道がある方向に移った。この気候の変化が進むにつれて、原猿類の一種がまったく新しい方向に進化しはじめた。脳の大きさが増し、顔が丸くなった。これは、最終的にいわゆる真猿類の霊長類（現在我々が猿や類人猿と呼んでいる種）を生むことになる、過去からの大きな決別のはじまりだった。この頃には、霊長類のいるところはアフリカ、アジア、南アメリカの赤道地域にある現在の分布域にほぼおさまっていた。それからほどなく、アフリカと南アメリカの接触がなくなった。南アメリカの猿の集団は独自の道を歩み、三五〇〇万年前の真猿類の始祖を今でもしのばせるような、いくつかの種に進化していった。

一方、アフリカとアジアでは、急速に進化が進んだ。およそ三〇〇〇万年前に、この霊長類の枝が二つの主要な系統、つまり旧世界猿（現在、コロブスやラングール、ひひやマカクに代表される）と類人猿に分かれた。とはいえ、その後の一五〇〇〜二〇〇〇万年間ほど旧世界の森林を支配することになるのは、類人猿だった。猿の方は相対的に目立たないままだった。

およそ一〇〇〇万年前頃、気候が乾燥しはじめて気温がまた下がるにつれて、旧世界の森林が後退していった。地球上の海洋の水面温度は、さらに一〇度ほど下がった。数百万年のうちに類人猿は死んでいったが、猿は地上生活によりよく順応したことや、より質の劣る食物をとることによって類人猿との競争に勝てたことから、そのあとを継いだ。

問題の一つは、類人猿が猿とは異なり、熟していない果物のタンニンを解毒する能力を持っていなかったことらしい。タンニンは、植物が自分の器官を喰われないように生成する毒である。成熟した葉はしばしば高濃度のタンニンを含むが、これは明らかに、草食動物に葉をすっかりはぎ取られてその結果死んでしまうのを防ぐためだ。しかし、時には動物も植物の役に立つことがある。植物はその場所に根をおろしているため、種子を散らばらせるところに問題を抱えている。我が子のすべてを自分の足もとで成長させるのは、彼らが自分とあるいは子孫どうしの間で日光や土壌からの栄養分を争うことになるという愚行であり、得策ではない。種子を、若い植物が別の植物の子孫と競争する（そして、できれば勝る）であろう場所に、広く散らばらせるほうが得策である。植物が直面する問題は、実際にどうやって散らばらせるかである。

彼らの救世主と言ってよければ、それは動物である。猿のような哺乳動物は、一日に何キロも移動する。植物は動物のエネルギーを利用することによって、確実に、その種子をかなり広い範囲に散らばらせることができる。いちじく、プラム、りんごなどの種は、種子にエネルギーに富んだ豪華な果肉をまとわせ、動物を誘惑して種子を食べさせようとする。種子は動物の消化器をゆっくり通過し（通過するのに二、三日かかることもあり、その頃には動物は何キロも離れているだろう）、そして地に落とされ、親から遠く離れた場所で芽を出すのだ。

しかしながら、この戦略をとる植物には、問題点がある。種子が自分で発芽できるようになるためには、最終の形態や大きさになるまで発育しておく必要がある。発芽の初期の段階に必要な栄養素はすべて、母親の植物が与えなければならない。自分の身を守れるようになる前の未熟な種子を、果物を食べる動物に食べられてだめになるのを防ぐため、このような種子を実らせる植物は、タンニンその他の化合物で果実を保護している。これらの毒は果実が熟すにつれてしだいに分解し、果実の中央にある種子がうまく生き抜いて大旅行に立ち向かう用意を整えた頃には、周囲の果肉の化学的な防護が取り払われている。未熟な果物に、口がすぼむような渋味を与えているのは、このタンニンなのである。

我々も類人猿と同様、熟していない果物を消化できない。タンニンを分解する酵素がないため、食べ過ぎると腹痛や、最悪の場合、下痢をおこすのだ。

ところが、旧世界猿はその進化の歴史のどこかで、植物の化学的防護を破れるようにしてくれる酵素その他のメカニズムを獲得した。七〇〇万年前に森林の暮らしが厳しくなりはじめると、ひひやマカクなどの猿は熟していない果物を食べられるおかげで、当然ながら類人猿の系統よりも有利になった。かなりの量の果物が熟す以前に食べられてしまうため、類人猿が入手できる量が激減した。類人猿は徐々にではあるが容赦なく数が減り、猿が森林で優勢な霊長類の座を引き継いだ。生き残った少数種の類人猿は、森林の地面やはずれなど、猿がめったに足を踏み入れない周縁の居住環境にどんどん追いやられた。現在、かつて繁栄した類人猿系統の生き残りはかろうじて生存しているが、アフリカやアジアに点在する狭い地域に存在が限られ、個体数も年を追うごとに減少している。

一方、まったく新たな集合をなす猿の種が化石の記録の中に初めて出現し、ほどなく主役の地位につきはじめた。現在はアジアに限られているものの、かつてはヨーロッパや北アフリカのいたるところに広く棲息していたマカクは、およそ一〇〇〇万年前に出現した。ひひはそれより数百万年後に出現した。尾長《おなが》猿《ざる》はさらに最近の種だ。尾長猿と認められる最も早い時期のものはわずか二〇〇万年前のものである――およそ二五〇万年前にアフリカ東部の湖岸や川べりに住んでいた、我々自身の属つまりヒト属として確実に認められる最初の仲間よりも、さらに若いのである。

ほとんどの人は当然のように、アフリカやアジアの猿が、我々がこの長い物語でくぐり抜けてきた祖先の様子を体現しているのだと思い込んでいる。霊長類の進化の従来の考え方では、他ならぬ旧世界の普通の猿がまず類人猿に姿を変え、その後現在の人類に姿を変えたという自然の経過を思い描いている。それが間違いだと知ると、たいていの人は驚いてしまう。分子遺伝学という新しい科学に、解剖学の理解が進んだことや、新たに多数の化石が発見されたことが結びついて、ひひ、尾長猿、マカクなどアフリカやアジアにいる普通の猿が、実は、我々人類が属している系統である類人猿と比べると、最近になって出現した新参者であることがわかったのである。

一〇〇〇万年前にこの不運な類人猿を襲った天災は、もちろん、それで何もかも終わりというようなものではなかった。類人猿の一つの系統が、気候の変化の荒廃をしっかり生き残ったのである。最終的に我々につながっている系統だ。およそ七〇〇万年前頃に、ある個体群が、類人猿が非常にうまく適応していた（そして今も適応している）森林に接する、もっと開けたサバンナをしだいに利用するようになったらしい。おそらく、ますます死にもの狂いになって太古の森林―住みかを争う他の類人猿の種たちとの競争をうまく勝ち残れなかったために、そうせざるをえなかったのだろう。しかし、進化の歴史では非常によくあるように、周縁の居住環境を切り開くという難題が、進化による変化のペースを速めた。死亡率はひどく高かっただろうが、生き残った者たちは、新しい環境を切り開くことができたから生き残ったのである。その困難な時期は、地質学的な時間の尺度ではほんの一瞬にすぎないが、その間、我々の歴史は絶滅するか生き残るかの綱渡りの状態にあった。実にきわどい状況だったにちがいない。

これらの系統は、まったく別々の、ときには波瀾万丈の歴史を持ちながら、みな同じ苦しい問題に直面していた。それは、尽きることがないように思われる一連の捕食者、たとえば剣歯虎からライオンや豹、ハイエナやリカオンから猿を食べる鷲、そして時には他の霊長類までも含まれる捕食者の略奪行為から、どうやって生き延びるかということである。食糧を見つけることは、もちろんどんな動物にとっても永遠の問題であるが、時間が十分あれば、たいていは自然界からどうにか生活の糧をほじくり出せるものだ。大半の問題は、そのときにやむをえず、捕食者に不意打ちを食らう危険に自らをさらしてしまうことだ。大半の捕食者は、獲物への奇襲を活かすために、最終的な攻撃態勢をとるまでは身を潜めるという手法をとっている。したがって動物は、一つの餌場から次へ移動するのに費やす刻一刻、目の前の枝から果物や葉をもぎ取るのに注意を集中している刻一刻において、不注意な獲物を待ち受けて身を伏せた捕食者に捕らえられる危険にさらされているのである。

どれだけ捕食されるかは、その体の大きさに左右される。チンパンジーやゴリラくらいの大きさの種では、捕食される危険度がかなり減る（とはいえ、必ずしもまったくないわけではない）。しかし、もっと小さな種では、つねにその危険がある。ベルベットモンキーの全死亡例のうち約四分の一が捕食（大半が豹による）のせいであると推定されており、また、タンザニアのゴンベ国立公園の赤コロブス全体のうち二〇%が、ジェーン・グドールの有名なチンパンジーたちに狩られて獲物となっているのだ。

捕食は進化上の重要な問題である。なぜなら、捕食者の腹の中に入った動物は、もはや交尾・生殖の機会を持たない。生殖できなかった動物は、将来の世代に自分の遺伝子を残すことがまったくないため、この不運を回避する方法を見いださなければという、きついプレッシャーがある。進化は、この問題をうまく解決した所産なのである。何といっても、あなたや私が現在生きているという、他ならぬこの事実が、我々の祖先が——前述の祖先の前—前イブまで、またそのはるか前までさかのぼって——一人残らず、とにかく生殖できる程度の間は、生き残りのかかったこの問題をうまく解決していたという、驚くべき事態の結果なのだ。

彼らは、捕食者に関する二つの主な事実を利用したおかげで生き残った。一つは、捕食者が自分自身よりもかなり大きな獲物には、たやすく対処できないことだ。特殊能力を有して群れで狩りをするほんの一握りの捕食者だけが、これをうまく行なえる。そこで、自分の体を大きくすれば、捕食者に攻撃される確率がかなり減少する。地上生の種は樹上生の種に比べて、木々の生い茂る葉や細い外側の枝など、捕食者にとって追うには危険すぎる場所に逃げ込む機会が少ないため、捕食者に攻撃される可能性が大きい。その結果、地上生の種はどれも、樹上生の仲間よりも体が大きいのだ。

捕食の危険を減らすもう一つの方法は、大きな群れで生活することである。群れはさまざまな意味で危険度を減少させる。まず、単純に、忍び寄る捕食者を見つけるための目が増えることだ。捕食者の大半は、なんとか獲物を捕まえるためには、見つからないうちに一定の距離内に到達しなければならない。だからこそ猫は、あなたが親切心から芝の上にまいたパンくずをついばんでいる小鳥に向かって、草むらに腹這いになりながら少しずつ進むのである。ありとあらゆる草の葉、ありとあらゆるもぐら塚を隠れみのとして利用しながら、猫は小鳥たちの見ていないことが確かなときだけ動き、小鳥が何か察知したように感じると、たちまちじっと動きをとめるのだ。

捕食者はそれぞれ、攻撃のスピードや方法に応じて、固有の攻撃距離を持っている。チータは助走なしのスタートから数秒以内に時速一〇〇キロに達することができるため、攻撃距離は六〇メートルである。もっと遅くて体の重いライオンでは三〇メートル弱で、それより軽い豹ではたった一〇メートルほどか、それ以下の場合も多い。もし獲物が、捕食者が攻撃距離内に入らないうちにこれを発見できるなら、必ず捕食者から逃れられるだろう。たいていの捕食者は、過去の経験のおかげにすぎないにしても、このことを非常によく知っており、すでに自分の姿を見られてしまった獲物をわざわざ追いかけることはめったにない。ときどき、ライオンがヌーの群れの中を歩いていき、群れは聖書の中の紅海のように、前進する捕食者の周りをただ二つに分かれて進むだけという光景が見られる理由の一つが、これである。ヌーは、ライオンの攻撃距離外にいるかぎり自分たちが比較的安全であり、用心深く目を離さない以上のことは必要ないことを、知っているのである。

大きな群れは、抑止力としての効果もある。たいていの捕食者は、他の何頭かが犠牲者を助けにくることを知っていると、獲物を襲う熱意がそがれる。ヌーのような種がライオンやリカオンに倒された群れの仲間を助けにいく例はほとんど見られないが、霊長類においては集団防衛がよく見られる。ひひは豹を木の上に追い立てて、ときには殺すことさえあることで知られている。赤コロブスは、群れに属する成体の雄が一頭そばにいれば、チンパンジーに襲われる可能性がかなり小さくなる。チンパンジーでさえ、自分の体重の四分の一にすぎない動物に集団反撃される危険は冒したくないらしい。人間に置き換えて考えてみよう。普通の強盗は、反撃するのが一人の女性なら思いとどまることはないだろうが、かたい決意で臨む凶悪犯ですら、二〇人の老女に同時に反撃されるとなれば二の足を踏むだろう。

最後になったが劣らず大事なことがある。群れは捕食者の混乱を引き起こす。捕食者は一頭のターゲットに狙いを定め、それを追いつめることで、成功をおさめる。ターゲットが群れに逃げ込むと、四方八方に逃げていく動物たちの存在によって、捕食者はほんの一瞬、混乱する。多くの場合、注意がそれるこの一瞬だけで、ターゲットはなんとか無事に逃れることができる。

このように、霊長類は捕食者への相互防衛として、群れで生活している。さらに言えば、社会性は、霊長類の生存のまさしく根底にある。これは、進化上の主要な戦略であり、他のすべての種との違いを明瞭にしているものだ。また、きわめて特別な類の社会性でもある。というのも、これは群れのメンバー間の非常に強い結束に基づいており、しばしば血縁関係がこの関係の基礎となっているからである。霊長類の群れには、時を経た継続性、つまり血縁関係（たいていは母親―娘の関係だが、まれに父親―息子の関係もある）に基づいた歴史があるのだ。

困ったときの友

群れでの生活は、結びつきが密な共同体の一員であれば身にしみて知っているように、独特の緊張を生むものだ。ときおり、個人的な空間にうっかり踏み込まれたり、格別に魅力的な餌場のまわりで押し合いへし合いしているうちに誰かに尾を踏まれたりすることがある。さらに悪いことに、腰を据えて食べようとしたとたん、その食べ物を口からずうずうしくも奪っていく不心得者がいたりする。こういったことは、社会生活の日常的な試練であり、都会への通勤者や都心の高層住宅の住人がよく承知している人混みでのごたごたであり、慢性的に手狭な住宅に住んでいる者や大家族に見られるもやもやである。これらは、一人きりの平和と静けさを求めてばらばらになるよう、皆を駆り立てている、遠心力である。

社会的な動物は絶えず、二つの力の間で平衡を保っている。一つは求心力で、捕食者への恐怖がこれをかき立てており、仲間を求めさせるつきあいの感情を我々の中に生み出してきた。もう一つは遠心力で、過密状態がこれを引き起こし、我々を穏やかな一人暮らしに走らせている。捕食者があたりまえになると(人間にとってこの捕食者たちは、往々にして、テリトリーを襲撃して暴れ回る近隣の人間の群れのことかもしれない)、友人たちのすぐ近くにいることを切望して、どのような過密状態でも我慢する。捕食者がまれな場合、密集することのストレスに負けて、分散する。群れの規模は、このつりあいがなせるわざである。

霊長類はこの問題に対して、特徴的な反応を進化させた。しっかり結束した大きな群れは、捕食者の危険に対する彼らの解決策なのだ。しかし、群れの規模を増大することができるようになるには、まず、群れの仲間をあまり邪魔にならないですむ距離に離しながら、それでいてまるきり遠くへ離れさせないようにするためのメカニズムを発達させる必要がある。ちょうどよいバランスは、少数の動物間での連携によってもたらされる。母親とその娘、あるいは姉と妹が、他の全員に対抗して相互援助する同盟を結ぶ。これは「助けてくれるなら、助けてやろう」という協定であるが、高等な霊長類に独特なものらしい。ライオンの雄は雌の群れを乗っ取るために同盟を結ぶが、一時的な行動であることが多く、一定の結末を期待して場当たり的に形成される。猿や類人猿の同盟は長期の約束であり、必要になるときの何か月も前に形成されることもよくある。まだ想像もつかない状況で将来行動してもらう約束なのだ。

私がアフリカで猿たちを観察して過ごした数千時間のうち、たぶん最も手放しで楽しかったのは、エチオピア高原の高山だけに見られる、あまり知られていないが非常に魅力的なひひの種を調査して過ごした時間だろう。それはゲラダひひで、胸に砂時計の形の赤い肌がむきだしになった箇所があるため、かつては血染めの胸《ブリーディングハート》のひひという刺激的な名前でも呼ばれていた。雄はじつに威風堂々としており、崖の頂にそって走ると風になびく、肩から垂れ下がった赤褐色と黒の長いライオンのようなケープを誇っている。ゲラダひひは、たいてい四、五頭の雌と、扶養されている子供たち、一頭の交尾する雄（ハーレムの雄）で構成されるハーレムで生活している。通常、息子は思春期に達するとただちに立ち去って独身の雄だけの群れに加わるのに対して、娘は成熟後、母親、姉、おば、従姉たちによる、結束と帰属意識の強い同盟関係に加わる。実際には、この同盟は生まれたときにできている。ある特定の母親から生まれたことによる産物なのだ。

この根の深い同盟は、ハーレムの雄にとって重要な意味を有している。彼らは絶えず、若い雄たちに取って代わられる危険がある。若い雄たちはしきりに、交尾できる雌を見つけることによって、永遠の生命というはしごに足を掛けようとしているのだ。各ハーレムには雌が四〜五頭いるのに交尾する雄はただ一頭しかいないため、集団中の多くの雄は、交尾から締め出されている。このことが雄だけの群れの核となっており、彼らは適当な機会をうかがいながら時節を待っている。遅かれ早かれ、彼らは必死になって雌のハーレムを乗っ取ろうとする。もちろん、現役のハーレムの雄は、自分のハーレムを失うかもしれないのだから、それに劣らず必死になる——ひとたびハーレムを失ったら、もはや交尾する機会がないのだ。

ハーレムの雄は、避けられない出来事を何とか防ごうとして、横やりを出そうと居並ぶライバルたちを堂々とした示威行動《ディスプレー》で追い払うことに、かなりの時間を費やす。同時に、自分の雌がこれらの雄と姦通する機会をもたせないように、自分からあまり離れた場所をうろつかせないようにする。雌があまり遠くまでふらふら出歩いたり、他の雄（別のハーレムの雄であっても）にうっかり近づきすぎたりするたびに、雄はまゆを上げ、威嚇の声を出して警告する。ときおりこれが叱責にまでエスカレートし、ついには体をすくませた雌に覆い被さって、力強い威嚇のディスプレーに及ぶこともある。

雌があまりに遠くまでふらふら出歩いたときにハーレムの雄が試みる監督行為は、この時点でしばしば裏目にでる。不運な犠牲者の毛づくろい仲間たちが、必ず助けに来るのだ。彼女たちは肩を並べて立ち、自分たちも荒々しい威嚇と激しい吠え声をあげて雄をにらみつけ、これをひるませる。雄はたいてい引き下がって不機嫌そうに立ち去り、脅かされた威厳を保とうと努める。ところが、ときおり、雄がたぶん名誉や治安をいつになく気にしてのことなのだろう、かたくなに引き下がらないことがある。これは、群山にいるいっそう多くの雌が臨戦態勢の姉妹たちの支援に駆けつけるという結果を招くだけだ。雄はきまって最後には、姉妹どうしの連帯のディスプレーを強烈に示す、憤怒にかられた雌たちによって、山腹を追い回されることになるのだ。

こういった同盟は、毛づくろい、すなわち猿や類人猿が従事するなかで最も社会的な行動によって確立し、維持される。いくつかの種では、まる一日の五分の一もの時間を、群れの他の仲間を毛づくろいし、または毛づくろいされながら過ごす。母親は何時間もかけて一心に自分の子供を毛づくろいする。注意深く毛の奥を引き出しながら、その日の食物を探し回って草木をかき分けているときに毛にからみついてしまった、はがれた皮膚や毛玉や葉のかけらやいがを探すのである。彼女はまた自分の友人や親戚の毛づくろいもする。その様子は彼らの衛生のために献身的につくしているように見える。毛皮を清潔に保ち、皮膚を健康的に保つことが、どんな動物の生活においても重要な要素であるのは当然だ。

しかし毛づくろいには、少なくとも猿や類人猿においては、単なる衛生以上のものがある。彼らにとって、これは友情と忠誠の証である。ペンシルバニア大学のロバート・セイファースとドロシー・チェニーは、一九七〇年代後半から一九八〇年代前半までの一〇年間の大半をかけて、ケニアのアンボセリ国立公園に住むベルベットモンキーを調べた。両名はある調査のときに、同じ群れの別の一員に攻撃されているベルベットモンキーの個体が発した悲鳴を録音した。そして、悲鳴をあげていた動物の姿が見えなくなると、茂みの中に隠した拡声器をとおしてその悲鳴を再生し、同時に、拡声器のすぐ前に座っている、目をつけた猿の反応をビデオに撮った。

この助けを求める叫び声を再生したとき、群れの仲間の大半は、隠された拡声器の方向にちらっと目をやる以外、ほとんど反応を示さなかった。しかし、その二時間前に叫び声の主が毛づくろいしていた相手に対して再生すると、その動物はたちまち顔をあげて、茂みの中をじっと見つめた。まるで、毛づくろい仲間に対する義務を果たすためにそちらへ行って、もっとしっかり状況を調べるべきかどうか決断しようとしているようだ。本当に助けが必要な状況なのだろうか、それともすぐに終わってしまうような小ぜり合いなのだろうか。

ベルベットモンキーは、自分が定期的に毛づくろいする相手と、そうでない相手とをはっきり区別していた。毛づくろいの仲間は特別なものであり、格別な注意を払うべき相手、困ったときには助けるべき相手、その個体のためだったら危険を冒してもいい相手なのである。

ゲラダひひも同じような行動をとる。雌は小規模のハーレム集団においてさえ、自分が毛づくろいする相手、けんかの際に援護すべき相手を、きわめて注意深く選んでいる。雌が援護される頻度は（自分たち自身の集団内のけんかに巻き込まれた場合も、他のハーレムの生活空間に誤って入り込んだために、そのハーレムにいる猿から攻撃された場合も）、その雌が毛づくろいされる頻度に比例している。彼女たちは自分が誰に義理立てすべきかはっきり知っており、それを知るために半時間前に毛づくろいしておく必要はないのだ。

そうは言っても、すべての霊長類社会がこの特徴を示しているわけではない。マダガスカルのきつね猿やアフリカのガラゴのような原猿類は、群れで生活しているものの、連携行動を示すことはめったにない。また、南アメリカの猿や、コロブスのような旧世界猿の系統のいくつかでは、例がないこともないが、けっして一般的とはいえない。きわめて高度に発達した連携行動を示す種は、比較的大きな群れで生活する、ひひ、マカク、ベルベットモンキー、チンパンジーのなどの種ということになりそうだ。

マキアベリ登場

連携行動は、他の個体がどのように行動し、群れの中の潜在的な敵に対抗する同盟者としてどの程度評価できるかについて、その動物が知っていればこそ可能になるらしい。これは、必ずしも直接体験によって得られるとは限らない知識である。霊長類の群れでは争いがそれほど頻繁でなく、潜在的な同盟のことごとくが残りの全員に対して次々と戦うところを見かけることはない。そうではなく、猿たちは、もしピーターがジムをやっつけてジムがエドワードを負かすことができるなら、ピーターとエドワードがけんかをした場合、ピーターがエドワードを負かす可能性がとても大きいというふうに、可能性を推しはかっているように見える。

社会的な関係に関するこのような推論は、味方としての他者の信頼性を鋭くかぎ取る力とともに、霊長類の同盟が結ばれる基礎をなしているようだ。認知的なレベルにおいて、これらはじつに洗練された類の社会的推論である。ところが、その推論をたてることができるとなると、新たな可能性が出現する。知識は、宣伝活動《プロパガンダ》におけるのと同様に、良い目的にも悪い目的にも利用できる。猿や類人猿は、その社会的な技能を、互いを搾取するために利用するのだ。

この典型例が、アンドルー・ホワイテンとディック・バーンによって、アフリカ南部のチャクマひひを研究していたときに観察された。メルという名の大人になったばかりの雌が、地面からおいしいところの多い植物の塊茎を掘り起こしていた。これはひどく骨の折れる作業で、大人でない者の力ではまったく歯が立たない。しかし、この動物が住んでいる食物の少ない居住環境では、栄養価の高い塊茎という貴重品は、苦労するかいが十分あった。一方、ポールという名の未成年の若者が、メルが作業をしているのをそっと眺めていた。メルがなんとか地面から塊茎をねじりとった、まさにその決定的な瞬間、ポールが耳をつんざくような叫び声をあげた。ふつう、子供が自分よりかなり大きくて力の強い誰かに攻撃されたときに、出すような叫び声だ。ポールの母親は、茂みの向こう側の姿の見えない場所で食事に勤しんでいたが、たちどころに駆けつけた。彼女はひとめで状況を見てとり、二たす二で五の答えをだした。メルが大切なぼうやを脅したに違いない。彼女は自分の子供がいじめられた母親特有の激情をもって、何ら疑っていないメルに襲いかかった。言うまでもなく、驚いたメルは塊茎を取り落として逃げ去り、憤怒にかられた母親はこれを激しく追撃した。ポールは放り出された塊茎を平然と取り上げ、腰を落ち着けて昼食を楽しんだのである。

この種の観察例は、めずらしいことではない。スイスの動物学者ハンス・クマーが示した事例では、若い雌のマントひひが、群れにつきまとう若い雄がその陰に隠れて寝そべっている岩に向かい、たった二メートルの距離を二〇分かけて少しずつじりじり進んだ。そこにつくと、彼女は雄を毛づくろいしはじめたが、数メートル離れた場所にいるハーレムの雄から自分の頭の上部がしっかり見えるように姿勢を正して座っていた。マントひひはゲラダひひに類似した社会構造を持ち、二、三頭の雌を一頭の交尾する雄が独占する小さなハーレムを形成している。しかし、この二つの種における一つの大きな相違は、マントひひが、自分の雌が他の雄を毛づくろいするのを（あるいは、近くにいるのさえ）まったく耐えられないということだ。この雌は、何かまるきり罪のない行為に没頭している印象を自分の雄が抱くような位置に、巧みに自分自身をもっていったように見える。

オランダの動物学者フランス・ドゥ・ヴァールは、その著書『政治をするサル』で、より高等の霊長類がときどき携わる巧みな平衡行動の典型例を説明している。オランダのアーネム動物園で飼育されているチンパンジーの群れでは、若い雄のラウトが、年老いた雄のイエルーンを倒したばかりだった。イエルーンは何年間か第一位にいた雄で、その間、交尾適齢期を迎えた雌について、ほぼ独占的な交尾権を享受していた。ところが、彼が二番目の地位に落ちたことは、特権をラウトに奪われることを意味する。さらに悪いことに、二、三か月後、若い雄のニッキーも、イエルーンを負かすことができるようになった。イエルーンは三番目の地位に降格し、すべての特権を失った。そのとき、天才的なひらめきが訪れた。この老獪な雄は、自分の不運を嘆いて意気消沈したりせず、若いニッキーと同盟を組んだのだ。ラウトよりも若いニッキーは、自分だけでは新しい支配者たる雄に太刀打ちできない。だが、イエルーンの援護を得ることで、ラウトを倒すことができた。その結果として新しい序列がつけられ、ニッキーが一番上、イエルーンは二番目となり、ラウトは三番目に後退させられた。

そして、とどめの一撃があった。今度は、イエルーンが自分の地位を利用して、雌と交尾しはじめた。もちろんニッキーはたちまち立腹し、厚かましいイエルーンを懲らしめた。イエルーンはおとなしくじっと時節を待った。その次の機会に、ニッキーとラウトが小ぜりあいを始めたとき、イエルーンはただ傍観者となってじっと動かず、ニッキーを助けに行くことを拒んだ。そのせいでニッキーは小ぜりあいに負けたが、彼がイエルーンとの不和をすばやく解決しなかったなら、大きな戦いにも敗れていたことだろう。彼が、この年寄りの雄がともかく何頭かの雌と交尾するのを我慢している限りは、まったく申し分なくことが進むのだった。しかし、ニッキーが嫉妬のあまり身のほどを忘れてしまうと、イエルーンは対ラウトへの援護から手を引いて、彼に思い知らせたのだ。

このような巧妙な操作は、猿や類人猿が、自分の行動が招くであろう結果を計算できてはじめて可能になる。これはもちろん、イエルーンがポケットの計算機で勝算を算出したという意味ではない。それどころか、この事例の場合、イエルーンの成功がどの程度熟考した計画から生じ、どの程度幸運から生じているのかも、はっきりしていない。我々はできごとの部外者となって、後知恵で狡猾な計画を話の展開に読みとることはできる。しかし、我々自身がその行動に巻き込まれているとき、それについて完璧にこのような客観的な見地で考えることはまれである。イエルーンのように我々も、より本能に基づいて行動し、困難な状況においてとらえるべき機会を感じ取るのだ。それでもイエルーンの行動には、たとえ周囲の状況が自分の前に押し出してくれた機会を認識したという皮相的なものであろうと、ある種の先見を示唆するような一貫性がある。同様の行動を、日本人霊長類学者の西田利貞が野生のチンパンジーにおいて観察しているが、この事実によって、少なくともチンパンジーは自分の行動の意味するところを理解し、将来の計画においてこれを計算に入れることができるという見解の信頼性が増した。西田はイエルーンがニッキーに行なったような操作に、「昨日の友は今日の敵現象《アライアンス・フィクルネス》」という、かなり刺激的な名称を与えている。

猿や類人猿がこういった状況で冒すリスクに対して鋭敏であり、それに応じて自分の行動を調整していることを示唆する証拠が、多数存在する。サロージュ・ダッタは、若い雌の赤毛猿が地位の高い敵に対抗して味方の援護にかけつける確率は、その敵の母親の姿が見えないときよりも、母親が近くにいるときのほうがかなり低いことを示した。まるで彼女たちは、自分の大切な子供がやられているのを敵の母親が黙って見ていることなどありそうもなく——しかもなお悪いことに、地位の高い母親は、集団的な立場を守るために進んで小ぜりあいに参加する親戚がとかく大勢いるものだということを、知っているようである。友人を助けても事態を悪化させるだけであり、最終的に自分も友人もやられてしまうなら、そうする意味はないのだ。

私はゲラダひひが同じように行動するのを見たことがある。ある日、若い雌が、群れの他の仲間から遠くへ離れすぎたために、ハーレムの雄に攻撃された。彼は彼女に覆い被さるように立ち、ひどく怒って脅したり歯ぎしりしたりした。この雌の母親は、その時五メートルばかり離れた場所で食事をとっていた。彼女は騒動が始まったとたん顔をあげたが、間に入ろうとはしなかった。やがて雄は目的を達してしまうと、背を向けて立ち去り、数メートル向こうで食事をとりはじめた。被害者がとぼとぼと群れの他のメンバーのほうに戻ると、母親が優しいうなり声で呼びかけた。被害者はすぐに振り返って、母親のもとへいき、母親は彼女を毛づくろいしはじめた。私にはぴんときた。母親は雄との小ぜりあいに巻き込まれたくなかったが（たぶん、そうしても、ただ戦いをエスカレートさせるだけだと感じたからだろう）、しかし同時に、そうしなかったことで、娘との関係が弱まったことに気づいていたのである。うなり声と毛づくろいは、「ごめんなさいね」と言っているように見えた。

フランス・ドゥ・ヴァールは、チンパンジーとマカクにおける同様の行動を述べており、それを「和解」と名づけている。これは、メンバーの思慮を欠いた行動のせいで損なわれた同盟において、以前の状態を回復するための謝罪と考えて差し支えないだろう。たいていの場合、和解には毛づくろい、体への触れ合い、その他の肉体的な行為をともなう。チンパンジーは互いに唇にキスしあう。マカクは毛づくろいしたり、なかば馬乗りになって相手の尻をつかんだりする。雄のひひは手を伸ばし、相手のペニスに触る。ところが、最近、ジョーン・シルク、ドロシー・チェニー、ロバート・セイファースが、音声の形態の和解、すなわちさきほどゲラダひひについて述べたのと同様の例を、ボツワナのオコバンゴ沼沢地に住むチャクマひひについて報告している。彼らは、地位の高い雌が、交流したいと思っている地位の低い雌に近づくとき、なだめるようなうなり声を出すのに気づいた。さらに重要なことに、以前自分が脅した雌に近づくときのほうが、そうでない雌に近づくときより、うなり声をだす傾向が大きいのである。まるで、「大丈夫、仲良くしたいだけだから」と言いたがっているようだ。

和解は雄の間でもときおり、同盟がその社会戦略のなかで重要な役割を持つ場合に見られる。雄のゲラダひひが現役のハーレムの雄を倒して雌の交尾集団を手に入れたときは、必ずしもその地位がゆるぎないとは言えない。彼が前にその地位にいた雄から力づくでハーレムを奪い取れるのは、その雄に対する雌の忠誠心が弱いときだけである。二頭の雄はまさしく存亡をかけた戦いを行ない、おそらくその過程で、互いの五センチもの長さの犬歯によって重傷を負ったことだろう。しかし、いかに戦いが激しく力を見せつけるようなものであろうと、誰が勝ち誰が負けるかという決定権は、実をいうと雌が握っている。ライバルに味方して自分たちの現在の雄を見捨てるかどうかを最終的に決定するのは彼女たちだし、彼女たちは、現在の雄がライバルとの長い戦いに負けても、その味方をするかもしれないのである。勝利を収めた場合、このライバルにとっての問題点は、雌たちがためらいなくある雄を見捨てて別の雄の味方をすることが明らかである以上、最初の雄と同じく二番目の雄も自分たちの好みにあわないことがわかれば、同じように二番目もためらいなく見捨てるだろうことだ。乗っ取りの戦いの傍観者たちは常に大勢いて、雌の忠誠心を疑える兆候が少しでもあれば一つやってみようと待ちかまえている。そして、確かにそういうことはときどき起こるのだ。

このひどくやっかいな立場に置かれている勝利を得た雄は、すばやく行動を起こして、自分が破った、前にその地位にあった雄との同盟を確立する。二頭の雄は丸一日ときには二日にわたって、しばしば流血を伴う戦いに断続的に没頭していただろうが、ひとたび判定が下されて、その裁決を敗れた雄が受け入れたら、勝利者は彼との新たな関係づくりに取りかかる。これには、相当数の試験的な交渉を行なうことも含まれる。新しい雄は、非攻撃的な、ほとんど服従的な態度で、敗れた雄に近づく。敗れた雄はもちろん、はじめは疑ってかかる。この悪党の手で、こっぴどく打ちのめされたばかりなのだ。傷が痛み、疲れ果て、いわれのない攻撃をまた受けるのを恐れている。しかし、今いる子供たちの群れは彼の最後の生殖機会の証であり、少なくとも自力で生き延びられるようになるまでは彼らを見届けたいと思っているため、この群れにとどまりたがっている。

このように、二頭の雄は共通の利害を有している。新しい雄は、(少なくとも、自分の地位がまだ不安定な、当初の期間は)これから先の乗っ取りの試みに対抗して元の雄の援護を得たいと思っているし、元の雄は、自分の子供を守るためにとどまりたがっている。一度か二度つまずいた後は、驚くほどすみやかに協定が結ばれる。元の雄が手をのばして、後ろ向きになっている新しい雄のペニスに触るという、純然たる和解の儀式が行なわれる。そして、二頭の雄は、反目状態を収拾した直後のためにとっておいた類の熱心さで、互いに毛づくろいしあう。それ以降、この二頭は、部外者から雌を守ることにかけては、双生児のように別れがたい仲間になるのだ。

猿や類人猿の社会にその特殊な性質を与えているのは、これらの相互作用の機微と複雑さである。我々は目前で繰り広げられる日々のメロドラマを目にすることができ、それが展開するに従って、策略や対抗策略に共感を覚える。何もかも非常になじみ深く、我々自身の社会の日常生活をよくよく思い起こさせる。これは霊長類の遺産であり、進化における共通の体験である。我々の思考が形成される方法に関して、ひいては脳の構造に関して、重要な意味を持っているのだ。

ダーウィン主義への寄り道

チャールズ・ダーウィンは一八五九年にその画期的な著書『種の起源』を出版したとき、生物の世界への見解を根本的に変えてしまう革命の口火を切った。だから、ほぼ一五〇年もたって、自然界がダーウィン的世界であることをあらためて喚起しようとしているのは、奇妙に思える。しかし、生物学におけるダーウィンの革命の教えは、素人だけでなく生体生物学を専門としない科学者の多くからも、広く誤解されたままなのだ。[*2] 科学者でさえ混乱しているのだから、(最新の調査によると)アメリカ合衆国の人口の四八パーセントが聖書の創世記の話が一言一句正しいとまだ信じていることも、さほど驚くにはあたらない。

これは、ダーウィン主義の進化論[*3]が、科学史において(現代量子物理学に次いで)二番目に成功を収めた理論であると広く認識されていることと、まったく矛盾している。この理論は、生物界がなぜ現在この状態にあるのか説明するのに並外れて有効であるだけでなく、実験的な研究を刺激し導くような新しい問題を生み続ける能力にも優れていることが立証されている。それにもかかわらず、ダーウィンがその理論を最初に提案してから一世紀半たっても、生物界に関する大半の人々の見解は、まだダーウィンの誕生よりずっと前の一八世紀に通用していた考えに色濃く影響されているのである。

ダーウィン主義の進化論は、本書で述べる事象を理解するのに必要不可欠なので、ここで話を中断して、まずダーウィン主義的説明がもたらすものを、全員に等しく明確に理解してもらっておかなければならない。大衆向けの文献は誤った考えに満ちており、ときには、たちまち誤解を招きかねないまったくの虚構の場合もある(現代のダーウィン主義の考え方に精通していると思う読者は、本章の残りをとばして、すぐに次の章に移っても差し支えない)。

ありふれた一例として、ダーウィンが進化論を発明したのではないことを知ると、たいていの人が驚くという事実がある。実を言えば、ダーウィンが非常に強い影響力のあるその著書を出版するはるか以前に、生物学者たちは進化の概念を受け入れていた。一八世紀の後半には、聖書の世界観の圧倒的な影響力に対する無視できない反論がいくつも出てきた。その一つが、地球上の生物の多様性は、従来の聖書の創造物語よりも、進化の結果であるとするほうがたやすく説明できるという認識だ。一般的な進化論を提供しようとする最初の試みは、はやくも一八〇九年に、著名なフランス人物理学者ジャン・バティスト・ド・モネ・シュバリエ・ド・ラマルク――後世の生物学者たちにはふつう、ただのラマルクと呼ばれている――によってなされた。ダーウィンがこの議論に貢献したのは、進化論を証明することではなく、進化がなぜ起こるのかを説明するメカニズム――自然選択――を提供したことだった。

ラマルクの見解は、アリストテレス哲学の「自然の階梯《スカラ・ナツラ》」、ときに〈存在の巨大な鎖〉として知られるものを前提としている。この古代ギリシアからの興味深い遺物は、あらゆる生命が一つの階層を形成しており、昆虫や蠕虫の類に始まって――実際には、ギリシア人の当初の考え方では、万物の一番下の段階は土や水から始まっている――もっと進歩した形態の魚類、爬虫類、鳥類を経て、最後に哺乳類、人類、さらに頂点として神々がくると想定している。初期のキリスト教会がほぼ全面的に受け入れた――古代の神々の代わりに、天使と、頂点には他ならぬ〈神〉がいる――この〈存在の巨大な鎖〉は、中世後のヨーロッパにおけるすべての人の生物界に関する考え方に影響を与えていた。ラマルクとその同時代の人々はこの考え方を彼らの進化論に組み入れて、それぞれの種は、はしごの最下段からはじまり、何か内部の力の自然な発達に応じて、長い時間をかけて生命の階層を登りながらしだいに進歩していくのだと考えた。ダーウィンは、進化のはしごを登る自然な進歩はないのだと主張して、これらすべてを覆した。実をいえば、どんな種も――人間でさえ――他のどんな種より優れている、あるいは劣っていると見なすことはできない。種を判断できる生物学的な基準はただ一つ、自身の複製に成功することである。我々はみな、細菌も人類も同じように、それぞれ個々の環境にしっかり適応して成長し生殖しているのだから、等しく「優れている」のだ。あらゆる種の運命は、最終的に絶滅するか、新しい種に変化するかのどちらかである。しかし、どちらの場合でも、この変化を推し進めるのは自然選択――個々の生体の生存能力や、さらに重要なことに、生殖能力を反映している――であり、何か生物内部の原動力、つまりラマルクが仮定したような「生命の力」ではない。

行動について考えるとき、ダーウィンの説には二つの重要な教えがある。一つは、進化による変化が、変化していく環境に動物が適応する必要性によって推し進められることだ。地質学のおかげで、地球の気候が絶え間なく変化しており、ほぼ一定の周期で酷暑と極寒の間を変動していることがわかった。たとえば、恐竜が絶滅した以降の六五〇〇万年間に、地球の平均気温は一八度という驚くような下がり方をしている。南極でさえ、かつては密林に覆われていたのだ。この気候の変化に結びついているのが、植生と動物相のめざましい変化である。

この気候の変化のほとんどは、大陸の塊が地球の柔らかい中心核の表面をずるずると動き回りながら形状や配置を変えることによって、引き起こされてきた。その他の要因も関与している。たとえば地球と太陽の距離の長期的な変化や、地軸の傾きの変化などだ。地球の四億五〇〇〇万年にわたる生命の歴史の中には、その時にいた生物種のほとんどすべてが死ぬ大量絶滅という事態が、五回（ことによると六回）ほどあった。[*4] 一握りの生き残りが、地球上の生命をまったく新たな、そしてしばしばきわめて気まぐれな方向に連れ出すような、まるきり新しい進化の系列の種子を提供したのである。

気候の変化が進化をどのように推し進めるかについては、（その起源が恐竜より前である）鮫のような深海の生物が何億年もの間ほとんど変化していないのに対して、（そのどちらもきわめて最近の起源である）アンテロープや人類のような種においては、外観がきわめて短期間にめざましく変化しているという事実がはっきり例証している。深海の環境は地上の居住環境とは異なり、地球の温度変化の影響をはるかに受けにくい。その結果として、深海の生物は、二億年前の祖先たちとほぼ同じ状況に直面している。これとは対照的に、地上の動物が接している環境は、世界の気候や植生がときおり著しく変化した結果、激変した。

ダーウィンの説は、種に基づいたラマルクの説とは違って、個体が進化の基本単位であると仮定しているため、このような変化の理由を説明できる。生殖したり生殖しなかったりするのは個体であり、個体がその特性を伝えるのだ。[*5] それ以前の生物学者たちは種を理想型（クローンとも言える）と見なしたが、ダーウィンとその同僚たちは、種を、多数の主要な特性を共有しながら、ときにきわめて大きくばらつくこともある個体の集まりにすぎないと見なしはじめた。このばらつきは種を進化させる潜在力であるが、進化は自然選択が変化を有利にするときにだけ起こるのである。

ダーウィン主義の考え方のもう一つの重要な教えは、現実世界では、何一つとしてただでは手に入らないということだ。進化による変化は自然の流れでは起こらない。きまって、生体が一貫してとってきた生物として自然な状態による安定した傾きに反して起こっている。ある生体の一つの特質（たとえば、背たけが伸びるというような）にそって変化することには、必ず代価がある。一つには、その変化が、身体の他の性質を正常でない状態に変えるかもしれないからだ。たとえば、背が高い個体はひょろ長くなりがちで、そのために捕食者から逃れる敏捷さが劣るかもしれない。二つ目の問題点は、どのような変化も（たとえば、背が高くなるとか、より大きな脳が発達するようになるなど）エネルギーがかかることだ。大きな個体はその大きな体の燃料として、より多くの食物を必要とする。進化が起こるからには、その特質を変化させることで得られる利益が、代価を上回っているはずだ。変化する利益がない場合、変化を生じる代価が安定化の原動力として働き、不変を選択するのである。進化による変化を理解するためには、どんな個別の過程においても、代価と利益を考え併せなければならない。

これに対する一つの例外が、当の形質が選択の力の直接的影響力から守られている場合に発生する。これが起こるのは、一つの遺伝子の異なるバージョンが同じ効果を生む場合である。変化を求める選択圧も、これに反する選択圧もないとき、遺伝特性は、どの個体がたまたま生殖するかに影響を与える偶然の事象の結果に応じて、なりゆきで変動しうる。その結果、ある個体群が半々に分裂したときから相当の期間、生殖的に隔離したままでいれば、小さな遺伝的相違が蓄積することになる。一九七〇年代に日本人遺伝学者の木村資生が最初に発表した選択の中立説は、進化論をとる生物学者にとって貴重な道具であることが実証されている。この説によって、ある二つの種が共通の祖先を持っていた時点から経過した時間を、測定できるようになったからである。これは、DNAの相違による突然変異の数を測定し、その値に、自然発生的な突然変異が発生する平均速度を乗じるだけのことである。この方法によって、人類とチンパンジーは、だいたい五〜七〇〇万年前くらいに生きていた共通の祖先を持つことがわかるのだ。

最後の論点は強調しておく必要がある。多くの人が、ダーウィニズムを不穏なものだと思っている。社会ダーウィニズムや、一九〇〇年代初頭の優生学運動とこれとの関連性、あるいは遺伝子決定論のいずれかと混同しているのだ。この混同の最初のものは、率直に言ってはなはだ奇妙である。なぜならこれは、社会ダーウィニズムという名前にもかかわらず、ダーウィニズムとほとんど関係ないからだ。主として社会哲学者ハーバート・スペンサーの発案であり、まぎれもない反ダーウィン主義遺伝学の創始者フランシス・ゴールトン（皮肉なことに、ダーウィンのいとこである）によって、支持・支援された。ダーウィン自身が社会ダーウィン主義者であるかどうかは別として、この運動の基本哲学――種の純潔を維持すること――は、明らかに考え方がラマルク的である。実際、一九二〇年代には、ダーウィニズムがこれに対する知的な支援をきっぱりとやめたことが明らかになった。社会ダーウィン主義者（および、その奇妙な残像である一九三〇年代のナチ）は、社会的に不適な下層階級のあり余る生殖能力が人類の種の生存能力を低下させるのではないかと恐れたことに、その動機がある。確かに、下層階級はかなりダーウィン主義的な行動をとっていた。ひどい貧苦のために子供たちの死亡率が高いにもかかわらず、できるだけ早く生殖して、自分たちの遺伝子が次の世代に伝えられるのを確実にしていた。どちらかと言えば、彼らは自然選択が働く多様性の幅を忠実に増大させ、その結果、長期的に見て我々の種の絶滅の可能性を減らしていたのだ。我々がみな、最後には上流階級のクローンとして終末を迎えることなど、あってはならないのだ。

遺伝子決定論という恐ろしい化物は、多くの点で、社会ダーウィニズムの現代版である。しかし重ねていうが、主として問題は、誤った情報なのだ――これはときおり、聞く耳を持たないことによって悪化する。進化論的生物学は行動の遺伝子決定論に関する予断を持たないが、それでも、ある点では遺伝子が関わっているにちがいない。動物の行動の特徴の多くは、彼らの用いる行動規範が学習されたか、文化的に受け継がれたものであるにもかかわらず、遺伝子適応度を最大化する戦略によって説明できる。学習はまさに、ダーウィン主義のプロセスのもう一つの例である。選択の結果に応じた、特異な生存特性（この場合は、行動規範）なのだ。動物がどう行動するか決断するときは、過去の経験に基づいて、特定の行動指針の代価と利益にかんがみて、そう決断する。この決断は、遺伝子によって教え込まれた、どうしたら適応度を最大化できるかに関する直観に導かれたのだろうが、しかし、制御できないほどに内部の衝動に盲目的に応じた行動をとることはない。高等生物は、状況に応じて行動したり自制したりできる。動物はその人生の日々において、特定の行動にともなう危険度がその行動によって得られるものに見合うかどうか、判断するのである。

これで、ダーウィン主義への寄り道は終わりだ。さあ、猿に戻ろう。

原註

1 我々は、自然の奇妙な気まぐれのおかげで、遠い過去の温度を測定できる。偶然にも酸素には二つの同位体（つまり種類）があり、一方はもう一方よりわずかに重い。たまたま重いほうの同位体の原子、酸素18で形成された分子は、軽いほうの酸素16でできた仲間ほどたやすく海洋から蒸発しない。しかし、いったん蒸発すると、より急速に凝縮して雪を形成する。それで、氷か雪に含まれる二種類の割合を測定することにより、ある期間が他の期間より涼しかったか暖かかったかがわかるのだ。涼しい期間では、軽いほうの酸素同位体の割合が大きくなる。グリーンランドや南極の氷冠に穴を開けて氷芯が取り出され、二つの酸素同位体の割合の変化が一寸刻みで調べられている。現在の雪のサンプルにおける割合を標準にすると、一連の値が現在の地球温度に則して定まり、過去の温度が読みとれるのだ。もう一つの方法は、絶滅した海洋プランクトンの殻に含まれる炭酸カルシウムの組成を調べることである。プランクトンは骨格を作るために、自分が住んでいる海から酸素を取りいれる。涼しい時代には、軽い酸素同位体の方がより多く蒸発しているだろうから、海水中の重い酸素同位体の割合が大きくなる。

2 生物学は、三つのかなり幅広いレベルに分けられる。生体（または集団生体）生物学者は、動物の行動のレベルで発現する特性を研究している。これには、生態学、動物行動学、集団生物学、進化の過程などのテーマが含まれる。インフラ生体生物学者は、動物を動かすプロセスを研究している。その中には、生理学、細胞生物学、解剖学、発生学が含まれる。最後に、分子生物学者は、生体をつくる化学プロセスを研究している。この最新で、ある意味では最も成功した生物学の分野は、生命の大いなる奇跡のなかでDNAその他の遺伝子組織の要素が細胞を作る、その仕組みに焦点を置いている。これらの生物学の層は三つとも、ダーウィンの自然選択による進化論によって一つの体系にまとめられているが、三つすべてが同じ度合いで進化論の詳細を考慮するわけではない。生体生物学者はダーウィンの理論抜きでは研究が（不可能ではないにせよ）きわめて難しいのに対して、インフラ生体生物学者や分子生物学者は、これに対する依存度がかなり低い（それどころか、彼らのうち一握りの者たちは、自分たちの学問を危うくすることなく、公然と反ダーウィン主義の立場をとってさえいる）。細胞もその一部である生体の行動を理解することは、進化論の恩恵なしにはほとんど不可能であるにもかかわらず、細胞が働くしくみの研究には、進化論が必要ないのである。部外者はこのためにときおり混乱し、細胞生物学者がダーウィンを必要としないからには、ダーウィンが間違っているに違いないと思いこむ。細胞生物学者がダーウィン主義理論の恩恵を研究の枠組みにすれば生物学の研究がよりよくできることに疑いはないが、少なくとも当面は、これがなくてもまったく不自由なくしのげる。しかし、細胞生物学の知識が増えるに従って、今後ずっと、これなしで切り抜けられるかどうかはわからない。

3 現在の理論はダーウィン主義的ではあるが、厳密にいえば、ダーウィンの理論ではない。ダーウィンが認識しておらず、知っていたはずのない要素も、数多く含まれている。この一五〇年間で、生物学者たちはダーウインの当初の識見に基づいて、どんな尺度からみても科学における最も優れた包括的な理論の一つを作り上げたのである。

4 これらの大量絶滅が、彗星あるいは大きな小惑星の衝突に関係しているという証拠が、ますます増えている（ただし、まだ議論の余地はある）。衝突によって大気に放出された塵や水蒸気が太陽光線をさえぎり、「核の冬」に等しい状況を作りだしたと考えられているのだ。この大量絶滅の最後のものは六五〇〇万年前に発生し、これによって恐竜が死滅した。

5 厳密に言えば、リチャード・ドーキンスがその著書『利己的な遺伝子』でわからせてくれたように、進化の基本単位は遺伝子である。進化が起こるのは、ある遺伝子が他の遺伝子よりうまく次の世代に伝えられるからだ。とはいえ、遺伝子よりも個体について話したほうが、てっとりばやく説明できる。

3 誠実になることの重要性

霊長類の群れを、他の種の群れと異ならせているものは、その「多忙さ」である。目を覚ましている一瞬一瞬において、なにか意味のあることが繰り広げられている。こちらでは毛づくろいがあり、あちらでは同盟によって体制を整えた小競り合いがあり、どこか他の場所では巧妙な策略がある――このすべてが、絶え間なく注意すること、つまり誰が誰とともに何を行なっているかを見て取ることによって、一つにまとめられている。しかし、そのすべての根底には、まさしく霊長類社会に特異な性質である、長々と行なわれる毛づくろいがある。このことに、十分には理解されていないが、霊長類社会に結合力と帰属意識を与えているプロセスへの鍵があるのだ。

触られる感覚

毛づくろいは、猿の時間を大幅に占めている。社会的傾向の大きい種のほとんどにおいて、他の個体を毛づくろいすることが、一頭の動物の一日のおよそ一〇パーセントを占めている。ところが、いくつかの種では、その動物の二〇パーセントもの時間を占めることもある。これは、どう見ても食物探しが最も時間のかかる行為であることを考えると、途方もない時間を費やしていることになる。

毛づくろいは、動物が進んで他の個体の同盟者として行動しようという意欲と、密接に関係していることがわかっている。少なくとも旧世界猿や類人猿の間では、一日のうち毛づくろいに費やす時間と、その群れの規模とがおおよその相関関係にある。これはある程度理にかなっている。毛づくろいが同盟を持続させる絆であるなら、より多くの時間を自分の味方の毛づくろいに費やすほど、その同盟がより効果的になる。そして、群れが大きくなるのに比例して同盟がより重要になるのだから、より多くの時間を味方の毛づくろいに費やすことは理にかなっているわけだ。しかし、なぜ毛づくろいがこの点においてこれほど効果的なのかは、まだはっきりしていない。

原猿類（きつね猿やガラゴ）も毛づくろいに長い時間を費やすが、ダラム大学のロブ・バートンは、きつね猿が毛づくろいするのはもっぱら衛生上の理由からだという、非常に説得力のある説明を示している。他の個体に毛づくろいしてもらう場所は、その動物が自分では手の届かないような体の部位（頭皮や背中）に集中する傾向がある。この状況では、社会的な毛づくろいは、有益なお返しの協定である――まさしく文字どおり、「私の背中をかいておくれ、そうしたら君の背中をかいてあげるから」という事例なのだ。

ある面では、毛づくろいはただ単に気持ちのいいことである。飼育されている猿たちの研究から、毛づくろいが彼らの気持ちを落ち着かせ、心拍数その他のストレスを示す外的兆候を減らすことがわかっている。彼らはときおり気持ちよくなったあまり、眠ってしまうがある。確かに、現在、毛づくろいが体中の自然のアヘン剤《オピエート》であるエンドルフィンの生成を促すことがわかっている。つまり、毛づくろいされると、穏やかな麻酔作用が生まれるのである。

エンケファリンやエンドルフィンといった薬物（総じて内生アヘン剤と呼ばれる）は、視床下部という、脳の奥にある領域で生成される。これらの物質は、他ならぬ脳の鎮痛剤として、日常生活で重要な役割を果たしている。その化学特性は、アヘンやその派生物質のモルヒネ等、もっとよく知られた麻酔薬のそれとほぼ等しく、だいたい同じような作用があり、痛みの信号を出す神経系経路の働きを低下させる。モルヒネその他のアヘン剤の化学構造がエンドルフィンのものと非常に類似しているせいで、我々は非常にアヘン剤に中毒しやすいのである。といっても、脳は自然のアヘン剤を比較的少量しか生成しないため、内生アヘン剤に対して、アヘンやモルヒネとまったく同じように中毒することはない。何千万年もの進化のおかげで、器官は確実に自分の必要とする量しか生成しなくなっている。もちろん、あいにく我々は人工的なアヘン剤を大量に体内摂取できるわけで、その結果、これらの薬による過度の麻薬作用を引き起こせるのである。

このアヘン剤機能は、おそらく怪我によって起こる痛みを和らげるために進化したのであり、それ自体が、痛みを処理するための慎重に平衡の保たれた肉体機能の一部である。痛みは、何かとても強烈なことが起こっている（または起ころうとしている）ことを警告してくれるため、重要である。これは進化の観点からみると、深刻な損傷を受けないうちに害を与えている物体（または自分自身）を取り除けるように十分な警告を与えてくれるという、必要不可欠な機能を有している。神経系のすばやい痛みの経路が、皮膚が損傷しているなどの情報を脳に伝え、その情報によって回避行動がとられるようにするのだ。

しかし、措置を講じて危険が回避されても、皮膚は損傷したままであり、痛みも残っている。この場面で、エンドルフィンが活躍を始める。その機能の一つは、ひとたび危険な状態を脱した後、生活上のもっと大切な用件に取りかかれるようにするために、痛みを感じる系統を鈍化させることらしい。脳のアヘン剤機能がなければ、たいしたこともできずに、激痛にのたうちまわって時間を費やすことだろう。このアヘン剤は血流に分泌されるため、ゆっくり作用する。神経系のすばやく働く痛みの経路とは異なり、時間をかけて蓄積され、また時間をかけて消えていくのである。これもまた、肉体の相反する機能間でたくみに調整された平衡行動の例だろう。

エンドルフィンの機能は、低レベルの刺激の単調な繰り返しに対して最もよく反応するらしい。ジョギングの規則正しい足運びは、まさしくエンドルフィン生成に最も効果的だと思われる刺激の一種だ。実際、定期的にジョギングを行なう人は、それがアヘン剤による軽度の高揚感《ハイ》をもたらすため、本当にこの運動の中毒になる。日課となっている運動を妨げられると、彼らはまさしくアヘン剤禁断症状を起こす。緊張、苛立ち、ときには軽い震えさえ見られる。

この類のアヘン剤による高揚感はすぐに引き起こせる。肉体に対する単調なストレスなら、どんなものでもこれを引き起こせるのだ。檻に入れられた動物は絶え間なく歩き回ることがかねてから知られているが、最近になって、これがアヘン剤の生成を促していることがわかった――檻に入れられることの退屈さを和らげるには、何よりも良い方法ではないだろうか。心理的なストレスも、肉体的なストレスとまったく同様の作用があるらしいため、おそらく仕事中毒の人も同じ作用を引き起こしているのだろう。この場合、強度に集中して脳細胞が活発に活動することが、ジョギングする人の道を踏みしめる足運びとほぼ同じ作用をするらしい。ジョギングする人と同様、仕事中毒の人も、仕事を止められると典型的な禁断症状を起こす。

肉体は、アヘン剤が必要になることを予知してさえいるらしい。マラソンのランナーは、大レースのだいたい一日くらい前に、生成されるアヘン剤の濃度が著しく増加する。女性は妊娠後期の三か月にとくに高濃度のアヘン剤を生成するが、これは出産という終局に向けたきわめて大切な準備である。

アヘン剤はこのように、肉体の化学作用において非常に重要な役割を果たしている。驚いたことに、毛づくろいをしているときにこれが現れることがわかった。研究から、毛づくろいされた猿は、されなかった猿よりも内生アヘン剤の水準の高いことが明らかになった。さらに、モルヒネを微量に投与するだけで、毛づくろい行動を十分抑制できることもわかった。脳のアヘン剤受容体《レセプター》が満たされると、猿はもはや毛づくろいに興味を示さないのだ。そして、猿にナロキソンを少量与えて内生アヘン剤の自然な生成を妨げると、猿は通常よりも怒りっぽくなり、檻の仲間に対して毛づくろいをしきりに求め続ける。

毛づくろいを魅力的な行為にするメカニズムは、毛づくろいに気持ちのよい状態や軽い多幸症を引き起こす能力があることと、直接の関係があるらしい。これはいわば、そうでなければ無意味に見えるような行為に喜んで時間を費やすよう、猿を促している強化子である。毛づくろいによって毛皮が清潔になり、皮膚に垢やかさぶたのない状態を確保できるとはいえ、ひひ、マカク、チンパンジーなどの種がこれに費やしている時間は、この単純な目的に実際に必要な長さをはるかに超えているのだ。

とはいえ、アヘン剤による高揚感を引き起こすことが、猿がこれほど毛づくろいすることの進化上の理由であるとは思えない。相互に愛撫しあって高揚感を得るのは楽しいかもしれないが、これは、捕食者に満ちた世界では非常に危険な行為である。確かにアヘン剤による高揚感は、これほど多くの時間を毛づくろいに費やすよう動物を促す機構であるが、しかし、そこに進化上の選択圧がかかってそれを推し進めるには、もっと有用な何かが必要だ。そこにかかる選択圧は、友情の絆を強固にすることと関係があるらしい。

このように、ある動機づけシステムや行動システムをそっくり他の目的に利用するために乗っ取るように自然選択がはたらくというのは、よくあることだ。その一例が、摂食・潜水行為が、鴨やかいつぶりの求愛行動に組み込まれるようになった経緯だ。しかし、最も驚くべき例は、爬虫類の顎の一番奥にある三つの骨が、初期の哺乳類が爬虫類だった祖先から進化するに従って中耳の三つの小さな骨として利用されるようになった経緯である。爬虫類の下顎は、左右それぞれ五つの骨からなる。初期の哺乳類が爬虫類だった祖先から進化したばかりの頃、左右それぞれの前面の二つの骨が融合して、我々自身や他のあらゆる現生哺乳類に現在見られるような顎を形成した。残る三つは、しだいに大きさが縮小して聴覚器官の一部となった。そして現在では、外耳と中耳の接合部にある鼓膜から蝸牛に、つまり音を脳への神経メッセージとして記録しコード化する内耳器官に、音波を伝える一連の小さな骨を形成している。実を言うと、この利用方法の変化は、さほど驚くにはあたらない。なぜなら、爬虫類の顎は聴覚器官の一部であり、地面からの震動を聴覚器官に伝える役割を有しているのだ。これを考えれば、耳小骨を形成するために顎の骨を借用することは、きわめて自然な行為だった。

毛づくろいの動機づけシステムを獲得したことは、群れが比較的大きな規模に発達したことや、もっと地上生の開けた居住環境に移り住むようになったことと、それぞれ相関関係があるように思える。群れの規模の増大は、その動物が捕食者の危険度が高くなる居住環境に移り住んだことへの、直接的な反応であるらしいのだ。旧世界コロブスやあらゆる新世界猿などの、森林に棲息する樹上生の猿は、相対的に小さい群れで生活する傾向がある。しかし、ひひ、マカク、チンパンジーはそれよりも地上生であり、森林のはずれの比較的開けた居住環境を好む。そこでは捕食者の危険度がかなり高くなる。捕食者が獲物に気づかれないで近づきやすいこと、動物が逃げ込める樹木の少ないことが、その一因である。これらの種は、ふつうの霊長類よりも体を大きくしたり、おそらくもっと重要なことに、ふつうよりも大きな群れで生活することによって、この問題を解決している。

しかし、大きな群れで生活する必要があることは、多大な問題を引き起こす。直接的な代価は数多くあるが、なかでもかなり重要性が高いのは、群れの仲間それぞれに同じ量の食物を供給するために、相対的により大きな領域を居住範囲にする必要があることだ。これは当然、より遠くに移動しなければならないこと、ひいては開けた平原のただなかで自らを捕食者にさらす危険度が増すことを意味する。余分の移動をするだけでエネルギーをより多く消耗することになり、ひいてはこれが、その余分な全エネルギーを供給するためにより多く食べなければならないことを意味し、さらにはこれが、より遠くへ移動しなければならないことを意味し……たちまち、この全過程が悪循環になる。もちろん最終的にはこの異常な循環は停止するが、その間は、群れに加えたいと思う個体数が増えるたび、一日の平均就労時間にかなりの超過時間を加えることになるのだ。

とはいえ、最も深刻な代価は、間接的代価である。これは、食物や寝場所の奪い合いが激化し、いやがらせやストレスが増大するという形で現れる。同じ一本のいちじくの木に非常に多くの個体が群がると、最良のいちじくを求める競争が激しくなるのは避けられない。力の強い者は思いどおりにふるまい、力の弱い者は、枝の先端の魅力が落ちる場所に追いやられるだろう。そこはいちじくの数が少ないかもしれないし、手に入るものも（虫がついたり、りすにかじられたりして）質が劣るかもしれない。そのうえ、枝の先端はどこであろうと、猿を喰う鷲などの猛禽に襲われる危険度が高い。群れの末端は、けっして良い居場所ではないのだ。

最良で最も安全な餌場や寝場所をめぐってひしめきあっていると、言わば、あるいは文字どおりに、踏みつけにされることが多い。どう転ぶかわからない支配関係を強化しようと腐心している者たちに、しじゅう移動させられたりいやがらせされたりする煩わしさ——これが一日中蓄積しつづけると、地位の低い動物の神経系にとってかなりの重圧になる。そして、いうまでもなく、自分の地位が低くなり群れが大きくなるほど、自分にいやがらせをする個体の数が増える。群れのメンバーそれぞれに一日一回だけいやがらせされるとしても、三〇〜四〇の成体のひひの群れにいる最下位の動物にとっては、膨大なストレスになる。

この種のいやがらせは、その動物の肉体機能に障害をもたらす。心理的ストレスも、肉体的な痛みとまったく同様に、アヘン剤の生成を促す効果があるらしい。絶えずいやがらせされると免疫系が衰弱することがあり、うつ病になったり、病気にかかる率が増大したりする。さらに、生殖系に予想外の副作用を及ぼし、一時的な生殖不能につながることもある。

前出の内生アヘン剤も、性的成熟と月経周期のコントロールに関係していることがわかった。ただ、そのように生殖とかかわる理由は、まだはっきりしていない。ケンブリッジ大学のバリー・ケバーンとその同僚は、低い地位にいるストレスが雌の内生アヘン剤を多量に生み出し、ひいてはこれが不妊を引き起こすことを証明した。群れの他の一員からのいやがらせはこの上ないストレスであって、内生アヘン剤の生成を促し、それによって生殖系に害をもたらすのである。

この過程における内分泌学は、現在きわめてよく理解されている。脳から分泌されるアヘン剤が、視床下部においてGNRHホルモン（ゴナドトロピン分泌促進ホルモン）が生成されるのを妨げる。GNRHが供給するはずの化学的な刺激がないため、脳底の近くにある脳下垂体は、黄体形成ホルモン（LH）を生成しない。LHは卵巣を刺激してプロゲステロンの生成をエストロゲンの生成に切り替えさせ、これによって排卵を誘発するホルモンである。このため、エンドルフィンがGNRHの生成を妨げると、排卵を起こす一連のホルモン現象が生じない。その結果、無排卵性月経周期――見かけはまったく正常だが（とはいえ、おそらく通常よりやや長めだろう）、卵巣からの卵子の放出を伴わない周期――になる。

これの意味するものがどれほど大きいかは、ゲラダひひに起こったことで説明できるだろう。我々がこの種の野生の群れを現地調査したところ、地位の低い雌がいやがらせを受ける度合いは比較的低いことがわかった。平均すると、群れの雌それぞれから一日二回の軽い脅しを受けており、それが一週間に一回ほど本格的な攻撃にエスカレートする。その際でもせいぜい街角のこぜりあい程度であり、真剣な強盗ほどの打撃を及ぼすことは絶対にありえない。しかし、このような些細に見えるいやがらせだけで、雌の地位が一つ下がるごとに、一生のうちに生む子供数が半頭ずつ減るという結果をもたらすのである。これはさほど多くないように聞こえるかもしれないが、出発点の最高出産数がたった五頭程度であるのを考えあわせると、地位が一つ下がるごとに生涯出産数がおよそ一〇パーセントほど減ることになる。雌の群れが一〇頭に達するころには、最下位の雌が機能的に不妊になることが予想できる。

我々の観察したゲラダひひの最下位の雌は、地位の高い雌よりもやや長い月経周期を持っていたことから、我々は、アヘン剤による抑制が原因ではないかと疑った。当時は、この仮説の裏付けとしては、状況証拠しかなかった。唯一のはっきりした手がかりは、地位の低い雌は地位の高いものより、いやがらせを受けることが多いという事実だった。しかしその後、我々の仮説は、ニューヨークのブロンクス動物園で飼育されているゲラダひひに行なったカリーン・マッカンの調査によって、確証された。彼女は、地位の低い雌は地位の高い雌よりも確かに内生アヘン剤の循環水準が高いことや、無排卵周期の頻度が高いことを証明できたのである。

さらにもっと顕著な例が、アメリカのウィスコンシン霊長類センターで、デビッド・アボットによって観察された。マーモセットやタマリンは小型の南米産の猿で、そのほとんどは二〇〇グラムあるかないかという体重である。家族単位の群れで生活し、一組の交尾夫婦が、群れにいる子供すべての父母となっている。母親は娘たちに絶え間なく軽いいやがらせをするが、これは娘たちが成熟期に達することを抑制するのに十分なストレスを生じる。ゲラダひひの場合と同様、このいやがらせは、経験の浅い観察者ではほとんど気づかない。しかし、何日も何週間も蓄積すれば、若い動物たちの自然な発育を完全に中断させるほどになる。娘たちは生殖活動を中断された状態におかれ、弟や妹たちが生まれると、群れの手伝い役をつとめる。そして、ようやく近くのテリトリーが空いたとき、群れを立ち去って腰を落ち着けるのである。ひとたび親の影響下を離れると、若者たちはただちに成熟期を迎え、自分たちの群れの雄と交尾した後数週間のうちに妊娠することもある。

こういったことは、それほど驚くにあたらないのかもしれない。何しろ、我々のほとんどは、絶え間ない低レベルのいやがらせがどれほど辛いか、よく承知している。これには肉体的な接触がある必要はない。実を言うと、まさしくそのことが、これに関する奇妙な点なのだ。現実に肉体的な接触をすると、心理的な緊張を断つため、どうやら事態を好転させるらしい。ときおり相手を非難する発言をしたり、部屋の端からにらみつけることの方が、はるかに効果があるようだ。害をもたらすのは、このような軽いストレス因子に刺激されて自らが引き起こした不安なのである。

人間でさえも、ストレスが引き起こす生殖抑制を経験するらしい。二つのよく知られている例は、キャリアウーマンと、不妊カップルに関するものだ。ストレスの大きい職業（たとえばマスコミや金融など）に就いているキャリアウーマンは、妊娠しにくいことがよくある。仕事のストレスを減らすと、しばしばこの問題が解決される。同様に、不妊に関するありふれた話の一つに、ある夫婦がついに望みをすっかりあきらめて養子を迎える決心をすると、この女性が、それから数か月以内に妊娠するというものである。あたかも、あきらめて養子を迎える決心をしたことが、自分の子供を得ようと必死に試みるストレスを取り除いたようである。ブレーキが取り除かれたとたん、機能が自然に働き始めるのだ。これが、まさしく若いマーモセットに起こったことである。

これはけっして片方の性だけの問題ではないことを、つけ加えておくべきだろう。男性の比較的鈍い内分泌においてはかなり作用が少ないとはいえ、男性もけっしてこの影響を免れていないことが十分示されている。精子バンク（人工授精に利用する目的で精子を貯蔵している場所）は、その「寄付」の大半を医学生から得ている。精子バンクでは、試験期間の近づいていることが必ずわかるという。なぜなら学生のストレスが増すに従い、受け取るサンプルの精子カウント（すなわち、単位体積あたりの有効精子数）が激減するからだ。アメリカ合衆国内の最近の調査では、規則正しく週一〇〇キロ以上走っている男性は、それより運動量の少ない同僚に比べて、精子カウントがかなり少ないという報告がある。

いやがらせや競争が雌の生殖能力にもたらしうる害は明らかに破壊的であり、この問題を緩和する何らかの機構が必要となる。さもなければ、霊長類はたちまち数が激減し、消滅するだろう。群れにとどまった結果として生殖が不可能になるなら、そうすることは、雌にとって利益にならないはずである。

よくとられる解決策は、同盟を結ぶことらしい。同盟は、対抗勢力を追い払わないで、その影響力を弱めることを可能にする。何しろ、そもそも群れの中にいる目的からして、捕食者の攻撃という危険を伴った地域で、より確実に生き残れるようにすることなのだ。群れの他の一員を追い払うと、まさにそれを避けるために群れを形成した当の問題を再現することになる。他の誰かと同盟を結べば、互いに守りあうことができ、そのおかげで自分にいやがらせする者たちを追い払うことなく、いやがらせの頻度や激しさを減らせる。こうして群れ自身が、分散する力と協力する力が微妙につりあうダイナミックな平衡状態を実現する。この相反する力の平衡は、高等霊長類における進化の成果なのだ。

必然的に、同盟がよって立つような関係を維持することは、霊長類にとって非常に重要な務めである。前述のように、毛づくろいはその重要な役割を担っている。なぜ毛づくろいがこの点においてこれほど効果的なのか正確には明らかになっていないが、確かに毛づくろいには、同盟者間の信頼を増大させるような特徴が数多くある。一つは、単純な帰属の表明だ。たとえば、私はあそこでアルフォンスと毛づくろいするより、ここに座ってあなたと毛づくろいしたいというような。何といっても、一日の一〇パーセントを誰かとともに毛づくろいして過ごすのは、膨大な時間の投資である。毛づくろいにもともと備わっている生理学的なレベルでの快感がどんなものであろうと、これほどの規模で関係を持つ意志があるという事実は、相手への関心を、そして最終的には忠誠心を、見事に宣言しているのだ。単にアヘン剤による高揚感を引き出すだけや、毛皮を清潔に保つだけの問題であるなら、どんな毛づくろい相手でもよいはずだ。来る日も来る日も同じ相手に戻り続けることは、これに匹敵する表明の形が他にはほとんどないくらいの入れ込み方を表している。

さらにつけ加えると、他ならぬこの毛づくろい行為が、自分もすぐにくつろげて、相手にもこちらと一緒にいても好きなようにさせるだけの、毛づくろい仲間への十分な信頼を持つことを必要とする。くつろいだ状態にあるときはいつでも、機に乗じてこっぴどい攻撃をしかけられる危険に無防備にさらされている。うたたねでもしようものなら、接近してくる捕食者や集団内の悪意を持った一員についての警告を、完全に毛づくろい相手に委ねることになる。

スウェーデンの生物学者マグヌス・エンキストとオットー・レーマーは、社会性の高い種はいずれも、ただ乗り行為者《フリーライダー》にいいように利用される危険に少なからず直面していると指摘する。フリーライダーとは、後で同じような返礼をすると約束したうえで他者の負担による利益を要求しておきながら、実際は返礼しない者のことである。両名は、群れの規模が大きくなり、群れ自体が分散していくに従って、ただ乗り戦略が成功する度合いが増えることを数学的に示している。

この問題の根源は、フリーライダーの詐欺の手口を見破るのが難しいことである。分散した大きな群れでは、常に、フリーライダーは発見される一歩前に手をうつ。以前の同盟相手に義務を果たすつもりがないことを気づかれるころには、次の手をうって、集団内の他の誰かと同盟を結んでいる。こいつは信用できないという噂が集団内の一頭から別の一頭へと伝わっていくには、時間がかかる。そして、そのころには彼は隣の群れに移っており、この全過程がまた始めから繰り返されるのである。

エンキストとレーマーの主張によれば、この問題は、同盟の形態を代価の高いものにすることによって、つまり、関係を結ぶのを合意する前に何か約束のしるしを要求することによって抑制できる。フリーライダーは次に移りたいと思っても、そのたびに大きな投資をしなければ何らかの利益を得ることができない。どこか他でもっと代価の低い同盟を結ぶわけにはいかないとなれば、ひとたび投資をしたら、彼はその同盟にとどまったほうがましということになる。エンキストとレーマーは、毛づくろいは膨大な時間がかかるため、そういった投資の要件を満たすのだと説いている。しかも、ジェーンとの毛づくろいに費やした時間をペネロープとの毛づくろいに使うわけにはいかないのであり、従って潜在的なフリーライダーは、同じように有効な同盟を同時に複数結ぶことが難しくなる。

このような誠意のしるしは、動物の間ではきわめて広く見られる。おそらく最も研究されているのは、求愛の給餌行動だろう。これはかいつぶり、かわせみ、はちくいなど多様な種類の鳥や、しりあげむしなどの昆虫に見られる行動形態である。鳥類では、たとえば、雄も雌もともに卵を暖めたり、それがかえったら雛に餌を与えたりすることを求められる。しかし、雄がずるをして、雌に卵の面倒を見させておいて、交尾できる別の雌を探すことは常に可能だ。そして、もしその雌が産卵した五〜六の卵のうち一羽の雛しかうまく育てられないとすれば、二番目の雌が雄の手を借りてほとんどの卵をうまく育てられれば、この雄が最初の雌を見捨てる利益があるといえる。見捨てられた雌は、のっぴきならない苦境に陥り、独力で続行して望みを捨てないでいるか、他の雄とやり直すために卵を放棄してこれまでの全投資をむだにするか、選択を迫られる。

多くの種において、雌は求愛の儀式のときに、たいてい食物の形であるが、贈り物を持ってきた雄とだけ交尾する。交尾に同意する前に雄に高価な献身をさせることは、まさに雌を見捨てる意味がなくなるだけの投資をするよう、雄に強いることである。さらにもう一切れの食物——ある種では魚であり、別の種では野ねずみだろう——を探しだし、その後それを捧げる相手としてまだ交尾していない別の雌を見つけるために必要な代価は、彼を今いるところにとどまらせるのに十分なのだ。

猿のおしゃべり

毛づくろいは、猿が同盟を維持したり強化したりするための主要な手段だが、彼らが利用できる手段はこれだけではない。猿は音声も非常によく発している。たとえば、南米にいる小型のマーモセットやタマリンなどは、餌を探しながら森林の下生えの絡みあった枝やつるの間を通り抜けるとき、絶え間なくさえずるような声をあげる。これは主として連絡用の鳴き声《コンタクトコール》であり、うっそうとしたアマゾンの森林を移動するときに、小さな群れをまとめる目的で利用される。タマリンの群れは概して小さく、一組の交尾夫婦に、大人の手伝い役《ヘルパー》が一頭か二頭つき添い、四頭を上限とする子供が加わった形態が多い。しかし、この種はりすに似た小型の猿であり（大人でも砂糖袋の五分の一の重さにすぎない）、うっそうと絡みあった草木の茂みの中にいることもあって、日々の食物を探しながら森林をうろつく間に互いの姿を見失いやすい。彼らのさえずるような声、鳥に似たコンタクトコールのおかげで、群れが同じ方向に移動できるのである。

旧世界猿の大半を含めて、霊長類の多くが、この種の鳴き声《コール》を持っている。開けた森林地で食物を探すひひは、ささやくようなうなり声を断続的に出している。これは長年、汎用のコンタクトコールにすぎないとみなされていた。このうなり声は灯台の断続的な明かりのようなもので、群れの他のみんなに自分の居場所を知らせるものなのだ。

しかし、一九八〇年代初頭に、アメリカの霊長類学者ドロシー・チェニーとロバート・セイファースは、観察しているベルベットモンキーのうなり声には、当初我々の耳が聞き取った以上のものがあるのではないかと疑いはじめた。そこで二人は大人の猿が出したうなり声を録音し、それぞれのコールがどういう状況でなされたかを、非常に注意深く書き留めた。そして、コールを音響スペクトログラフ――異なる周波数の音エネルギーの分布を表示する機器――で分析することにより、異なる状況下でなされたコールの音波構造には、きわめて微妙ではあるが、完全に一貫した違いがあることを証明できた。上位の個体が近づいたときのコールは、下位の個体が近づいたときのものとは異なるし、遠方にいる別の群れを偵察するときのコールや、自分が安全な木々から離れて開けた草地に移動しようとするときのコールとも異なるのである。

そこで二人はその録音テープを持ち出して、コールした個体の姿が見えないときに、隠した拡声器から別の個体に向かって再生した。結果は非常に驚くべきものだった。コールを耳にした個体は、異なる種類のうなり声に対して適切な反応を示したのである。上位の個体が出したうなり声を聞いたときにはたちまち顔をあげたが、下位のものが出したコールは無視した。コールの主が遠方の別のベルベットモンキーの群れを偵察していたときに録音したうなり声を聞いた場合は、拡声器が向けてある方向をじっと見つめた。そして、姿がさらけ出されるような場所に移ろうとしている個体が出したうなり声を耳にすると、拡声器自体の方向を目を凝らして一心に見たのである。ところが、このうなり声はどれも人間の耳には区別がつかず、それ以前の科学者たちは、ほぼ同じものであると見なしていた。

どうやら、うなり声はただのうなり声ではないらしい。コールの細部構造には、膨大な情報が含まれているのだ。この状況は、英語を母国語とする者が初めて中国を訪れたときに――また、それをいうなら、中国語を母国語とする者がイギリスを訪れたときに――かなり近い。たちまちあなたは群衆のざわめきに、ほとんど意味不明の不協和音に取り巻かれる。何も理解できない。個々の単語を聞き分けることもできない。ちんぷんかんぷんなのだ。それでも、まわりの人々が行なっていることが理性に基づいており、情報伝達に関係があるのは明らかだ。しばらくすると、果てしない根気と膨大な訓練のおかげで単語の意味がわかるようになり、やがてフレーズの、ついには文全体の意味がわかるようになる。すると、どうだろう！　実際に、あらゆる行為が素晴らしい情報伝達だったのである。限りなく複雑な概念が、話し手から聞き手に伝えられていた。高尚な形而上学的議論がかわされていた。このうえなく美しい詩が誦唱され、話題にされていた。

そこで、疑問がわき起こる。ベルベットモンキーの発声に関する我々の見解は、単に、我々がベルベットモンキー語を知らないことの表れだったのだろうか。我々がアフリカのサバンナでベルベットモンキーの群れのそばに立てば、いきなりイギリスに移された中国語を母国語とする人と同じことになるのだろうか。何しろ、子供が完全に一人前の中国語や英語を身につけるには、一〇年かそこらかかるのだ。中国語を母国語とする者がどれほど一生懸命学んだとしても、彼が数年の学習の末に話す英語はまだたどたどしくて内容が乏しく、その子供っぽい間違いはひどく面白がられる対象である。では、我々がほんの一、二か月ほど原野で過ごしただけでベルベットモンキーのうなり声について何もかも知っていると思いこんだのは、重大な誤りだったのだろうか。何といっても、ベルベットモンキーは子供時代に相当する期間に少なくとも五年を費やしており、群れの大人のコールに耳を傾けては、こちらで微妙な違いを聞き分けたり、あちらでかすかな抑揚を聞き分けたりしている。ベルベットモンキーがうなり声を聞くとき、いったい何を聞いているのだろう。

過去一〇年間の研究で、一つのことが非常に明確になった。霊長類の情報伝達は、これまで誰が想像していたよりも、はるかに複雑だということだ。たとえばベルベットモンキーは、異なる型の捕食者をはっきりと区別しており、その正体を知らせるために異なるコールを利用している。豹のような地上の捕食者と、鷲のような空中の捕食者とを区別しているし、この両方と、蛇のような這いまわる生き物とを区別している。捕食者のそれぞれの型に応じて、異なる型のコールが出される。チェニーとセイファースは名高い一連の実験で、ベルベットモンキーが、隠された拡声器から再生された実体を伴わないコールに対して適切に反応することを示した。豹のコールを聞いたときは木に向かって走り、鷲のコールでは木の頂の枝葉から飛ぶように降り、蛇のコールを耳にすると、立ち上がって周囲の草の中をじっとうかがったのである。捕食者自体の姿を目にする必要はなかった。また、コールの主が何について興奮しているのか、実際にコールの主がどれほど興奮しているのかも、目にする必要はなかった。捕食者の型を見分けるのに必要な情報はすべて、音そのものに含まれていたのだ——ちょうど、あなたが豹を見分けるのに必要なすべての情報が「豹だ」という音に含まれており、「気をつけろ!」や「助けて!」といった音には含まれていないのと同じである。

猿や類人猿の他の種も、その音声のやりとりが同様に複雑なところを示している。ゲラダひひの小さな家族集団は非常に強い絆を築いており、メンバーたちは互いの間で絶えず鳴き声を出し続けている。このやりとりは、複雑な機能をもつ、いろいろな音調で表現されたかん高い鳴き声や、うめき声、いななき声で行なわれる。目を閉じてそれらに耳を傾けると、レストランかバーの片隅に座っているときに、話し声の抑揚や、話し手が次々と変わるごとに声も変わるのは聞こえるものの、言葉そのものの意味はわからないという状況に似ている。

採食しているときにゲラダひひは複雑な音声を交わすが、それは、離ればなれになっているお気に入りの毛づくろい仲間との連絡を維持する目的であるらしい。彼らはうめき声やうなり声を、この会話のような友人間のやりとりに加えて、毛づくろい時の催促としても利用している。毛づくろいをされている側が気持ちよくなりすぎて眠ってしまうことも多い。しまいに毛づくろいする側が毛づくろいに飽きて、かわりに毛づくろいして欲しいと思ったときは、その手をとめ、相手に肩か腕を持ち上げてみせる。ふつうは相手がすぐに振り返り、差し出された体の部位を毛づくろいしはじめる。だが、暖かい日だまりでまどろんでいると、毛づくろいが中断されたのに気づかないこともときどきある。相手はしばしば、「ほら！今度はそっちの番だよ！」と言わんばかりに、穏やかなうなり声をあげるのだ。

雌が出産すると、たちまち新しい赤ん坊は群れの他の若い雌たち、とりわけ成熟期を迎えたばかりで自身はまだ出産の経験がない雌たちの、関心の的になる。この若い雌の一頭が、新しい赤ん坊を抱えている姉または母親に近づくとき、その声には興奮がありありとうかがえる。彼女のコンタクトコールは、興奮した子供の次から次へと支離滅裂にほとばしりでる言葉のように、音階がめまぐるしく上がったり下がったりする。どちらの場合も感情的な意味合いは明らかであり、単なるわけのわからない戯言以上の意味がある。その瞬間の興奮を、しっかり伝達しているのだ。

これらの新たな研究成果は、人間だけに言語があるという従来の見識に疑問を投げかけた。言語学者や心理学者はこれまでずっと、我々の種だけが本当の言語を有しているのだと主張してきた。もちろん、他の動物も互いに情報伝達するし、なるほど我々とも情報伝達している——飼っている犬や猫が、外に出してほしいときや散歩に連れていってほしいときにするように。しかし、これらの動物が行なっていることは、単なる情報伝達にすぎないというのが、言語学者の主張だ。その吠え声やうなり声によって抽象的な概念を表現できないのだから、言語としては位置づけられないということだ。実際、彼らの多くは、人間以外の種のあらゆる情報伝達は、おおむね感情的な状態の表出に限られていると主張していた（そして、いまだに主張している）。犬が興奮したときに吠えるのは、興奮すると、そのような音を呼吸器官が生むからなのだ。

一九六〇年代に、言語学者のチャールズ・ホケットが、本当の言語を定義するための、一八の特徴群を示した。そのうちの最も重要な四つは、本物の音声言語は(1)指示的である（その音が、周囲の対象を指示している）、(2)統語的である（文法構造を有している）、(3)図像的でない（単語が、その指示している対象に似ていない——たとえば、明らかに牛が発する音を真似ているモーという「語」とは違う）、そして(4)学習したものである（生得ではなく）ということだ。

これらの基準は、本当の言語と、たとえば蜜蜂の「言語」との相違点を明確にすることを意図されていた。一九五〇年代に動物行動学者のカール・フォン・フリッシュが、蜜蜂が食料探しに出かけて巣に戻ったとき、良い蜂蜜源の在処について情報伝達することを証明した。フォン・フリッシュは、戻ってきた偵察蜂が蜂の巣の垂直面で、かなり類型化された8の字を描くダンスを行なうことが多いのに気づいた。独創的な実験と、きわめて入念な観察によって、ダンスの速さが巣から蜂蜜源への距離を示し、垂直線に対する8の字の縦線の角度が、太陽からの相対的な方位を示していることを証明できたのである。

誰も彼も蜂の驚くべき技に感銘を受けたが、それは当然だった。これは間違いなく、自然界の驚異の一つである。このめざましい発見は確かに、言語学者や哲学者たちをはっとさせ、考えさせた。これは本当の言語だろうか。もしそうなら、もはや人間は唯一無二ではなくなるのだ。一部の人々にとっては、我々もドリトル先生のように動物の言葉を学べるかもしれないという、まっとうな見通しが出てきたのだった。

しかし、ひとたび大騒ぎが静まるとほどなく、蜂が行なっていることは実際には、人間と同じ意味での言語と見なすべきでないことが明らかになってきた。これはきわめて様式化されており、極度に限定された範囲の話題に関する限られた数の事実しか情報伝達できない。また、生得のもののようでもある。蜂が自分の行なっていることを「わかっている」かどうかは疑わしい。

しかし、その間に、動物が原始的な形態の言語を有しているかもしれないという仮定から、彼らに言語を教える本格的な試みが生まれた。当然のことと言っていいかもしれないが、初期の試みはことごとく、動物界の中で最も我々に近い系統であるチンパンジーに集中した。

類人猿語

一九五〇年代のこと、チンパンジーに英語を話すことを教えようとする有名な試みが二つあった。ケロッグ夫妻とヘイズ夫妻がそれぞれ、自身の乳児と一緒に赤ん坊のチンパンジーを育てようとして、両方の乳児に同じだけの心遣いと話すことを学ぶ均等な機会とを与えた。結果は失望させられるものだった。ヘイズ夫妻に育てられた幼いチンパンジーのビッキは、なんとかわずか五、六個の単語を、それもほとんど聞き取れない程度で発するようになっただけだった。あまつさえ、チンパンジーがヘイズ夫妻の期待したように人間の習慣を身につけるどころか、自身の子供の方がチンパンジーから無数の悪い習慣を身につけてしまった。チンパンジーは人間の幼児よりはるかに成長が速く、たちまちいたずらを始めたため、ビッキはヘイズ・ジュニアのすばらしく魅力的な役割モデルとなったのである。ヘイズ夫妻は試みをあきらめた。

同じ頃に誰もが理解しはじめたのは、チンパンジーは人間の言語に必要な音を生じる発声器官がないため、けっして言葉を話すようにはならないだろうということだった。言葉を話すには、鼻と口の奥に大きな共鳴空間を作れるように喉頭が下方にさがっている必要があり、さらに、振動体の働きをする声帯をしっかり制御できなければならない。チンパンジーは決定的に重要な解剖学的器官を有していないように思えた。

この認識をもとに、一九六〇年代に新しい取り組みがなされた。もう一組の夫妻、故トリクシー・ガードナーとその夫アランが、ワショーという名の幼い雌のチンパンジーを使って新しく研究を始めたのである。今回、ワショーは音による言語ではなく、手話を教えられた。ガードナー夫妻はチンパンジーは言葉を話せないだろうと認め、身振りなら野生チンパンジーの日常的な情報伝達の自然要素だから、手話を憶えるかもしれないと論じた。ガードナー夫妻は、身振りを利用して概念や単語を表すアメリカ手話言語、つまりASLを選んだ。こうしてワショーは、自分と接触する全員が常にASLで情報伝達する環境の中で育てられた。

ワショーは時代の寵児となった。最終的に、彼女は百あまりの手話表現を学んだのである。しかし、誰もが納得したわけではない。数人の心理学者や言語学者は、ワショーは人間である自分の世話人を模倣する能力を証明したにすぎないのだと主張した。彼らは、ワショーの身振りの多くが同じものの繰り返しであること、そしてしばしば人間のヒントが必要らしいことを指摘した。彼女が二つを超える身振りからなる「文」を作ることはまれだった（この場合、繰り返しはすべて除く）。彼女が作ったとされる、新しい身振りの組み合わせは――初めて白鳥を見たとき、「水」および「鳥」という身振りを自発的に作ったと言われているが――偶然の組み合わせにすぎない。批判者たちは、ワショーの情報伝達能力は、ガードナー夫妻の想像力に富んだ解釈にのみ存在するだけだと主張した。

ガードナー夫妻はその後の二〇年間の大半をかけて、ワショーが言語としてASLを使用できることを証明するために、いっそう厳密な条件下で彼女を試験した。一方、ガードナー夫妻の批判者たちは、ワショーが達成したことはどれも「賢いハンス」現象[*1]として解釈できることを証明するために、いっそう巧妙な方法を考え出した。

そうしている間も、一九七〇年代に、いくつかの新しいプロジェクトが始まった。このうちの二つは同じくASLを利用したものだが（ゴリラのココとオランウータンのシャンテク）、他の二つは、チンパンジーに絵による言語を教える方法をとることで、ガードナーに向けられた批判を回避しようとした。心理学者のデビッド・プレマックは、サラという名のチンパンジーとその檻の仲間数頭に、色のついたプラスチックの板を利用して単語（や概念）を表す言語を教えた。このプラスチックの板は、文章を作る目的で金属ボードに並べて貼れるように、磁石がついていた。もう一つの研究は、デュエイン・ランボーが始めたもので、オースティンとシャーマンという名の二頭のチンパンジーが、現代心理学の父の一人であるロバート・ヤーキーズにちなんで名づけられた「ヤーキー語」という、コンピューター・キーボード言語を教えられた。キーボードには文字ではなく色のついた図像がたくさん配列されており、それぞれのキーが単語を表している。後に、同じ言語を、スー・サベージ＝ランボーがカンジという名のボノボに教えた。カンジはチンパンジーの世界において、アインシュタインとシェイクスピアをあわせた存在になるのである。

しかし、言語に関する議論は長々と続いた。サラやカンジがどのくらいあざやかに質問に答えたり指示に従ったりしたかはともかくとして、本当に彼らは、人間の子供が使用するのと同じ意味で言語を使用しているのだろうか。文法を理解しているのか。「より大きい」というような抽象的な関係を理解しているのか。

私は、この研究は、チンパンジーがいくつかの重要な概念、たとえば数字や、加減法、基本的な関係の本質（「より大きい」や「と同じ」や「のいちばん上」など）、特定の物（たいていは食物）や行為（森の散歩や追いかけっこ）を要求する方法、複雑な指示を実行する方法（「冷蔵庫から缶を取り出して、隣の部屋に置く」）を理解することを、納得できるほどに証明したと言ってよいと思う。カンジは一つのモードから別のモードへ難なく翻訳できる。たとえば、ヘッドホーンを通して聞いた口頭の英単語に相当するキーボードのシンボルを、正しく指し示すことができるのだ。これは、聞くことから話すこと（そしてもちろん、書くこと）へ翻訳する我々の能力の基礎をなしているため、言語にとってとりわけ重要な先行条件である。

しかしながら、過去三〇年間、霊長類に言語を使用させる訓練にこれほどの努力が費やされたにもかかわらず、彼らのうち一頭として、二歳の人間の子供特有の簡単な二、三語の文章を超える進歩は、納得のいくほどには見られなかった。カンジは並外れて言語を理解しているにもかかわらず、その能力はおおむね、欲しい物を要求すること、指示を実行すること、理論的に複雑な質問に対して正確な一語の返事をすることに限られていた。話すことを学ぶ二歳の子供にあるような、自発的で、難なくやっているように見えるおしゃべりはしなかった。人間の子供はこの段階において、どうやら何の意味もなく、単に物体の名前をあげることだけに膨大な時間を費やしている。「ほら、ママ、車！」……「そうね、また車ね……」

流暢で長々としたゲラダひひのコンタクトコールと比べても、言語訓練を受けた霊長類の会話能力はたどたどしく、苦労しているように見える。チンパンジーは、なんとか言語という梯子に足をかけているのかもしれないが、まさに人類と言える敷居に足をかけている類人猿に期待されていたほどではない。それでは、類人猿の一つの種がその変遷をとげたのは、いったいなぜだろう。この疑問に答えるには、何のために人間の言語が利用されているのか、なぜこれが進化したのかを理解する必要がある。

原註

1　〈賢いハンス〉はサーカスの馬である。二つの数字を足し合わせ、それからひづめを打ち鳴らして答えを数え上げることができるように見えたため、二〇世紀初頭におおいに人々の関心をかきたてた。慎重に調査した結果、故意ではないにせよ、飼い主がハンスに打ち鳴らすのをやめる合図を与えていたことがわかった。ハンスは、自分が正しい数字に行きつくと、飼い主の男が軽く息を吸い込むのを知っていたのだった。

4 脳、群れ、進化

猿や類人猿が動物世界の知性面の天才であることは、衆目の一致するところだ。おどけたしぐさ、物まね、賢そうな目、いたずら好きなところなどが、それをつぶさに語っている。人類は太古より、彼らの人間らしい資質を認識していた。我々は当然のように、なぜ猿や類人猿がこれほど知能を有しているのか尋ねたくなる。

猿はなぜ大きな脳を持っているのか

知能の定義はかねてから厄介な問題であり、心理学者たちはそれをきちんと測定する方法を編み出そうとして、長年のあいだ非常に苦労してきた。問題点は二つある。一つは、いったい何が知能であるか示すことであり、もう一つは、その確かな尺度を見つけることである。

定義の問題は、少なくとも直観的には、さほど難しくない。知能があることは他の人々が解けない問題を解けることだといえば、おそらく大半の人が同意するだろう。アインシュタインに知能があったと言えるのは、彼が相対性理論を考え出したからであり、その意味を理解できる者や、彼がそれを展開するのに利用した数学的論証をたどれる者が、それほどいないからである。心理学者たちは、もちろん、異なる種類の知能が存在する可能性を認識していた。社会的な知能は科学が得意であることとまったく同じなわけではないし、立派な小説家や音楽家の特質とまったく同じなわけでもない。とはいえ、異なる領域にあてはまる何らかの共通因子が根底にあるはずだという信念が、相変わらず存在している。二〇世紀前半の心理学者たちはこれを「G因子」（普遍的《ジェネラル》な知能を縮めて）と呼んでいたが、その一方で二股をかけ、IQに視覚的な問題解決能力、言語能力、算術能力、論理的な思考能力を反映する一群の成分を区別している。

これよりも重大な問題は、どんな尺度に頼ろうと、生来の知能ではなく、単に質問に答えようという気が当人にあるかどうかや一般知識を測っている可能性があることだ。アメリカの黒人たちが従来の知能テストで非常に成績が悪いのは、白人の子供より知能が劣るせいではなく、ただ単に知識の幅が狭いためだが、そのことを心理学者たちが認識するまでに、驚くほど長い時間がかかった。全員が幾何学を学ぶ均等な機会を有していると仮定したテストでは、当然ながら、生来の理解力ではなく、単に教育を受けた経験の度合いを測っていたにすぎない。

それにもかかわらず、知能と呼べる何かが存在するし、それは個々の人間や種によって差があるのだという一般原理が、いまだに広く受け入れられている。我々の問題はむしろ、いろいろな種におけるこの捉えにくい質を、誰にとっても公平なやり方で測定できるようなテストを考案するということである。一つの解決策は、実地テストのできではなく、脳の大きさを測ることである。

世間で言われている格言の一つに、大きいことはいいことだというのがある。この考え方によると、脳が大きい動物ほど知能があることになる。何と言っても、人間の脳は、たとえば犬の脳よりも大きいのだ。しかし、不都合な例外がいくつかある。象や鯨の脳は人間の脳より大きいが、だからといって、これらの種が我々より知能があることを意味することになるのだろうか。一九七〇年代はじめに、心理学者のハリー・ジェリソンは、絶対的な大きさがすべてではないことを認識した。大きな動物ほど脳が大きくなることが予測されるが、それは、他の肉体器官が大きいのはもちろんのこと、膨大な量の筋肉を動かし続けなければならないからである。脚の筋肉が増えればその分、その動きをうまく調整するために、脳からの指令がより多く必要になる。

彼の主張によると、関心を向けなければならないのは絶対的な脳の大きさではなく、相対的な脳の大きさである。知能は、自分の体を正しく働かせ続けるために必要な量をすべて除いたのち、余裕のコンピューター容量がどれだけ残っているかによって決まる。この量を知るために、ジェリソンは、まず脳の大きさと体重との比較グラフを作成することを提案した。そうすれば、脳の大きさと体の大きさの一般的な関係がわかり、基本的な肉体機能に必要な脳組織の量が概算できる。残りはすべて、問題解決のような知能を必要とすることがらに使われる、余裕分の能力なのだ。

ジェリソンはこれを念頭に、恐竜から霊長類にいたるまで見つけられる限りの種について、体重に対する脳の大きさをグラフにした。その結果は、実に分かりやすかった（図1を参照）。分布を見ると、哺乳動物の分類群はすべて、他の種よりも高い水準に位置することがわかった。恐竜や魚類の種の値は、鳥類のものより下に位置し、哺乳動物の値は鳥類よりも上にある。さらに興味深いことに、霊長類の値は他の哺乳動物の値よりも上に位置し、哺乳動物の中でも同じような差異が見られた。哺乳動物の層の最下位には有袋類（カンガルーとその仲間）がくる。その上には食虫類（とがりねずみ、はりねずみ）、それから有蹄類

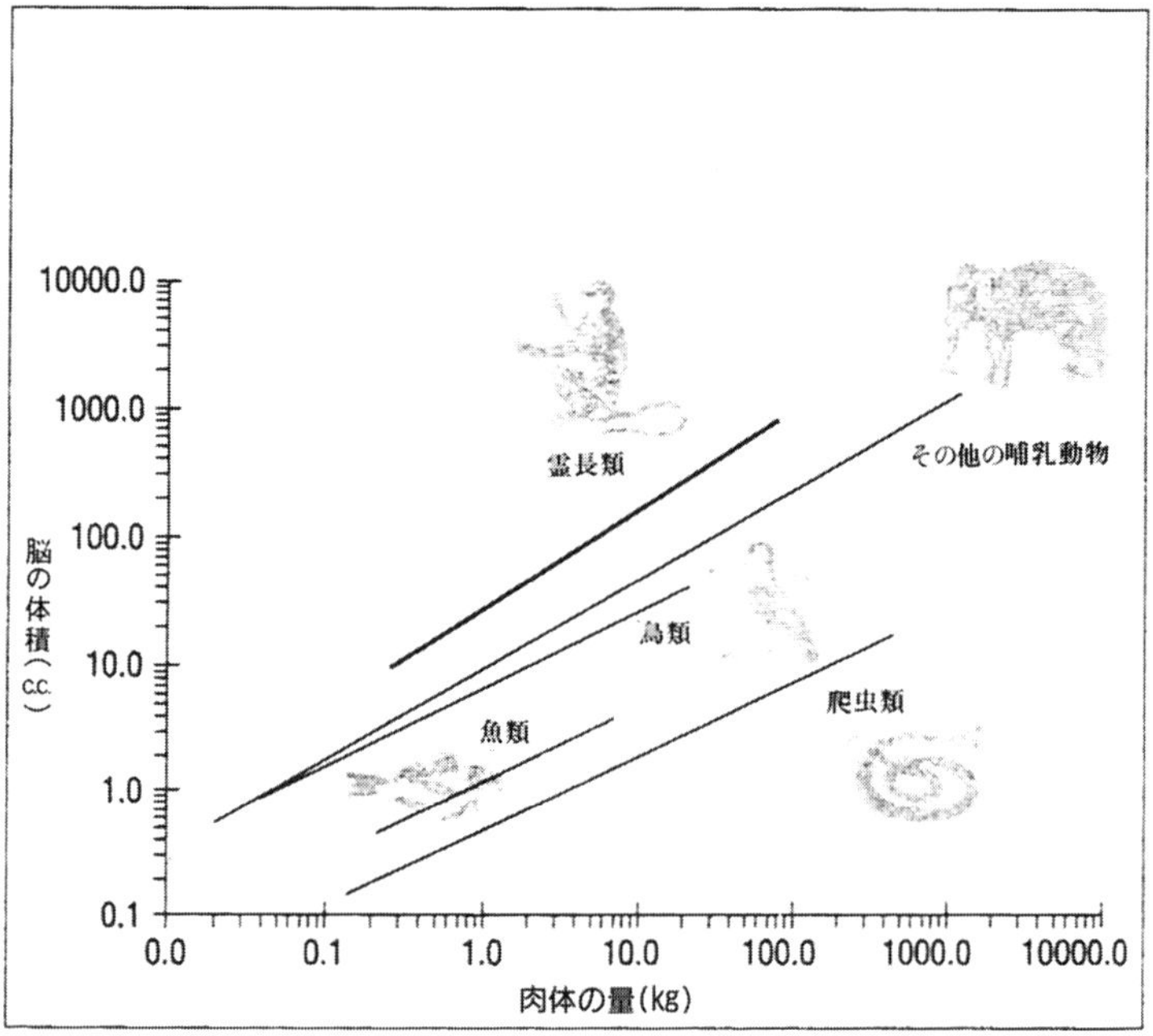

図1　さまざまな動物群に関して、体重（あるいは質量）に対する脳の容量をグラフにしたとき、それぞれの分類群について、点の大半がそれぞれに固有の直線上に並ぶ。霊長類は他の全ての種よりも、所定の体の大きさに比して脳が大きい。双方の軸が対数目盛になっていることに注意しよう。実際には脳の大きさと体の大きさの関係は曲線を描いており、このことから、脳の大きさが体の大きさとまったく同じ割合で増加するのではないことがわかる。曲線になる関係のデータは、対数目盛でグラフにすると直線になり、パターンがより明確に示される。

（羊、牛、鹿、アンテロープ）がきて、食肉類（猫、犬、あらいぐまなど）が続き、最後に霊長類が一番高い水準にくる。霊長類の中でも、原猿類（マダガスカルのきつね猿やアフリカ大陸のガラゴ）は、進歩した霊長類（猿や類人猿）に比べて体の大きさに対する脳の大きさが小さいため、低い水準にくる。

この方法で測定すると、我々人類は哺乳動物一般のふつうの例よりも、体に対して脳が九倍大きい。我々の脳の体積はおよそ一六〇〇立方センチだが、我々と同じ体重（五五キロ）の平均的な哺乳動物の脳の体積は、わずか一八〇立方センチである。もっとすごいのは、我々の脳は、食虫動物の数値から予測される値の一二倍の大きさがあるという事実だ。この種はとがりねずみ、はりねずみ、もぐらなどの小さな哺乳動物の分類群であり、すべての現生哺乳動物のもとになった約六〇〇〇万年前の原始哺乳動物の種にきわめて近いことが、広く認められている。

このことから、基本的な疑問が生まれる。いくつかの種が他の種よりも大きな脳を有しているのはなぜか。とりわけ霊長類が、猫や犬などの哺乳動物よりも大きな脳を有しているのはなぜか。さらに、なぜ、数種の霊長類（チンパンジーや人類など）は、他の霊長類（たとえばマダガスカルのきつね猿やアジアのラングール）よりも、体の大きさに比して脳が大きいのだろう。

二〇世紀の前半、心理学者たちは、知能は抽象的推論を行なう能力だと考える傾向があった。一つの種の動物が他の動物より知能を有しているという事実に関しては、とりたてて論評されることはなかった。単に現実の世界がそうなっているというだけのことだ。しかし、生物学的な見地からは、それだけではすまされない。脳の組織は、これを成長させたり維持したりするための代価がきわめて大きいのだ。我々の脳は体重のわずか二パーセントしか占めないのに、食物の形で取り入れる全エネルギーのおよそ二〇パーセントを消費する。つまり、脳の組織は、非常に大きな代価を必要とすることからすれば、偶然に存在しているはずがない。ある生物体が大きな脳を有しているという事実は、それが本当に切実に求められているに違いないということである。そうでなければ、容赦なく自然選択の力が働き、単に製造代価が低いという理由だけで、小さな脳を持った個体に有利になるだろう。大きな脳にエネルギー源を供給するために、膨大な時間を採食に費やさなければならない動物（または、自分自身の脳だけでなく子供の脳にも供給するために、さらに多くの時間を費やさなければならない母親）は、飢饉で生活が厳しくなったときに餓死する危険度が高くなるのはもちろん、捕食者の攻撃にさらされる危険度も比例して高くなる。脳が小さい仲間が安全な物陰に隠れることができるのに対し、運悪く脳が大きい者は隠れ場所の外にあって、食物を探すのに夢中になっている。これは典型的な陥し穴だ。採食することに心を奪われると、忍び寄ってくる捕食者が目に入らない。しかし、捕食者を確認するために立ち止まってばかりいれば、採食に費やす時間が長くなり、そのせいでゆくゆくは捕食者に出くわしてしまう可能性が増える。これほど代価の高い組織を保持しているからには、何かきわめて重大な要素が働いているに違いない。

一九七〇年代に提唱された一つの答えは、脳は生存上の問題を解決するために必要であるというものだ。一部の動物が他の動物よりも大きな脳を必要とするのは、彼らが直面する日常生活の問題が、より複雑だからである。それゆえに、果物を採食する猿のような動物は、草を採食する羊や牛のような動物よりも、体の大きさに比して大きな脳が必要なのだ。つまり、こういうことだ。果物は供給に著しくむらがあり、今日ここにあったかと思うと、翌日にはなくなっている。それに対して草は、いつでもきわめて豊富にある。ときおり縁のあたりが多少茶色になることもあるが、それでもまだ生きていくために十分な量がある。従って、果物を採食する動物は、供給にむらのある食物源の場所に絶えず注意している結果、供給にさほどむらがなくて存在する範囲も広い草を採食する動物よりも、大きな脳を必要とするのである。

霊長類の脳を（他の哺乳動物に比べて）極度に大きく進化させた最初の原動力が、色覚と何らかの関係があることを示す証拠が増えている。鳥類でも霊長類でも、葉の背景の中に果物を探しだすことは、色覚にずいぶん助けられている。霊長類に見られる色覚系は、他の哺乳類に見られるものより優れており、必然的に、かなり多くの処理能力を必要とする。しかし、果物の比重が高い食生活に移行したことは、霊長類が他の哺乳類より大きな脳を持たなければならない理由をうまく説明しているが、果物を食べる霊長類の中でも一部が他の種より大きな脳を持っている理由の説明にはなっていない。

これに代わる一九八〇年代末に唱えられた答えは、霊長類の脳が著しく大きいのは、その社会習性がとりわけ複雑であることと何らかの関係があるというものだ。それ以前の三〇年間に、数人の動物行動学者によって、社会的な複雑さが霊長類の知能の核心にあるという意見が示されてはいたが、彼らの意見をとりたてて真剣に考える者は誰もいなかった。ようやく一九八八年に、二名のイギリス人心理学者ディック・バーンとアンドルー・ホワイテンが、マキアベリ的知能仮説と呼ばれるものを唱えた。

バーンとホワイテンの主張によると、霊長類の社会的な群れと他の種の群れとの相違点は、猿や類人猿が、互いに関するきわめて複雑な社会的知識を利用できることだ。彼らは、他者がどのように行動するかに関するこの知識を利用して、今後その他者がどのように行動するか予測し、この予測を利用して、他者との関係を築いている。二人の主張では、他の動物にはこの能力が欠けており、代わりにもっと単純な規則で間に合わせて、その社会生活を組織化している。猿や類人猿は、たとえばジムとジョンの関係が、ジョンと自分の関係に与えるであろう意味を理解することができる。ジムがジョンの友人であることを知ると、ジョンに逆らって自分を助けるようジムに頼んでも意味のないことがわかるはずだ。これに対して、他の動物は、自分とジムやジョンとの間の関係しか理解しないだろうから、ジムに、ジョンに逆らって助けるよう求めるという過ちを犯すだろう。

この二つの仮説は、一九八〇年代および一九九〇年代はじめには、まだいくぶんの異論があるものだった。多くの人の不満は、マキアベリ的知能仮説は漠然としすぎて検証ができない、これを裏づける具体的な証拠がない、いずれにせよ生態学的な仮説を裏づける証拠はたくさんあるといった点だった。たとえば、果物を食べる霊長類は葉を食べる霊長類よりも大きな脳を持っていることや、脳が大きい霊長類は脳が小さい霊長類よりも、テリトリーが大きいことはわかっていた。

この問題を一九九〇年代の目で考察してみると、初期の分析は多くの異なる要素を混同しているように思える。果物を食べる霊長類は必ず葉を食べる霊長類より大きなテリトリーを持っているが、それというのも、果物は葉よりもまばらで広い範囲に分散しているからだ。しかし、果物を食べる霊長類の少なくとも一部は（ひひやチンパンジーなど）、葉を食べるどんな猿よりも身体が大きく、概して大きな群れで生活している。このように、大きな種になるほど果物を食べ、テリトリーが大きくなる傾向があり、同時に脳も大きくなり、生活する群れも大きくなる傾向がある。そのせいで、複雑な因果関係を解きほぐすのが難しくなっている。もしかしたら、たとえば、これらの種のテリトリーが大きいのは、彼らが果物を食べるからであり、果物を食べるのは脳が大きいからであり、この大きな脳は大きな群れをまとめるために必要だということかもしれないのだ。

四つの変数――脳の大きさ、体の大きさ、テリトリーの規模、果物を食べること――を混同してしまったのでは、どの二変数の間に相互関係があろうと、それが、それぞれがまったく別の理由で第三の変数と関係がある結果にすぎないかどうか、わかったものではない。どの変数が、霊長類の脳の大きさが変化したことと最も結びついていて、他とは無関係なのかを確かめるために、いろいろな仮説を検証する何らかの方法が必要になってくる。

ただ、次の一点が重要らしい。これまでの分析はすべて、脳全体の大きさを見てきた。しかし、霊長類の進化をたどってみると、我々がきつね猿のような最も小さくて最も原始的な種から人類のようなより大型の進んだ形態になるにつれて漸進的に増大したのは、脳全体の大きさではない。さらに、頭脳は、すべての部分をいかなる仕事にも使う汎用コンピューターのようには働かないという結論を、心理学者たちが出すようになっている。そうではなく、彼らの実験的研究から、頭脳はいくつもの別個の単位《モジュール》からなり、それぞれの単位が特定の仕事を行なうよう設計されていることが示唆されるようになった。たぶん、それぞれの単位が、脳の異なる部位と結びついているのだろう――視覚がある部位に存在し、言語が別の部位に、運動制御がまた別の部位に存在しているように。

哺乳類の脳は、三つの主な区画からなっているらしい。まず、爬虫類に似た遠い祖先からほぼそっくり受け継いだ原始の脳。二番目は、もっぱら感覚の統合や生存機構に関係する、中脳その他の皮質下の領域。最後は大脳皮質で、まさしく哺乳類だけにしかない外側の層である。ところが、このおおざっぱな配置のなかに、霊長類の脳が並外れていると思われる点がある。ある特定の部位すなわち新皮質が、他の哺乳類に見られるものとは比べものにならないほど変化しているのだ。新皮質は脳の「思考」部分とでも呼べるところであり、ここで意識的な思考が行なわれる。かなり薄い層で、わずか五つか六つの神経細胞の厚み（およそ三ミリ）しかない。

この薄い神経組織の膜は、哺乳類の脳中枢のまわりを被い、脳の多くの部位と神経細胞《ニューロン》でつながっている。ほとんどの哺乳類は、この新皮質が脳の総体積の三〇〜四〇パーセントを占めている。ところが霊長類では、低いもので一部の原猿類の五〇パーセントから、人類に見られるような脳の全体積の八〇パーセントというように、ばらついている。私には、脳全体ではなく、まさしく新皮質に注目しなければならないように思われた。脳のこの部位は、霊長類（とりわけ我々自身）においてめざましく発達してきただけでなく、我々が知能と結びつけている活動——思考や推論——が行なわれているらしい場所でもあるのだ。

私が霊長類を調べてみると、種における新皮質の大きさは、すぐにわかる生態学的特徴のいずれとも相関関係のないことがわかった。たとえば、食料のうち果物の占める割合、テリトリーの規模、一日に餌を探しながら移動する距離、あるいは、動物が食物の隠れている層から可食物を引き出すために必要な作業によって測定される食生活の複雑さとは、相関関係がない。ところが、当時私が利用できた社会的な複雑さの尺度の一つである群れの規模が、新皮質の大きさと確かに相関関係があり、しかも驚くほどぴったり適合したのである（図2を参照）。前述したような要素の混同の問題を克服するために、体の大きさの違いからくる影響を統計的に除いても、この関係はしっかり残った。

私が群れの規模を社会的な複雑さの尺度として利用したのは、二つの理由からだ。まず、これは現地調査を行なう者が必ず計測し、信頼できる絶対値を出している数少ない事項の一つだからである。その結果、多数の種の霊長類について、群れの規模に関するデータをたやすく得られる。質的な観察（たとえば、一つの種が別の種よりも複雑であるということ）は、仮説を厳密に検証する場合にはあまり役に立たない。我々はすぐに自分を欺いて、見たいと思うものを見るからだ。私はチンパンジーをひいより社会的に複雑だと考えるかもしれないが、あなたは意見が異なるかもしれない。誰もが計測できて認めうる、何らかの複雑さの尺度が必要だった。

もう一つの理由は、あるきわめて重要な点において、本当に社会的な複雑さが群れの規模に従って増すためである。霊長類の社会生活が、ある動物の、第三者間の関係を――ジョンと自分の関係だけでなく、ジムとジョンの関係も――認識する能力によって規定されるとすれば、群れの物理的な規模が大きくなるに従って群れの社会的な複雑さが急激に増すというのも、実にもっともなことである。五頭から成る群れでは、自分自身と群れの他の仲間との四つの関係に絶えず注意しなければならないし、さらに他の四頭の個体間にある六つの関係を監視しなければならない。二〇頭の群れでは、自分自身と群れの仲間との一九の関係と、群れの他の一九頭間にある一七一の第三者間の関係に、絶えず注意する必要がある。群れの規模が五倍になると、自分自身と他者との関係もほぼ五倍になるのに対して、監視しなければならない第三者関係の数はほぼ三〇倍になる。おおざっぱかもしれないが、群れの規模は確かに、一頭の社会的な動物が携わる情報処理の量を示す、一つの指標となる。

これらの分析は、マキアベリ的知能仮説を裏づけるための立派な証拠となっている。進化の圧力によって霊長類の大きな脳と余分の知能が選択されたことと、大きな群れを結束させる必要性との間には、確かに何らかの関係がありそうに見えた。

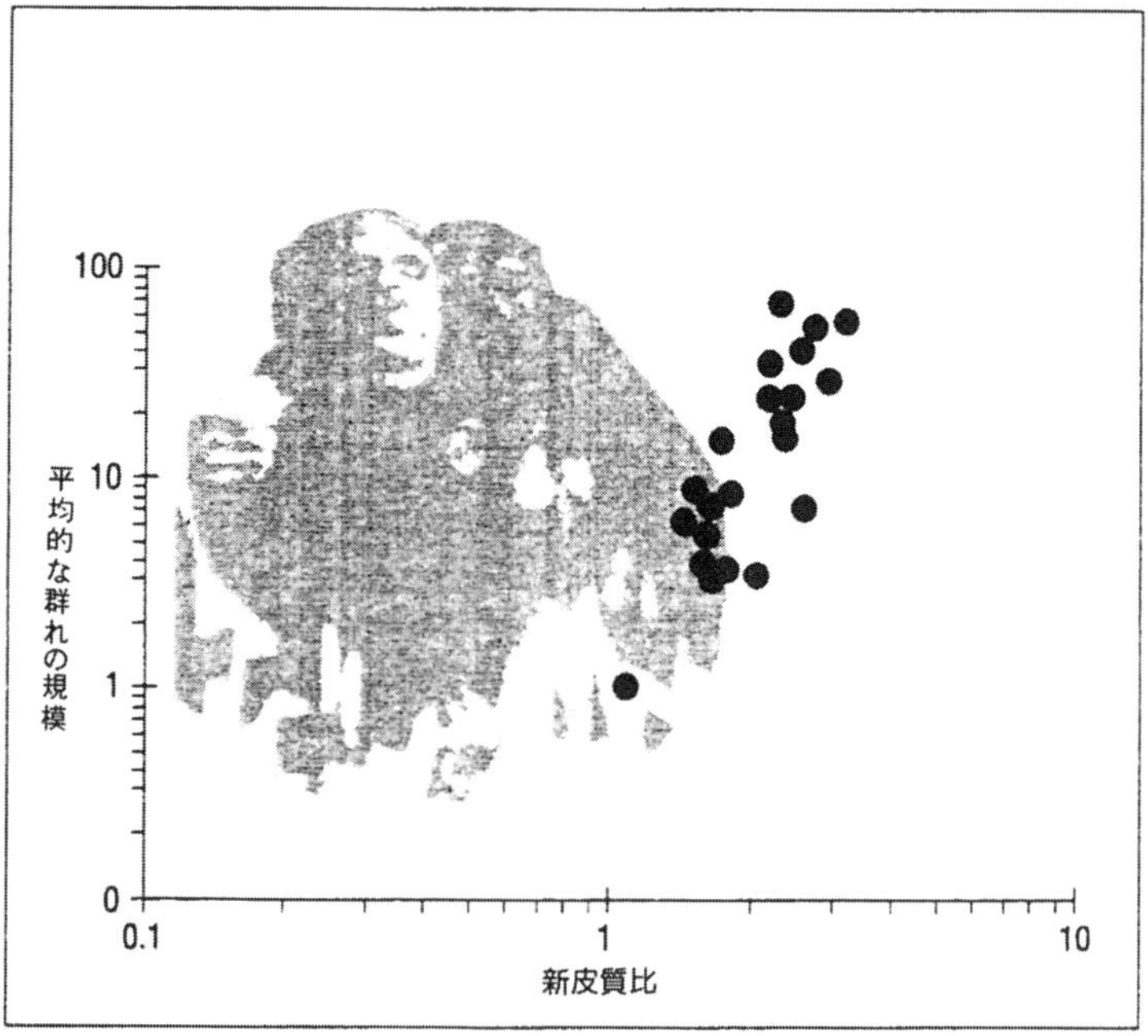

図2　類人霊長類（猿や類人猿）の様々な属の平均的な群れの規模を、その新皮質の相対的な大きさの測定値に対応させるグラフにした。ここで使用した新皮質の大きさの測定値は、新皮質の容量の、脳の残りの容量に対する比である。これによって、単に体の大きさが異なることから生じる新皮質の大きさの相違を修正できる。二つの変数の関係を直線で示すために、双方の軸は対数目盛になっている。

様相がさらに複雑になる

群れの規模と新皮質の大きさの関連を発見した当初、私はこれを霊長類に独特なものだと思い込んでいた。同僚の意見の大勢は、もし他の動物群のたった一つにでもこれが当てはまることを私が示せるなら、この関連が本物であると信じるのにというものだった。霊長類において関連があることが見つかったのは、単に幸運な偶然だったかもしれない。他のいくつかの群にも当てはまることを示せば、「幸運な偶然」という説明の妥当性がかなり低くなるだろうというわけだ。

この反問に対して、私は、他の哺乳類による群れの社会体系が霊長類のものと同様に組織されていたとしたら、そういう群れにも当てはまるだろうけれどと答えた。言いかえれば、他の種の社会生活にも、社会的知識の巧みな操作に基づいた複雑な同盟の形成が見られる場合にのみ、同じような新皮質／群れの規模の関連があるものと予想される。他の種の脳は日常の生存に関わる生態上の問題を解決するよう進化したかもしれないが、マキアベリ的知能仮説の論点は、霊長類の進化の過程で何か特別なものが加わったことだ。こういった複雑な社会的な群れが霊長類に特有であることは誰もが承知していたため、私は霊長類だけが、このような群れの規模と新皮質の大きさの関係を示すのだと確信していた。

しかし、科学は驚きに満ちている。私が間違っているかもしれないという最初の暗示は、ダラム大学の同僚だったロブ・バートンからの手紙の形で訪れた。彼は、安定した社会的な群れで生活するこうもりは、不安定な群れで生活するものより大きな新皮質を持っていることを発見したのだった。この実例のうち最も興味をそそられる例は、ひどく悪者にされている吸血こうもりだ。こうもり生物学者のなかでもとくにアメリカ人生物学者ゲリー・ウィルキンソンが行なった、吸血こうもりの習性や生態の現地調査によって、彼らは独力で食料を探す傾向がありながら、きわめて社会的な動物であることが明らかになった。彼らはひとたび寝ぐらに戻ると、霊長類の小型版《ミニチュア》とも言えるような行動をするらしい。膨大な時間を費やして、互いに毛づくろいするのである。その毛づくろいの時間の大半を使う、特別な友もいる。あるこうもりが運悪く血を吸える——本当はなめるのだが——動物が見つからなかったとき、友はそのこうもりのために自分の夕食の一部を吐き戻す。何日か後、その友の運が悪かったとき、そのこうもりは借りを返すのである。彼らはきわめて社会的な種であって、互いに助け合う互恵的な行動をとり、社会的な毛づくろいによってこの関係を強化している結束の固い小さな同盟を形成している。これはあたかも、猿や類人猿のようだ。だから、吸血こうもりがこうもり全体のうちで、ずば抜けて大きな新皮質を持っていることを発見したのは、二重の意味で興味をそそられる。

この事実によって我々はその気になり、哺乳類の他の群について脳の大きさのデータを探し始めた。入手するのはたやすいことではなかった。実を言うと、霊長類についてこれほど見事なデータを持っている唯一の理由は、ドイツのある研究所で（解剖学者ハインツ・シュテファンの指揮のもとに）、霊長類の脳を薄く切り取って、それぞれの部位の領域について薄い切片の一枚一枚を測定するという、骨の折れる仕事をしてくれていたからだった。長々と費やした単調な時間を考えるとぞっとするが、しまいには努力が実って、独自のデータベースができた。それでもサンプルは少数で、たいていは各種についてただ一つか二つの標本があるにすぎず、しかも現生霊長類の二〇〇余の種のうちわずか七〇種についてのものでしかなかった（シュテファンは、飼育動物が自然死したあと動物園が送ってくる標本に頼っていたのだ）。

しかし、我々はなんとか肉食動物について十分なデータを見つけることができた。肉食動物は、ライオン、狼、リカオンなど相当数の大型種が明らかに社会的であること、しかも昼行性であるために生物学者が研究しやすかったことから、有望に思えた。肉食動物が新皮質／群れの規模のグラフで霊長類の先頭のところにぴったりおさまるのを知って、我々は驚き、呆然とした。肉食動物は、社会的にはまさしく小さな脳の霊長類と言えるのだ。

この発見は、全哺乳類の社会生活の根底に共通項がある可能性を示唆していたため、満足できるものだった。必ずしも霊長類が特別な事例であると主張することはないらしい。そうではなく、基礎となる哺乳動物という親木から自然に伸びた枝だと見なすことができる。生物学者はどんな場合でも、この類の継続性を主張できることを喜ぶ。特異で大きな突然変異を主張せざるをえない特別な事例には、常に不安な気持ちにさせられる。なぜなら、遺伝子の実際の動き方を考えると、このような大きな突然変異は統計的にありそうもないからである。

これらの発見から、別の興味深い疑問が持ち上がる。新皮質の大きさはどういうふうに群れの規模と関連しているのか。これまでの分析はすべて、個々の動物の直面する問題は、自分がその一部であり絶えず変化している社会的な世界に、常に注意を払うことだという仮定に基づいていた。動物は、誰が入ってきて誰が出ていき、誰が誰の友人で、今は誰が一番の同盟者か、知る必要がある。社会的に混乱しているときは、こういった事項がめまぐるしく変化している状態にあり、ほぼ毎日のように変わる。動物は常にそのすべてに注意を払い、日々新たな観察によって、絶えず社会的な地図を更新しなければならないのだ。

しかし、別の可能性もある。一つは、新皮質の大きさと群れの規模の関係は、実際にはその量ではなくむしろ質と関わりがあるということだ。これについては、霊長類の脳の大きさの進化を理解する鍵は霊長類が他者に関する知識を利用することにあると主張する、他ならぬマキアベリ的仮説が示唆している。

二つの解釈が可能なように思われる。一つは、同盟が霊長類の社会生活において、きわめて重要な要素であるという事実による。これは、群れの規模と脳の大きさの関係は、実際には脳の大きさとその動物が恒常的に維持する同盟の規模との関係であることを示唆している。そうすると、群れ全体の規模との相関関係は、大きな群れの安定を保つためにより大きな同盟が必要になることの副産物にすぎない。

もう一つは、いっそう直接的にマキアベリ的仮説から引き出される。これが言っているのは、大きな群れが生じるのは、単にその動物が非常に多くの第二者との関係や第三者間の関係に注意を払えるからではなく、彼らが非常に手の込んだ形でこれほど多くの相反する利害関係のバランスを維持するからだということである。言いかえれば、彼らの問題は単にジムとジョンと自分自身の関係に注意を払うことではなく、複雑な三つの関係のバランスをとっていくことである。ジムとジョンを同時に満足させ続けることは、単に彼らが互いに友であるか否かを記憶することよりも、ずっと困難な芸当なのだ。

私はこの考えを、ロンドンの私の研究グループを訪れていた、若き日本人霊長類学者、宮藤浩子と議論するようになった。我々は、私が教えている大学院生の一人サム・ブルームとともに、様々な霊長類の種について、同盟の規模に関するデータを収集しはじめた。最初の問題は、同盟関係にある動物の数を測定することはともかく、どうやって同盟関係を明らかにするかということだった。実生活において、同盟関係はたいてい、その役割を果たすときにだけはっきりわかる。典型例は下記のようなものだ。一頭の猿が別の猿に攻撃される――その仲間がただちに救援にかけつける――攻撃者はたちまち分が悪いことを悟って退却する——すべてがまた平静を取り戻す。うなり声や叫び声がなかったら、人間の観察者はまるきり見逃しているかもしれない。このような出来事に関する文献を捜し求めても、それほど成果の上がらないことは明らかだった。もちろん、我々はそういった記述を大量に見つけた——しかし、科学者がその著書や論文で述べている類の質的な記述から、いろいろな種がそのような行動をとる相対的頻度を導き出すことが、どうしてできよう。

ところが、別の可能性があった。3章で見てきたように、霊長類は毎日何時間も費やして、互いの毛の奥を引き出したり、はがれた皮膚片や毛にからまったいがを取り除いたりしている。これは彼らにとって気持ちがよく、くつろぐと感じられる行為なのだ。同じくらいはっきりしているのは、2章で見てきたように、この長々と続く相互愛撫は、相手かまわず与えているのではないことだ。長年にわたる関係を持つ動物どうしだけが、定期的に互いの毛づくろいをする。これは友のための行為であり、知人のための行為ではない。知人間の毛づくろいは、たいてい短くて機械的であり、明らかに熱意に欠けている。

別の種類の証拠も、毛づくろいは同盟関係を測るよい基準であるという意見を裏づけていた。ロバート・セイファースとドロシー・チェニーは、野生のベルベット・モンキーを使った実験で、ベルベット・モンキーはそれぞれ、最近自分が毛づくろいした個体の嘆き声に対して関心を払う傾向が非常に大きいことを示していた。さらに、私自身の野生ゲラダひひの研究から、互いに毛づくろいする動物は、めったに毛づくろいしあわない動物よりも、第三者との戦いにおいて助け合う傾向が大きいという事実を示すことに成功していた。

従って、毛づくろいは、どう考えても調査すべき事項のように思えた。これは、同盟関係を強化する絆として機能しているらしい。我々の目的にとってさらに重要だったのは、これが目につきやすくて霊長類では一般的な行動の一つであるため、ほとんどの現地調査員がその発生を記録し、その記録を研究対象の群れの友好パターンを分析するのに利用していることだった。そこで我々は、群れにいるすべての成体間の毛づくろい頻度に関して、データを与えてくれる研究を求めて文献を徹底的に探した。

我々はなんとか、あわせて二十数種についてのデータを入手した。毛づくろい派閥の平均規模――頻度の高い毛づくろいによってまとまっている部分集合を形成する個体数――を求めた後、それを新皮質の大きさおよび群れ全体の規模と比較するグラフにした。まさしく予測していたとおりに、毛づくろい派閥の平均規模は、この二つの測定値とはっきり相関関係があったのだ。

この研究結果は、群れの規模が増大するに従って、動物は、大きな群れで生活するとき否応なく経験する嫌がらせから身を守るために、ますます大きな毛づくろい派閥を形成する必要があることを示唆している。非常に大きなコンピューター能力を必要とするのは、主として、長期にわたる緊密な同盟を霊長類に形成させるためではないかと思えた。

そのしくみの詳細が何から何まで明らかになったとはとうてい言えなかったが、大まかなパターンがわかりはじめていた。どうやらマキアベリ的理論は正しいらしい。この時点で、当然の疑問が頭に浮かんだ。

人類はどこにおさまるのか

霊長類の新皮質の大きさと群れの規模の間にこのような関係があるとすれば、人類についてはどうだろうか。我々も霊長類であることには、まったく変わりがない。実際、分子生物学の最新の証拠によると、遺伝子データの類似性から、チンパンジーと人類は、その次に近い親戚であるゴリラに対するよりも、互いに近い関係にあることが示されている。脳の大きさと群れの規模のこのような関係がチンパンジーにしつかり当てはまるのだから、人類についても当然同じことが予想される。

それでは、人類についてどの程度の群れの規模が予測されるのか。人類は新皮質比が四対一である。この値を図2に示したグラフに当てはめると、群れの予想規模が読みとれる。答えは、およそ一五〇人になることがわかる。

さて、この答えに対してはまず、信じられないという反応が出るだろう。なにしろ、人類は東京やロンドン、ニューヨークやカルカッタなど、一〇〇〇万人以上が密集して生活しているような都市に住んでいるのだ。一五〇という小さな数値が正しいことなど、どうしてありえよう。

しかし、図2での群れはどのような関係に基づいたものか、思い出してみよう。霊長類が生活している群れでは、たとえ個人的な交流がないにせよ、誰もがみな互いに少なくとも顔見知りである。人類の創意がこれらの巨大都市圏を生み出したのだろうが、そこに住む全員が社会的に親しい仲間であるわけではない。東京やニューヨークで生まれ、生活し、死んでいく人々のほとんどは、知り合いになることすらない。

現生人類《モダーン》の社会はまさにその呼び名のとおり――最近《モダーン》のものなのである。都市が最初に現れたのは、三〇〇〇年ほど前だった。ところが、現生人類が出現したのは、およそ一五万年前である。我々自身が属する種として認めうる者たち、つまりホモ・サピエンスが初めて現れたのは、四〇万年も前だった。このように長期にわたる間、わずか一万年前に農業が生まれるそのときまで、我々は小さなバンドをなして、獲物を探しながら森林地をさまよう、狩猟採集生活をしていた。するとたぶん、まず調査すべきところは、今なお古来の狩猟採集生活を営んでいる現代人の社会の中だろう。今日まだ、このような民族が、アフリカ南部およびオーストラリアの砂漠や南アメリカの森林で何十も見られる。

これらの小規模社会は、この一世紀の間、人類学者がかなり詳細に調べてきた。もちろん、このような社会はほとんどすべてが、過去二世紀に現代西洋文化や地元の文化に接するに従い、この両方から影響を受けてきた。しかし、世界に関して彼らの信ずるところが変わろうと、銃や雪上スクーターが従来の弓や犬ぞりに取って代わろうと、それでもなお彼らは、有史よりはるか前から彼らを特徴づけている伝統的な生活様式の大半を維持している。とくに、群れを形成するパターンは、はるか過去のものとさほど相違ない。

このような社会はみな、しだいに大位の集合を含みこんでいく階層状の組織という特徴を持っている。最下層には、あわせて五～六家族で三〇～三五人の、一時的に野営をともにする野営地《キャンプ》がある。これらは本質的に生態学的に形成される集団であり、しばらく資源を共有したり、協力し合って狩りや食料探しをしたりするほうが好都合だと思った幾つかの家族が、一時的に一緒になっている。最上層は、最大の集団である部族で、一般的な例では約一五〇〇～二〇〇〇人に達する。部族は言語的な群れ、すなわち同じ言語（または、広く使用されている言語の場合、同じ方言）を話す一団の人々である。

この二つの段階の間にはときおり、通常「メガバンド」と呼ばれる、約五〇〇人の集団が見られる。ときどきその下には、しばしば氏族《クラン》とよばれる、より小さな集団が認められる。これは平均するとまさにほぼ一五〇人であることや、前述のどんな種類の集団よりも規模の変動幅の小さいことがわかっている。

氏族はいくつかの儀礼行事と関連があるため、我々の見地からはとりわけ興味深い。たとえばオーストラリアのアボリジニは、氏族が年に一度集まって、若者の通過儀礼を執り行なったり、婚約を取り決めたりしているし、さらに広く言えば、古い儀礼を繰り返したり民族の祖先や精神世界との関わりを述べる古来の神話や言い伝えを物語ったりすることによって、集団の一体感を高めている。氏族の一員は互いの関係を知っている。誰それの曾祖母が誰の曾祖父母と姉妹だとか、誰それの従姉妹は誰それのきょうだいの孫娘だということを、正確に述べることができる。

この氏族が、我々の探している群れなのだろうか。確かに、規模は申し分ない。さらに、猿や類人猿を特徴づけている群れから予測されるものと、まさに同じ類の社会特性を有している。全員が互いに知り合いであって、単に誰が誰であるか知っているだけでなく、相互の関係も知っている、そのような集団としては最大であるように思える。

さらに、一五〇という数は、いっそう興味深い特性であることがわかった。たとえばこれは、狩猟採集生活民や農民の社会で従来認められるような出生率で考えると、おおむね一組の始祖夫婦が四世代経た後に持つと予想される現生の子孫数（妻、夫、子供の全員を含む）なのだ。この点に関して興味深いのは、五世代さかのぼった血統すなわち家系は、祖母の祖母の代になるわけで、その群れの現存者の誰もが個人的なできごととして記憶にとどめうる最も遠い過去なのである。いいかえれば、特定の関係について誰もが保証することのできる、最も遠い過去なのだ。個人がそのような関係によって明らかにされている集団においてのみ、誰が誰のいとこで、誰が単なる知人にすぎないか見分けることができる。

しかし、狩猟採集生活民の小規模社会にこのような集団が存在するのを示すことと、それがすべての人間社会の特徴だと提唱することとは、まったく別問題である。技術的に進んだ社会、農耕民の社会や我々自身の大規模な産業経済社会については、どうなのだろうか。ほとんどの社会で、これくらいの規模の何らかの集団が存在することがわかった。考古学者たちは、現存している住居数に基づいて、紀元前五〇〇〇年頃に近東にあった初期農耕民の村々は、おおむね一五〇人だったろうと述べている。現代の園芸生活者の村は、インドネシアやフィリピンにあるものも、南アメリカにあるものも、おおむね約一五〇人の規模である。

このような集団を形成するのは、非ヨーロッパ農耕民だけではない。ヒュッテル派の人々は、はじめはヨーロッパ、現在はダコタやカナダ南部で、四世紀近くにわたり、共同農業に基づいたキリスト教原理主義の生活方法に従っている。各家族は別々に生活しているが、農作業や共同体内の作業はすべて共同体の活動として行なわれ、すべての財産は共有である。彼らの共同体《コミューン》の平均的な規模は、一〇〇人をやや上回る人数である。それというのも、一五〇人の規模に達すると、必ず分割しているからだ。その理由は、我々の見地からとりわけ重要である。ヒュッテル派の人たちが言うには、共同体が一五〇人を超えると、対等の立場にある者の圧力だけでメンバーを統制することが、著しく難しくなる。小規模の集団では、畑の一角で穏やかに話すだけで、将来間違った行為をしないよう反則者を説き伏せることができる。しかし、集団の規模が大きくなると、穏やかな言葉は、かえって乱暴で反抗的な反応を誘発する可能性が大きい。

確かに、社会学では、社会集団の規模が一五〇〜二〇〇人を超えると、だんだん身分構造がはっきりするという原理が確立している。小規模の社会集団には、いかなる種類の構造もないことが多く、かわりに社交の潤滑油として個人的な接触に依存している。しかし、統合する人数が増えると、階層的な構造が必要になってくる。指揮する長や、社会規則の遵守を確保するための警察力がなければならない。そしてこのことは、現代の事業組織においても不文律であることがわかった。一五〇〜二〇〇人より人数の少ない事業では、組織全体が非形式的な系統で成り立っており、従業員間の正確な情報交換を確保するために個人的な連絡に依存することができる。しかし、規模の大きい事業では、連絡に方向性をつけて、各従業員が自分の義務や報告すべき人物を確実に理解できるようにするために、形式の整った管理構造が必要となる。

ひとたびこの発見の重要性がはっきり理解されると、あちこちからいろいろな例が見つかるようになった。そして、同じように他の人々も発見した。その一例は、アメリカ人霊長類学者ジョン・フリーグルが、ある日、ソルトレークシティのモルモン教博物館をぶらついていた時に発見した。ブリガム・ヤングは、最終的にソルトレークシティおよびモルモン教徒の州ユタの創設につながった大移住《グレートトレック》にあたり、モルモン教徒を率いてイリノイ州から出る準備をする際、自分が問題を抱えていることに気づいた。およそ五〇〇〇の魂の行動を統制することは、ほとんど不可能な仕事だった。そこで彼は、それぞれ自主的に運営し、メンバーの行動を最も効率的に統制できる、小さな集団に分割した。彼は理想的な規模として一五〇人の集団を選んだのだった。

社会学者はかなり前から、個人の知り合いから成る網《ネットワーク》が限られていることを認識していた。さほど大きくない町でさえ、周囲の人々のなかで一人の個人が名前や顔を知っているのは、ほんのわずかな割合にすぎない。間違いなく自分の社会集団の一員だとわかるほどよく知っている人となると、さらに少なくなる。この友人の輪の規模を測定するのは、容易なことではない。しかし、非常に成功した例の一つに、「小さな世界」実験として知られているものがある。この名前は、個人的な連絡の鎖を介してメッセージを送るとき、世界のどこにいるどんな任意の個人に対して送る場合でも、ふつうは六段階の仲介しか必要ないという発見に由来している。もし一五〇人の人が別の一五〇人を知っているなら、六段階を経た後は一五〇の六乗、すなわち約一〇兆に達する。これは、今現在生存している約五〇億人をはるかに上回っている。もちろん、ほとんどの人の友人の輪は重なりあっているため、六段階で達する総人数はずっと少ないだろう。それでも、各人物の一五〇人の網に三二人だけ、その鎖の以前の人物網になかった新たな人々が存在すれば、六段階で五〇億人に達するのである。

一九八〇年代に、この手段を利用して、人々の知り合いから成る網《ネットワーク》を測定しようという試みがなされた。その手順は下記の通りである。一人の被験者に、世界のどこか他の場所にいる、虚構ではあるが実在していそうに聞こえる人物に、手渡し連絡のつながりを介してメッセージを届けるよう依頼する。つまり、仕事あるいは縁故を介してこの鎖の最初の環の機能を果たすかもしれない身内か友人に、メッセージを渡すのである。典型的な任務は、たとえばメキシコシティに住むワニータという名前の三二歳の銀行出納係に、あるいはシドニーに住むジムという名前の夜勤のホテルボーイに、手紙を渡すというものだ。被験者は、仕事がこれに関係ありそうな知人のリストを調べる。航空会社のパイロットをしているエドワードおじさんは、知り合いの同僚の誰かがメキシコシティに飛んでいるだろうし、メキシコシティでは該当する銀行に知人がいる誰かに手紙を渡せるだろう。オーストラリアに採掘権を有する多国籍企業で働くスーザンという友人がいるかもしれない。スーザンは社用でシドニーに行く同僚に手紙を渡すことができるだろうし、シドニーでは地元の知人が該当する人物に確実に手紙を届けてくれるだろう。

辛抱強い被験者たちに、次から次に何百ものこういった任務が与えられた。当初は、新しい任務ごとに新しい名前が挙がったが、しばらくするとリストに加えられる新たな名前が減りはじめ、しまいには止まった。この時点で、被験者の友人知人の輪は使い果たされてしまうのだ。この友人知人の定義は、我々の見地からは、きわめて興味深いことに留意しよう。これは、頼み事ができるほどよく知っていると思う友人の輪を示しているのだ。アメリカの異なる都市で実行された、二つのこのような「小さな世界」実験では、平均しておよそ一三五人という測定値が得られた。これは、我々が予測した一五〇人という数字に近いわけで、勇気づけられる。

教会の信徒は、もう一つの興味深い例だ。英国国教会が委託した最近の研究では、理想的な信徒数は二〇〇人以下であると結論づけている。これは、教会の活動を維持できるだけの大きさと、緊密な結びつきで相互支援的な共同体を形成できるほど十分に全員が知り合える小ささとの、折り合いをつけた結果である。

軍隊も、人間の集団の規模に関して、とりわけ有益な情報源であることがわかった。誰もが知っているように、軍隊は階層的に組織された指揮命令系統になっていて、個々の兵隊は段階的に大きくなっていく編制単位に組み込まれている。まず小隊があり、次に中隊、そして大隊、連隊、旅団、師団と続いていく。軍隊の編制単位が興味深いのは、それがまさに、強烈な選択圧にさらされているからだ。戦場では、編制単位の活動を統制する効率に、人命がかかっている。信頼――隣の人間が、大きな計画のなかで自分の分を尽くすという信頼——に、著しく依存しているのである。

独立しうる最少の軍隊単位は、中隊《カンパニー》である。中隊は本来、ある特定の個人によって召集された者たちの独立した集団であり、一六世紀の数々の戦争のなかで、軍隊組織の基本構成単位として発展した。たいていは傭兵集団として自ら兵を雇い、戦闘単位や、気の合う男の集団として、ほとんど一つの生活様式になっていた——ともに時を過ごし、少なくともある程度は互いに一緒にいるのを楽しんでいる男たちの一団だった。

この初期の段階では、中隊は主として指導者の財布の大きさいかんで、規模も実兵力もさまざまに異なっていた。一七世紀の三〇年戦争で、スウェーデン王グスタフ・アドルフの手によって、それまでの軍隊組織に重大な変革がもたらされた。彼は中隊を、ほぼ規模が一定の基本的な戦闘単位として確立した。当初一〇六人だったが、これはちょうど、霊長類の脳/群れの規模の方程式で得られた一五〇という推定値の、統計的誤差範囲の下限である。何世紀か経るにつれて、中隊は軍隊の戦闘を担う屋台骨という地位を固めたが、新しい武器（重機関銃など）や新しい機能（司令部隊や医療部隊）が加わるに従い、その規模は次第に大きくなった。一九世紀末には、大半の近代軍隊が、同様の方針に沿って組織されていた。第二次世界大戦では、中隊はおよそ一七〇人の規模に（最少は英国の一三〇人から、最大はアメリカ合衆国の二二三人まで幅がある）ほぼ固定されていた。これらの値は一五〇という予測された集団の規模の前後にみごとにおさまり、許容誤差範囲内にある。

これは、参謀たちが長い年月をかけて、基本的な戦闘単位は二〇〇人を大きく上回ってはならないという経験則に達したことを示している。単に、後方にいる将軍たちが指揮・調整をどう実行するかの問題ではないだろう。というのも、中隊は、第一次世界大戦以来これほど通信技術が向上したにもかかわらず、かたくなにこの規模にとどまっているのだ。むしろ、参謀たちが試行錯誤によって、機能的な単位としてともに活動できるほど互いに知り合うには、この人数以上では難しいことに気づいたように思われる。

この規模においては、個人的な忠誠心や直接的なマンツーマンの連絡に基づいて指示を実行したり、無法行為を統制したりできる。集団の規模が大きくなると、これが不可能になる。忠誠心はもはやマンツーマンではなくなり、「連隊」とか「女王」などのような、曖昧で求心力の小さいものに置き代わらざるをえない。指示はもはや知っている個人から信頼に基づいて出されるのではなく、個々に尊重すべき称号を確立する、形式として設けられた「階級」によって出される必要がある。こういった指示は、しかるべき権威によって公式に署名されなければならない——かつては、個人の印章を封ろうで押印する必要さえあった。中隊レベルでは、全員が互いに知り合いであるため——あるいは少なくとも、他の全員を保証できる人物を知っているため——現在でも口頭の言葉で十分こと足りる。

もちろん、数霊術師をきどって、自分の論理に必要などんな規模に対しても、それにあてはまる数字を見つけることは、とても簡単だ。それでも、このような集団の人数が一五〇付近にこれほど集まっているというのは見事なものだ。とくに、これまで示したすべての例は、社会的な力関係という点から見ると、類似した基盤を共有しているとなれば、なおのことそうだ。そのうえ、この値は認知的な基礎あるいは心理的な基礎があると考えられている、よく知られた他の人間集団の規模とは、はっきり異なっている。

そのような例の一つが、いわゆる共鳴集団《シンパシー・グループ》の規模である。これは、深く感情移入できる関係を同時に持ちうる人数だ。その人が明日死んだら非常につらいと思う全員の名前をあげてもらう調査では、一貫して総数一一～一二という結果がでている。同様に、親しい人の——たとえば、月に一度は連絡をとる友人や親戚の——名前をあげてもらう調査では、概してほぼ一〇～一五人程度という数字が出されている（この調査には、我々がイギリスで行なった二つの調査も含まれている）。印象的なのは、この規模の集団は、きわめて緊密に行動を協調させることを必要とする状況にあるという点が、共通していることだ。たとえば、陪審員、多くの政府における閣内諮問委員会、使徒の数、大半のスポーツチームの規模などである。

こういった共鳴集団が、前述の一五〇人の「新皮質」集団と同一でないことは明らかだ。また、顔と名前が一致する人数と同一でないことも、明らかである。この人数の上限はだいたい一五〇〇～二〇〇〇人であることを示す証拠がある——新皮質集団の規模を軽く上回っていて、伝統的社会の部族集団の多くによく見られる規模に、かなり近い。この場合の数の制約は明らかに記憶能力による制約であり、一方、共鳴集団や新皮質集団は、自分と人々の間の感情的な関係のあり方によって数が制限されている。

以上の結果を考え合わせると、人間の社会には、一五〇人という自然の集団が隠されているようだ。この集団は特定の機能を持たない。ある社会ではある目的に利用され、別の社会では異なる目的に利用されている。むしろこれは、人間の脳が、所定の強さの関係を、同時に一定数を超えて維持できないという事実の所産なのだ。一五〇という数字は、我々が本当の社会的な関係、すなわちその人物が誰であり、自分とのつながりは何であるか知っているような関係を持つことができる、最大人数を示しているらしい。言いかえれば、あなたがバーで偶然誰かに出会ったとき、招待もされていないのに合流して飲んでも、居心地の悪い思いをしない人の数である。

このように、大規模な社会においても、我々の社会的連絡網の広がりは、狩猟採集世界にふつう見られるものとさほど変わらないようである。我々はニューヨークやカラチといった巨大な現代大都市圏の中心に住んでいても、やはり相変わらず、アメリカ中西部の平原やアフリカ東部のサバンナを移動していた遠い祖先たちと、ほとんど同数の人々しか知らないのである。心理学的な面からいえば、我々は二〇世紀の政治経済に閉じこめられた、更新世の狩猟採集生活民なのだ。

こういったことからすると、興味深い疑問が出てくる。毛づくろいは、霊長類の群れを結束させる主要なメカニズムらしい。その正確な仕組みは明らかになっていないが、毛づくろい頻度が、だいたい群れの規模に比例して増加することはわかっている。群れが大きくなると、個体が互いの関係に奉仕しなければならない時間が増えるようなのだ。

もしそうなら、そこで一つ問題がでてくる。一般的な群れの規模（すなわち、ある種における平均）の最大のものは、ひひやチンパンジーの五〇〜五五であるが、これは、時間配分の中で生態学的により重要な要素（たとえば採食の時間や移動の時間）に破滅的に食い込むことなく、毛づくろいに時間を費やせる上限の数であるらしい。もし現生人類が、他の霊長類がしているように、自分たちの社会的結束を強化する唯一の手段として毛づくろいを利用するならば、猿や類人猿の方程式から、一日のおよそ四〇パーセントを相互愛撫に費やさなければならないことになる。考えただけでも大変なものだ――ほとんど絶え間なくアヘン剤による高揚状態にあるのだから。

しかし、現実世界で生活の糧を得なければならない種は（一週間分の買い物をしに街角のスーパーマーケットに行くのとは違って）、どんな種も、毛づくろいにそれほど多くの時間を投資できないだろう。そんなことをしていたら、餓死してしまうはずだ。そこで、我々が人間関係を確立し、それに奉仕する方法に関して、興味深い考えが出てくる。我々の祖先は、ひどいジレンマに直面したにちがいない。一方では、群れの規模を増大させるような容赦ない生態上の圧力があり、他方では、時間配分が、維持できる群れの規模に厳しい上限を課している。彼らはなんとか、この不可能に思えることをなしとげたらしい。

その明らかな方法は、もちろん、言語を利用することである。確かに我々は、関係を確立し、それに奉仕するために、言語を利用しているらしい。言語は、肉体的な毛づくろいという従来の霊長類のメカニズムを利用した場合よりも、大きな群れを結束できるようにするために、一種の音声による毛づくろいとして進化したのだろうか。

言語は確かに、この機能を果たしうる、二つの主要な特徴を有している。一つは、我々が同時に複数の人間と話せることで、これによって彼らと交流する度合いを増やすことができる。会話が毛づくろいと同じ機能を果たすなら、現生人類は同時に複数の他人と、ともかく「毛づくろい」することはできるのだ。二つ目は、言語によって、猿や類人猿よりも広い個人的な連絡網で、情報交換できることである。猿や類人猿にとって毛づくろいの主要な機能が、信頼を築き上げ、同盟者に関する個人的な知識を得ることであるなら、言語にはもう一つ利点がある。言語のおかげで、何が好きで何が嫌いか、どういう人物であるかなど、自分自身について膨大に話すことができるのだ。また、自分が同盟者あるいは友人としてどの程度信頼できるかに関して、あれやこれや微妙なやり方で伝えることもできる。

親密な絆を結ぶことは、慎重を要する行為だ。なぜなら、自分の相手が返礼してくれる保証のないまま、その関係に身を置くからである。フリーライダー、つまりあなたのお人好しなところを利用し、いちばん助けを必要としているまさにその瞬間にあなたを見捨てる者に、だまされる危険がある。同盟相手になりそうな者の信頼度を見極められることは、果てしない知力合戦において、きわめて重要になってくる。あなたが自分自身について述べたことから——おそらく、その話し方からも——得られる微妙な手がかりは、他人にとって、あなたが友人としてどの程度望ましいかを測るために非常に重要だろう。我々はどういう種類の人物がどんなことを言うかがわかるようになり、好意を寄せるべき人物か——それとも、すぐに逃げ出すべき人物か、見分けられるようになる。

このような状況にあって、言語はもう一つ、きわめて重要な利点を有している。言語を利用すれば他人に関する情報を交換できるため、他人がどのように行動するか解明するという、労力を要する過程をはしょることができる。猿や類人猿では、直接の観察によって、これをすべて行なう必要がある。あなたが同盟の相手と戦っているのを見るまでは、私はあなたが信頼できないことがわからないし、そのような機会はめったに起こりそうもない。しかし、共通の知り合いがあなたに関する自分の体験を報告して、あなたに気をつけるよう忠告できるかもしれない——私と共通の利害を有している場合は、とくにそうするだろう。友人や親戚は、自分の同盟の相手が他人に利用されるのを見たくないだろう。というのも、一人の同盟相手がこうむった損害は、最終的には彼らもこうむる損害なのである。私がならず者を援助して死んだなら、私の友人や親戚は同盟の相手を一人失うとともに、長年私に投資してきたものすべてを失うのだ。このように言語は、様々な観点から、安上がりできわめて効果的な毛づくろいとして理想的であるらしい。

従来の見解によると、言語は、共同の狩猟などの行為を男性がより効果的に行なえるために進化した。これは言語に関して、「湖のほとりに野牛《バイソン》の群れがいる」的な見方をしている。これに代わる見解は、言語は、超自然的存在や種族の起源に関する壮大な物語を、伝えあうことができるようにするために進化したというものだ。私が提唱する仮説は、公式または非公式に、人類学から言語学および古生物学までの学問分野のあらゆる人の思考を支配してきた、このような考え方とはまったく正反対だ。簡単に言えば、言語は、我々にうわさ話《ゴシップ》をさせるために進化したのだと、提唱するのである。

5 機械の中の幽霊

この上なく興味をそそられる言語の使用方法に、詩と歌がある。歌については後ほど詳細に述べるが、詩は言語の機能のしかたについて、意外な面を見せてくれる。たとえば、次のような詩を見てみよう。

思慮深い情熱をかきたてる
黒い強靭な力に救われたいと願う灼熱の花が
裸の意志に立ちはだかる
僕を絶望地帯に追いこむ

この詩について驚くべき点は、これがコンピューター・プログラムによって作られたことだ。頭文字でRACTERとよばれているこのプログラムは、ビル・チェンバレンというニューヨークのコンピューター・マニアが書いたもので、このプログラムが作った一連の詩やショート・エッセイが、一九八四年に「警官のひげは普請中」"The Policeman's Beard is Half-Constructed" というタイトルの薄い本として出版された。

この本について私の理論にとりわけ関係があるのは、明らかにコンピューターが自身のしていることを理解していないという事実だ。人間であれば机の前に座って詩を書こうと試みるが、確かにそのような意味合いでは、目的のはっきりした何かをしようとしているわけではない。このプログラムは単に、文法的に適合する単語を見つけるよう設計されているにすぎない。それぞれの単語が名詞、動詞、形容詞、副詞等々のどれであるかを定義した、英単語の辞書を持っている。その辞書から無作為に単語をひいて、その単語が直前の単語（群）と文法的に適合するかどうか確かめるのである。適合しない場合、プログラムはその単語を却下し、別のものを試す。単語が文法的に適合すれば、それを文章に追加し、次の場所に移るのだ。

驚いたことに、我々はこれらの作品を読んで、完璧に筋の通った意味をとることができる。公平を期すために言えば、エッセイにはやや不自然なものもある——とはいえ、読者の方で少し寛大になれば、それらでさえ何か意味があると思えるはずだ。ところが、詩はまったく問題なく通用する。なにしろこの本には、知識人向けの新聞が、驚くほどよい書評を与えているのである。

思うに、この事実が強調しているのは、言語のうち情報伝達《コミュニケーション》——誰かが積極的に、他人の思考に影響を与えようとすること——と言えるのは、実際はどのくらいなのかということだろう。人間の思考は、他人が情報伝達を試みていると見なすように作られているらしい。我々は他人の身振り言語《ボディランゲージ》、合図、言葉をそのままの意味で解釈することはさほど多くなく、その裏にあると思われるものに置き換えて解釈している。筋道が通っているとは言いがたい（しかし文法的には正しい）誰かの話を理解しようと努めながら、

「彼は本当は何を言おうとしているのだろう」と自問する。言いかえれば、我々はすべての他人がはっきり目的を意識して行動しているものと思い込んで、かなりの時間をかけてその思考をたどり、他人の意図を見極めようとする。我々は世界をこのように見ることに染まりきっているため、すぐに他の動物や、ときには生命のない世界にまで、その見方を持ち込んでしまう。

世間一般の人にとって、この考え方はあたりまえかもしれないが、哲学者や科学者たちは大問題だと考える傾向があった。とくに、意識という概念に対する心もとなさを表明しており、これは人類以外には存在しないのだと主張することが多かった。その歴史はまさしく、きわめて影響力の大きい一七世紀のフランス人哲学者にして数学者でもあるルネ・デカルトから始まった。

デカルトのジレンマ

デカルトは、ドアを開けたり楽器を演奏したりする機械模型を作成できるという考えに心を奪われ、自分でもいくつか設計し、作成した。この模型は、彼にとって重要な哲学的教訓を持っていた。これほど実物そっくりに動く模型を作れるのだから、よく考えて行動しているように見える動物に精神生活があるのだと考えることには、慎重になる必要がある。我々は人間がおそらく内面に精神生活を持っていることを知っているが、それは人間が言葉を話し、彼らの言っている内容が我々自身の経験に共鳴するからである。しかし、動物は言葉を話さない。従って、常識的な結論を言えば、動物は、我々とまったく同じ意味では心（または魂）を持っていないのである。確かに彼らは感じているし、感情を有しているが、これは単に、彼らに影響を及ぼす刺激に対する機械的な反応にすぎないということもありうる。

デカルトは、人間と他の動物との相違に関してはっきりした見解を残している。我々は心を持っている。これに対し、たとえ利口で狡猾であろうとも、動物は機械にすぎない。この考えは、我々の動物に対する見方だけでなく、動物の扱い方にも影響を与えている——動物の法的地位や法的権利については言うまでもない。我々は、人間に対しては許されない方法で、動物に実験を行なうことができる。しばしばデカルト的とも呼ばれるこの見解は、およそ三〇〇年にわたって医学を支えてきた。

一九世紀後半、動物の行動に対する関心が再び著しく高まった。ダーウィンによる生物学の大革命が、人間を動物と同一の線上に置いた。これによって当然のように、ダーウィン自身やその多くの同時代人たちは、動物の感情生活および精神生活をあらためて見直すことになった。動物の行動と我々自身の行動には、明瞭な類似点が非常に多くあるため、感情について進化上の起源を共有しているとするのが当然の帰結と思われた。

あいにく、ダーウィンや当時の人たちには、動物の行動や心的状態に関してはいささか限られた情報源しかなかった。彼らが利用せざるをえなかったものの大半は、博物学者の観察や、彼らが自ら行なった軽い実験だった。彼らの著書には次のような言及が散りばめてある。「何某大佐が語ったところによれば、お気に入りのフォックスハウンドがかつて……」このような証拠に基づく主張があふれかえってくるにつれて、当然のように反撥が起こった。二〇世紀初頭には、動物（ことによると人間の場合も）が心を持っているという考え方を抑制するという方向で意見が一致するようになった。我々は心を目で見ることはできないというわけだ。しかし我々は行動を見ることはできる。だから、立証できない心的事象について思索するよりも、心の科学は、その存在が他とは関係なく確認できる、観察可能な行動のみ扱うべきだ。そこで、「行動主義」と呼ばれる心理学の学派が誕生した。これは、二〇世紀初頭から一九八〇年代にかけて、心理学を支配することとなった。

行動主義は、あらゆる者が議論したいと思う現象の評価をより厳密に行なわざるをえなかったので、心の科学の発達においてきわめて貴重な役割を果たした。何はともあれ、ビクトリア後期の幻想の行き過ぎを抑制したのは間違いない。しかし、我々はいま、心理学者の実験室でのほぼ一世紀にわたる徹底的な実験研究と、半世紀にわたる野生動物の徹底的な生態研究をふまえて、動物は単なる機械にすぎないというデカルトの主張を見直せる立場にある。

これまでの一五年間で、動物の心的状態に関する証拠が徹底的に考え直されてきた。我々はよりよい問いの立て方を学び、人間であれ動物であれ言語を持たない者たちから引き出した答えを、詳細に分析する方法がわかってきた。最終的な結論はまだ出ていないが、かつてデカルトが想像できたと思われるものよりも、もっと複雑でもっと興味深い話であることを示す証拠は十分ある。

この一〇年間の議論から、中心となる問題は、現在心理学者たちがあれやこれやをひとまとめにして「心の理論《セオリー・オブ・マインド》」（縮めてToM）と呼んでいる何かであることがわかってきた。心の理論を持つということは、他人の考えを理解しうること、他人が信念、願望、恐れ、希望を持っているのを認めることができるということ、他人が本当にこれらの感情を心的状態として経験しているのだと信じることができるということだ。我々は一種の自然の階層を持つことができる。それは、あなたは心的状態を持つ（何かを信じる）ことができる、私はあなたの心的状態に関する心的状態を持つ（何かを信じていると信じる）ことができるといったことだ。もしあなたの心的状態が私の心的状態に関して考えていることであるなら、「私は、私が何かがこうであると思っているとあなたが思っているかと思う」と言うことができる。これらは現在、ふつうは「志向意識水準」の次元と呼ばれている。[*1] このように心的状態を考えると、下記のような大ざっぱな階層が生じる。

コンピューターのような機械は、志向意識水準の次元がゼロである。彼らは自分自身の心的状態を意識していない。たぶん、我々も昏睡状態にあるときには、ゼロ次の志向意識水準であるし、昆虫の大半やその他の無脊椎動物も、おそらくゼロ次の志向意識水準の生物だろう。デカルトがその不朽の格言 Cogito ergo sum（「我思う、ゆえに我あり」）を生みだして以来、我々は一次の志向意識水準の状態（私は何かがこうであると思う）について認識している。それ以後、無限の回帰のはじまりに突入する。私は、あなたが何かを思っていると思う（二次の志向意識水準）、私は、私が何かを思っているとあなたが思っていると思う（三次の志向意識水準）、私は、あなたが何かを思っていると私が思っているとあなたが思っていると思う（四次の志向意識水準）、という具合である。高次の志向意識水準がしばしば「読心力」と呼ばれているのも、当然のことである。

人間は何とか六次の志向意識水準までは追えるが、それ以上はおそらく書きとめて目で見る必要があるだろう。それにはもっともな理由がある。以下は哲学者ダン・デネットの言葉である。「〔1〕あなたは我々の大半はおよそ五、六次の志向意識水準しか追えないことを、私に説明したいのだと〔2〕私が思っていることを〔3〕あなたが認識していると〔4〕私が言っているのかどうか〔5〕あなたがはっきり分かるのはあなたにとってどれだけ難しいか〔6〕私が気づいているかどうか〔7〕あなたが疑問に思っていると〔8〕私は推測する」

この絶望的に入り組んだ文章は、典型的なビクトリア調作家のまわりくどい単調な文さえも、明快さの鑑であるかのように思わせてしまう。これには、私が括弧で数字をふったように、実は八次の志向意識水準が含まれている。紙に書かれた文章を見なければ、何が話されているのか理解するのは不可能だろうし、紙に書かれていてさえ、理解できるようにするには、複雑さをいくらか省かなければならない。賭けてもよいが、関係する心的状態すべてを再現できる人、あるいは最初に推測をしていた人物が誰だったか最後まで覚えている人は、そんなに多くはないだろう。

この問題に関する私の確信は、単に直観から生まれているのではない。同僚のピーター・キンダーマンとリチャード・ベンタルと私は、この種の問題について、五次までの志向意識水準が含まれた物語を使って人々を試験した。同時に、同じような物語だが、因果関係のある実際の事象を最高六つまで単につないだ内容になっているものを使って、彼らを試験した。たいていの人は、純粋に事象を記憶する質問に対して、少しではあるが必ず間違いを犯した。その頻度は、どれほど物語が長く複雑になろうと、関係する事象の観点からは――少なくとも六つの因果関係のつながりまでは――一定だった。心の理論の話を使った場合、だいたい三次までは同じような結果がでるが、それ以降は犯す間違いの数が急激に増える。五次の志向意識水準になると、間違いの数は、これに匹敵する事象を記憶する質問の五倍以上になる。

この結果は、心の理論が、実行するのにどれほど難しいかを示している。そうであるなら、すべての人間がこのように高度なことができるわけではないと知っても、驚くにあたらない。一九八〇年代のはじめ頃、心理学者たちは、子供は生まれつき心の理論を持っているのではなく、成長するに従ってこれを獲得するのではないかと考えはじめた。

子供はだいたい四歳から四歳半ぐらいに、重要な分岐点を迎えることがわかった。彼らは、他人が自分とは違う考えを持ちうることに突然気づくらしい。その時点まで、子供は世の中（と世の中に関する他人の考え）を、どちらかといえば見えるがままに解釈しがちだ。世の中が自分の目に映るのとは違うのだと考えることがどういうものか想像できないし、従って、あなたが自分とは異なる意見を持っているかもしれないことを理解しない。あなたが自分の見るものすべてを見ており、ほとんど同じようにそれを解釈するのだと思い込んでいる。

このため、重要な結果が生じる。だいたい三歳になるまで、子供たちは嘘をつけない（あるいは、少なくとも説得力のある嘘をつけない）。つまり、あなたの心的状態、あなたの考えを操作できることに、気づいていないらしいのだ。子供たちはだいたい三歳頃には、チョコレートを食べたことをそれなりに強く否定すれば、信じてくれることが多いだろうと気づくくらいの理解力はある。しかし、この年の子供は、自分の口のまわりについたチョコレートが秘密を漏らしていることに気づくほどの理解力は持っていない。これは、ほんの数か月後に子供たちが心の理論を獲得してからの行動とは、まったく異なっている。彼らはこの時点で、悪いことのために、あなたをごまかせるようになる。

心理学者たちは、「誤った考えのテスト」と呼ばれる、心の理論の決定的なテストを開発した。これは、重要な問いを扱っている。子供は、他人が誤った考え（または少なくとも、その子供が誤りだと思う考え）を持ちうることに、気づいているのか。今では古典的といえる例に、いわゆる「サリーとアン」のテストがある。サリーとアンは二体の人形だが、子供に引き合わされ、正式に紹介される。子供はサリーが菓子をいくつか持っているのを見せられ、その後、サリーは菓子を椅子のクッションの下に置く。（ときには子供の手を借りて）これを行なったあと、サリーは部屋を去る。そして、サリーが部屋の外にいる間、アンがクッションの下から菓子を取り出し、自分のドレスのポケットに入れる。サリーが部屋に戻ってきたとき、子供はこう質問される。「サリーはどこに菓子があると思っているだろうね」。四歳までは、子供たちはきまって「アンのポケット」と答える。しかし、だいたい四歳半をすぎると、彼らはきまって「クッションの下」と言い、さらにこの共謀にはしゃいだ声で「でも、そこにはないんだよ！」とひとこと加える。

もう一つの典型的なテストでは、一人の子供に、イギリスでスマーティ、アメリカでM&Mと呼ばれる菓子が売られているときの容器である、厚紙の筒を見せる。中に何が入っていると思うかと尋ねたら、その子供の答えはもちろん「スマーティ」だ。それから、ふたを外し、筒の中に入っているのはその子が期待していた菓子ではなく、数本の鉛筆であることを見せる。最後に、その子供に対して、親友がこれから部屋に連れてこられ、同じ筒を見せられるのだと告げる。その子は、友人が筒の中に何が入っているかと尋ねられたとき、何と答えるだろうと思うか。四歳までは、子供たちはきまって「鉛筆」と答える。しかし、だいたい四歳以上になると、他人が自分とは違う考えを持ちうることに気づいており、従って「スマーティ」と答える。

心の理論の出現は、子供に突然起こる過程のように見えるが、実際は、長期間にわたる知能を使った実験の結果なのだ。子供たちはまだほんの幼い頃から、世の中の他の物体が、自分のために用事をしてくれることに気づきはじめる。彼らに欲しい物をくれるよう要求できるし、ときには、ついに彼らが根負けするまで泣いたりぐずったりして、そうするよう強要することもできる。自分が遭遇する異なる種類の物体について経験することで、子供たちはこれらの物体には生命のあるものと、生命のないものとが存在するという結論に達する。彼らは最初、人間と人形をはっきり区別できない。どうやら、人間に見られる意志という特質を人形がすべて持ち合わせていると信じているらしい。しかし、経験を重ねるにつれ、このカテゴリーを区別するようになる。

三歳になる頃には、子供たちは「思う／したいの心理状態」と言われるものに入る。自分の経験しているのと同じような要求や願望を、他人が持っていることを認識できる。その後の一年間は、他人がどのように行動するか理解するために、この知識を利用する。これは子供にとって非常に複雑な仕事であり、当然のように、多くの間違いを犯す。子供にとって、社会的な世界の理解は、物質的な世界の理解よりもはるかに難しいことが、今では明らかになっている。

このことの認識が、その影響力の大きい心理学者ジャン・ピアジェの、子供の脳の発達に関する理論をくつがえした。ピアジェの理論は、ほぼ半世紀にわたって、子供の知能の発達に関する我々の考え方を支配してきた。彼は、子供たちがその世界に関する理解をしだいに深めていくところを説明したいと熱望していた。当時の人々がすべてそうであったように、ピアジェは、我々の脳が存在するのは世界に関する情報を処理するためであり、従って、その世界を支えている特質を理解するようになることは、子供が達成する必要のあるものの中で最も困難な仕事だと思いこんだ。残りは、彼の考えによると、たやすいことなのである。

ピアジェは、社会的な領域における子供たちの並外れた技能に惑わされ、この技能は重要な意味を持つ問題ではないと考えたらしい。明らかに子供たちは、早い段階からほとんど苦もなくこれを獲得している。ピアジェが間違ったのも無理はない。当時、我々の社会的な世界が実際はどれほど複雑か、正しく認識していた者はほとんどいなかった。社会的な技能は、子供にとって、きわめて緊急性を要する問題である。まさに生存そのものが、これにかかっている。視力や聴力のようなちょっとしたことが早い段階から発達している限り、質や量の保存の法則を理解するというようなもっと複雑な仕事——ピアジェが非常に重要視した問題——は、その子供が自分の生まれた社会的な迷路をなんとかうまく切り抜けられるようになるまで、延ばすことができるのだ。

誰か他にそこにいるのか

もちろん、ピアジェが何から何まで間違っていたわけではない。彼はたとえば、子供たちがはじめは自己本位であって、あくまでもゆっくりと自己中心的な宇宙の殻を破り、他人の物の見方を身につけるようになるのだと述べている。使った言葉は違うが、少なくともこの部分に関するピアジェの理解は、基本的に正しいように思う。我々は心の理論を持たずに生まれる。時とともに、しだいにそれを身につけて、他人がどのように感じ考えるか理解できるようになり、そのおかげでこの知識を社会的な相互作用に利用できるようになるのだ。従って、人間らしさの基準を大人の人間に見られるものに定めるなら、厳密に言うと、人間の赤ん坊は完全な人間ではなく、だいたい四歳になってはじめて完全な人間になるのだと言える。

さらに興味深いのは、心の理論がまったく発達しない人もいるという事実だ。現在、我々はこのような人々を自閉症と呼んでいるが、これは、はるか以前から存在していたはずにもかかわらず、ようやく一九四〇年代になってはじめて確認された医学症候群である。自閉症の人々は——そのほとんどが男性であることから、この状態に遺伝子が関わっているのは明らかだ――その障害の程度がさまざまに異なっている。きわめて障害が重く、けっして言語を発達させることがなく、他人と社会的に相互作用する能力をまったく示さない人もいれば、言語は発達させるけれども、社会的に隔離されたままの人もいる。症状の軽い患者はアスペルガー症候群と呼ばれるが、人づきあいがへたでときどき風変わりな行動を見せるのを除けば、まったく正常に見える。非常に巧みな心理テストをしてはじめて、この人たちが完全な心の理論は持っていないらしいということがわかる。

自閉症の人々は、二つの主な障害が、その特徴となっている。一つは、何度やっても「誤った考えのテスト」に合格しないことであり、もう一つは、ごっこ遊びをする能力がどうやら欠けているらしいことだ。心理学者アラン・レズリーは、この二つの特徴は互いに密接な関係があると主張している。彼らは、誤った考え（あるいは、少なくとも彼らが誤りだと思う考え）を他人が持ちうることを理解しておらず、他の世界を想像したり、世界が現在あるがままの状態ではないかもしれないと想像したりできない。それゆえに、ごっこ遊びをすることができないのだ。彼らはたとえば、人形を使ってお茶会の一連の動作を行なおうとしたりしない。人形は生命体ではないのだから、本物の人間と同じことができるなどありえないのだ。また、眠ったふりをして他人をからかうこともない。故意の嘘をつくこともない。というのも、嘘をつくには、自分が知っている全てを他人が知っているわけではないかもしれないという認識が必要だからだ。自閉症の人は単純に、世界がありのままであり、自分も自分の話し相手も同じ情報を共有しているのだと思い込んでいる。

つまり、自閉症の人は、世界を自分に見えるがままに受けいれているのだ。その一つの結果として、言葉が使われるときしばしばその裏に込められている、裏の意味に気づかない。自閉症児の母親が報告した、典型的な例がある。彼女は向かいの隣人宅を訪れるために家を出る際、自閉症の息子に、もし後から来たくなったら、外に出た後ドアを必ず引くように言い聞かせた。一時間かそこらして、彼はまさに言われたとおりにした。まず玄関を蝶番から外してから、引っぱってきたのである。

この話は、我々の会話の意味が、聞き手が話し手の心理状態を再構成することにどれほど依存しているか、再認識させてくれる。自閉症の人は、まさにそれができない。なぜなら、実際に他人の頭の中にあるものが、その人の使っている言葉のふつうの意味とは違うことを、理解していないのだ。事実、我々が交わす会話のほとんどは隠喩的である。つまり、聞き手の解釈を必要とするのだ。通常、我々は電文のような話し方をして要点だけを示し、聞き手が断片を埋めて自分の言っていることを理解できるものだと思っている。我々の会話にしばしば取り入れられている、深い解釈の層の典型例を示そう。

男　もう、これできみとはお別れだ！

女　相手は誰なのよ？

明らかに男性のせりふは、その脈略や当人が関わっている過去の状況によって幾通りにも異なるものの、同じように論理的な解釈がありうる。とはいえ、きわめて短い台本でありながら、我々は彼女の省略した返答から、ただちに難なく正しい解釈を導きだせる。たちどころに細々した点をすべて埋めて、ありえそうな背景の情報を大量に生みだすことができるのだ。

自閉症の人は、それができない。軽いアスペルガー症の患者は、社会的な状況に対処できることが多く、「誤った考えのテスト」もパスする。しかし、我々が行なっているような読心によって、そうしているのではない。心理学者のフランチェスカ・ハッペの言葉によると「なんとか切り抜ける《ハッキング・イット》」ことで対処している。言いかえれば、彼らはかなり賢いので――正常な知能の持ち主であるから――社会的な状況において十中八九正しい判断ができるような、経験則を作り出せるのだ。しかし、なぜこの経験則が働くのかはまったくわからず、ただ単に、それらが働くことだけわかっているらしい。

次のように音楽にたとえてみると、おそらく彼らの問題がどのようなものかがわかるだろう。私は音楽が大変好きではあるが、どういうわけか、ほとんど音痴である。モーツァルトの『セレナード変ホ長調』を聴けばそれとわかるが、正直な話、変ロ調であるのか、イ短調であるのか、さらに言えば嬰ト調であるのか、さっぱりわからない。しかし音楽家は、はじめての曲であっても、演奏されている調がすぐにわかる。私はその旋律を、特定の一続きの音符として認識できるようになったが、なぜこの調が変ホ調と呼ばれるのか全然わからないし、わかったとしても、たぶん変わりはないだろう。やろうとしても、自分が学んだ見分け方を他の作品に応用することはできなかった。アスペルガーもこんな感じだ。

あるアスペルガー児の母親を思い出す。彼女は、当時一二歳くらいだった息子が、人々が友達を持っているのは知っていても、自分がどうやって友達を作ればいいのかわからないでいるのを見て取った。店で物を買ってやればいいのか、それともただ誰かに――誰でもいいから――「きみは僕の友達だ！」と言うだけですむのか。このような事例に遭遇するのは、胸がしめつけられる思いだ。通常の人間関係の深い感情的な土台を彼らに理解させる方法はないのである。彼らはそれが何であるか、どのような働きをするのか、まったく理解できない。それどころか、私がこの段落の最初の文で「見て取る《オブザーブ》」という語を使ったことに、ひどく戸惑うだろう。母親は何かを「見て」いたわけではないのだ。とはいえ、この人たちが他の点では完全に正常であり、平均以上の知能を持っていることもあることを、あらためて強調しておくべきだろう。アスペルガーの人は、たとえば、しばしば数学が非常に得意であるが、それはたぶん抽象的な思考が明確にできて、感情的なものその他の無関係な連想に惑わされないからだろう。

この時点で起こる当然の疑問は、他の動物が、志向意識水準という尺度から見て、どの程度我々と同じかということだ。我々は心の宇宙で唯一なのか、誰か他に、そこにいるのか。我々と同じ心の理論の能力を持つ種が最も見つかりそうなのは、我々に一番近い親戚、類人猿の中だろう。

心の理論が、ある意味では人間の心を理解するための鍵だと認識すると、必然的に、猿や類人猿が志向意識水準という尺度からどの程度同じであるかについて、大きな関心がわき起こる。問題は、絶対確実な基準として利用できる、決定的なテストを見つけ出すことにある。この問題に対して最初に挑んだのは、アメリカ人心理学者ゴードン・ギャラップだ。彼の主張によれば、我々を特徴づける主な要素は、我々が自分自身を、ともに生きている他人とは異なる存在であると認識できることだ（要するに、デカルトの「我思う、ゆえに我あり」である）。自己を意識すれば、自分の内面の心的状態を内省する能力が生まれ、その後、この内面の状態を、目に見える他人の行動に関連づける能力が生まれる。これらを比較することによって、我々は他人もまた精神世界を持っていることを知りうる。

ギャラップは、彼の主張によれば、他の動物が自己認知しているか否かを、まったく疑う余地なく判断できる精巧なテストを考え出した。このテストでは、ある動物に鏡の使い方を教え込む。その後、この動物は麻酔をかけられ、顔の毛のない部分に、染料で小さなしみをつけられる。問題は、この動物が麻酔からさめたとき、自分の顔に何か違いがあることに気がつくか。染料のしみに触ったり、つついたりして、そのことをはっきり示すことができるか。

過去一〇年にわたり、多数のこのような実験が、チンパンジー、ゴリラ、オランウータン、数種の旧世界猿、そしているかや象に対しても行なわれた。いくつか矛盾する結果はあったが、これらの結果に関するコンセンサスには、まったく議論の余地がない。チンパンジーはこのような鏡の問題を簡単に解ける。オランウータンとゴリラは能力があると言える（とはいえ、テストされた数はかなり少ない）。しかし、鏡のテストをパスした猿はまだ一頭もいない。全員が到達した当然の結論は、類人猿は自己を意識しているが、他の種類の霊長類（これには、手長猿、いわゆる小型類人猿も含まれるらしい）は自己を意識していない、ということだ。同じような実験を象に試みると、この動物はどうやら壁の大きさの鏡を鏡と認識することもできないようで、開いたドアだと思い、そこを通り抜けようとした。

多くの人が、類人猿は心の理論を持っているが猿は持っていないと結論づけようという気になったが、ギャラップの実験の設定に対する疑問は、まだずっとひっかかっている。いったいどうして、鏡を使う能力が、自己認知の検証として説得力があると言えるのだろう。なにしろ、猿や類人猿は野生では鏡を持たないのだから、どうして、鏡に映った自分自身を認識する能力のあることが、自分が独立した精神生活を持っていることを正しく認識する能力がある証明になるのだろう。鏡のテストの結果は、実際は、我々に何を告げているのだろうか。

一つのはっきりした答えは、その動物が単に、ある種が鏡の物理的特性を理解できるほど賢いかどうか示しているにすぎないということだ。たとえば、技術を用いた問題解決の技能は、ある意味では、社会的な知能から付随的に生まれたのかもしれない。そういうことになる考え方の一つは、高度な心的技能に大量のコンピューター能力が必要だとして、それほどのコンピューター能力なら、鏡に関わる、どちらかと言えば小さな物理的問題は解決してくれるというものだ。

ギャラップの鏡のテストは確かに何かを示しているが、それが何であるか、まったく定かではない。心的な能力をより明確に診断できる、何かが必要だ。心理学者ディック・バーンとアンドルー・ホワイテンが提案する一つの考え方は、戦術的な嘘である。これは、ある個体が状況に関する知識を操作することによって、他の個体を利用する場合に与えられた名称だ。その一例が、メルの塊茎を奪うために母親を操った、子供のひひのポールだろう。もう一つの例は、ハンス・クマーが観察した若い雌のマントひひで、彼女はハーレムの雄の疑いを招かないよう少しずつ岩ににじり寄っていき、岩陰に座って自分の選んだ若い雄と毛づくろいをした（三八ページを参照）。

クマーは、飼育されているゲラダひひを研究したときに、別の形態の嘘に気づいた。ゲラダひひも結びつきが密なハーレムを形成し、雄のハーレム所有者は、マントひひの雄と同様に、自分の雌があまり遠くに行くのを快く思わない。ある日、ハーレムの雄が群れから引き離され、群れの居住区域から見えないものの、音の接触はある檻に入れられた。このハーレムの雄はまだ居住区域で起こるすべてを聞くことができ、群れの残りの者もやはり彼の声を聞いたり、音声で相互作用したりすることができた。年かさの雄がいなくなると、群れ内の若い配下の雄がこの機会を最大限に活用し、雌の一頭と交尾しはじめた。クマーは、そうするとき雄も雌もともに、通常ゲラダひひが交尾の絶頂であげる騒々しい叫び声――ふつうは百ヤード以上離れていても聞くことのできる叫び声――を抑えていたことに気づいた。クマーはこれを「音隠し《アコースティック・ハイディング》」と呼んでいる。

似たような行動が、飼育チンパンジーにおいて報告されている。フランス・ドゥ・ヴァールは一度、草陰に隠れて地位の低い雄と交尾している雌が、雄の口に自分の手をあてて、大きな交尾の声をあげさせないようにするのを目撃した。そうしなければ、広い居住区域の反対側にいる地位の高い雄に、その声が聞こえていたことだろう。

どちらの場合も、禁を犯しているカップルは、塀の向こう側にはっきり聞こえそうな声を出したせいで秘密がばれることのないようにしていた様子だった。これは戦術的な嘘である。明らかにこの動物たちは、起こっていることに関する手がかりを隠しており、その結果、他の動物が何も気づかないままでいるようにしている。

戦術的な嘘のもう一つの形態を、スー・サベージ＝ランボーが述べている。彼女は、人工のキーボード言語を教えられた二頭のチンパンジー、オースティンとシャーマンを長いあいだ研究してきた。シャーマンはオースティンをいじめる傾向があり、それがオースティンの大きな悩みの種だった。ある日オースティンは、シャーマンが寝室区画の外から聞こえる音を怖がり、とりわけ夜にはそうであることに気づいた。それ以降、シャーマンのいじめが度を超すたびに、オースティンは自分たちの居住区の外に駆けて行き、ドアその他の物を力いっぱい叩いてから泣きながら駆け戻ってきて、懸命に自分が怯えている様子を見せるのだった。シャーマンは必ず恐れおののいてこれに応え、安心感を得るためにオースティンに抱きつかせてくれと頼むのである。

戦術的な嘘は、少なくとも二次の志向意識水準が必要であるため、高度な心的能力に関するちょっとした目安《ベンチマーク》となる。ある動物が戦術的な嘘を実行するには、自分の敵対者が何かをこうであると信じていることを、きちんと認識できる必要がある。嘘をつく者は、敵対者の手に入る情報を改変することにより、敵対者の考えに影響を与えようとする。つまり私は、私が一定の行動をとることで、私が何か害のないことをしているとあなたが信じるであろうことを、理解する必要があるのだ。そして、それには明らかに、前述したような「誤った考え」を持たなければならない。

ホワイテンとバーンは、霊長類に関する文献や、同僚がさまざまな種を研究する際に観察した思いがけない実例の中から、戦略的な嘘の事例を集めて膨大なデータベースにした。両名の研究成果の中で我々にとってきわめて興味深いのは、戦術的な嘘が原猿（きつね猿、ガラゴなど）にはほとんど見られず、新世界猿の間でもまれであることだ。社会的に高等な旧世界猿（ひひ、マカク）の間ではよく見られるが、報告された大半の実例はチンパンジーに関するものだった（他の種に関するひと握りの事例は、チンパンジーに比べるとずっと研究されていない類人猿のものである）。

事実、のちにディック・バーンは、自分たちのデータベースの種の中で報告された戦術的な嘘の頻度の指数と、私が提唱する相対的な新皮質の大きさの指数とが、ぴったり適合することを見つけた。チンパンジーやひひのような、大きな新皮質と複雑な社会を持つ種は、それよりも著しく小さな新皮質とかなり小さな社会的な群れを持つ、アフリカのコロブスや南アメリカの吠え猿のような種よりも、戦術的な嘘を実行する度合いがはるかに大きいのである。戦術的な嘘に伴う複雑な事項をしっかり考え抜くには、そここそこのコンピューター能力は必要であるらしい。

バーンの分析の論理をたどるうちに、私はポーランド人の同僚ボグスラフ・パブロフスキーと、もしマキアベリ的知能仮説が本当に機能するなら、新皮質の大きさと、雄の序列の安定度のような特質の間に、同様の因果関係を示すことができるはずだと考えた。大きな新皮質を持つ種では、地位の低い雄が地位の高い雄の支配を巧みにかわすために、たとえば戦術的な嘘のような、より巧妙な社会的戦略を利用できるだろうと推論したのだ。たいていの場合、交尾の季節のあいだ地位の高い雄が雌を独占し、それによって地位の低い雄が交尾するのを妨げることができる。その結果、ふつうは、序列内の雄の地位と、その雄が交尾してもうけられる子供の数との間に、直接の関係が存在する。

パブロフスキーと私は、大きな脳を持つ地位の低い雄が体制の抜け穴を利用できるというのなら、新皮質が大きくなるに従って雄の地位と生殖の成功との関係が厳密ではなくなることを見つけられるはずだと推論した。事実、まさにそのとおりだった。このような脈略で雄が行使する戦略の一つは戦術的な嘘に似ているため、我々の得た結果は、バーンの研究結果を裏付けて、確かに戦術的な嘘の行使が実用的な結果をもたらすこと、この場合は、雄の生殖の成功に影響を与え、最終的に彼らの遺伝適応度（将来の世代の遺伝子の中で、どれだけ自分の遺伝子が占めることになるか）にも影響を与えることを確証しているのだ。

戦術的な嘘に関するバーンの研究結果と、雄の交配戦術に関する我々の研究結果は、マキアベリ的知能仮説を裏づける、説得力のある行動面からの証拠となっている。巧妙な社会的戦略を行使する能力と、社会的な脈略で抜け穴を利用する能力は、脳内にどれだけコンピューター能力を有しているかに依存することを示しているのだ。

しかし、これらの研究結果は、種の間に見られる相違と志向意識水準のレベルの相違とに、どのような関係があるか語ってくれない。我々が知っていることと言えば、チンパンジーはひひよりもうまく、ひひは吠え猿よりもうまいことだけである。しかし、そもそも彼らは、他の個体の思考内容について内省的に考える能力を、どの程度持っているのか。ひひが吠え猿よりうまいのは、他のひひの身になってどんな感じか想像できるからなのか、それともただ単に、社会的な行動の結果について、より複雑な予測ができるからなのだろうか。

この時点で我々は、現状の知識の限界にぶつかった。これまで誰一人として、志向意識水準のレベルを特定の行動様式と詳細にわたって結びつけることはできなかったのである。とはいえ、確かに我々には、少なくとも有望な成果を得られそうな方向性を示す手がかりが、いくつかある。その大半は個々の事例に基づく観察だが、そうであっても興味深い。

ビッキは、一九五〇年代にヘイズ夫妻が自身の子と一緒に育てたチンパンジーだが、ある時、うしろに一本のひもをたらして歩いているのが観察された。ちょっと見では、まったく他愛のない行為のようだった。ところが、床の段差があるところにひもの端が達すると、彼女は立ちどまって、仰天したような様子を見せた。その行動はまさに、子供がおもちゃの車にひもをくくりつけて引張っているとき、それがひっかかって動かなくなった場合に見せるであろうものだった。彼女はひもの端のあるところに引き返し、あたかも障害物から解放するかのように、ひもを注意深く段差の場所から持ち上げた。そうして、また歩きはじめたのである。これは、ごっこ遊びのあらゆる特徴を示している。アラン・レズリーが心の理論に結びつけられる主要な特性として認識する類のものであり、自閉症の子供は持っていないものである。

高次の志向意識水準のもう一つの例は、オランダ人行動生物学者フランス・プルージジが、タンザニアのゴンベ国立公園でジェーン・グドールのチンパンジーたちを研究していたときに観察された。その当時、研究者たちは調査を容易に行なうために、バナナその他の食べ物を利用してキャンプ区域内にチンパンジーたちを誘い出していた。時が経つにつれ、チンパンジーたちの求める量がどんどん増えていった。さらに悪いことに、バナナの貯蔵場所を発見してからは、キャンプの小屋や倉庫を襲撃しはじめた。事態がすっかり手に負えなくなるのを阻止するため、研究者たちはなかば土中に埋まったコンクリートの箱を作った。箱にはふたがついており、研究者たちは、ケーブルを使って、少し離れた場所からこれを開けることができた。このような方法によって研究者たちは、地位の低い動物が公平なバナナの分け前にあずかるのを確保し、地位の低い動物のキャンプに来ようという意欲が、提供された食べ物を手に入れるのを地位の高い動物が邪魔するという理由でそがれないことを期待した。

ある日、地位の低い雄が、餌場に一頭だけでやってきた。それとわかる音をたてて留め金がはずされ、箱のふたをあけて中のバナナを食べられる状態になった。ところが、まさに彼がそうしようとしていたとき、一頭の地位の高い雄が現れた。たちまち前者の雄は、食べ物の箱にまったく興味のないふりをした。これは理にかなった策略である。留め金は特定の個体がいるときにだけはずされるため、チンパンジーたちが餌場に来てもかかったままでいることがよくあった。思うに、この状況におかれた雄は、まだ箱に留め金がかかっており、したがって他の雄がうろついてもあまり意味がないという印象を与えたかったのだろう。このような戦術的な嘘は十分チンパンジーの能力の範囲内である。フランス・ドゥ・ヴァールとアメリカ人心理学者エミル・メンツェルはそれぞれ、オランダとアメリカの飼育集団で、チンパンジーがまったく同じように行動するのを観察している。だが、この事例において興味をそそられる点は、地位の高い雄の行動だ。彼は自分自身でバナナの箱を調べたりせず（どのみち、これは意味のない作業だろう）、きびすを返し、立ち去りかけた。しかし、空地の端に行きつくと、そっと木の陰に入り込み、自分の立ち去った後に餌箱のところにいる雄がふたを開けようとするかどうか、じっと覗いていたのだ。

このチンパンジーたちの行動に対する私の解釈が正しいとすれば、地位の高い雄は、少なくとも三次の志向意識水準をはっきり示す行動をとっていた。以下のようなことが、彼の頭の中を駆けめぐっていたに違いない。〔1〕ジムが僕をだまして〔2〕ふたの留め金がかかっていることを〔3〕僕に信じさせようとしていると僕は思う。四次の志向意識水準の思考をしていたことすら、十分考えうる。〔1〕ジムが僕をだましていると〔2〕ふたの留め金がかかっていると〔3〕ジムが思っているのだと〔4〕僕に信じさせようとしていると僕は思う。

この類の逸話の問題点は、偶然であるとか単純な習得行動であるなど、別の説明が常に可能なことだ。オースティンはシャーマンが暗闇の騒音を怖がっていることを本当にわかっていたのか。それとも外でひどい騒音をたてると、シャーマンがいじめるかわりに抱きしめてくれること――このような状況でシャーマンがいじめるより抱きしめたがる理由を本当は分かっていなくても――を、単に学んだだけなのか。餌箱のところにいた雄は、本当にライバルをだますつもりだったのか――つまり、「もし僕が無関心に見せるような行動をとれば、〔1〕この箱はまだ閉まっていると〔2〕僕が思っていることを〔3〕この雄が信じると僕は思う」と心の中で思ったのか――それとも単に、このような行動をとれば、まったく自分の理解を越えた何らかの理由によって、ライバルが最終的には行ってしまうことを学んでいただけなのか。ひょっとすると、この最後の話にでてくる地位の高い雄が結果として立ち止まったのは、留め金がはずれるかもしれないと思って――遅かれ早かれ、いつかはそうなるだろう――餌箱からすっかり離れることができなかったからで、立ち止まったとき、たまたま木の陰にいたのかもしれない。結局のところ、チンパンジーたちは、ふたが開くときと開かないときがあるのはなぜか、理解していなかったかもしれない。そうではなく、それなりに頻繁に箱のところへ戻っていれば、ついにはその辛抱強さへの褒美として餌が与えられることを学んだのかもしれないのだ。

同じ類の行動を示す事例をたくさん挙げられれば、我々は自分たちの主張にもっと確信が持てるはずである。事例を得るほど、それらがすべて偶然の所産であるという可能性が低くなる。とはいえ、単純な行動様式の学習であるという、より簡単な説明を排除することは、やはり困難である。

そうは言っても、このような観察がチンパンジーだけからしか得られないのは興味深い。科学者たちが何十万時間と費やして、野生および飼育中の旧世界猿や新世界猿を研究してきたにもかかわらず、高次の志向意識水準であると解釈できる出来事は、まったく報告されていないのだ（ただ、もちろん、観察者たちがそのような事例の目撃を期待していなかったから、気づかなかっただけかもしれない）。

この数年は、子供たちが心の理論を持っているか確かめるために使われる類のテストを忠実に反映した実験を考え出すほうに焦点をしぼり込むことによって、この問題点を回避しようとする研究がいくつか行なわれてきた。

最初のテストは、一九八〇年代はじめに心理学者デビッド・プレマックが、言語訓練を受けたサラという名前のチンパンジーに対して行なった。プレマックとその同僚のガイ・ウッドラフはサラに、誰かが何かをうまく行なえないでいる短い映画を見せた。たとえば、天井からぶら下がっているバナナに手を伸ばして取ろうとしているようなところである。そして、この問題に対して適切な解決策と不適切な解決策のどちらかをしている写真を差し出した。適切な解決策は、バナナの下に箱をいくつか積み重ねたものかもしれないし、不適切な解決策は、この同じ箱が床にばらばらに置かれているものかもしれない。サラは人の意図を理解する能力をかなり発揮し、適切な解決策を選ぶ回数の方が、そうでないときよりも多かった。このような実験から、プレマックとウッドラフは、サラが他人の意図を理解する能力を有しているため、少なくともある意味では心の理論を持っていることが証明されると結論づけた。

もっと最近行なわれた二つの一連のテストでは、類人猿と猿を比較して、霊長目の中で緊密な関係にあるこの二つの種の間に、何か違いがあるかどうか調べようとした。最初のものは、アメリカ人心理学者ダニー・ポビネリが、チンパンジーと赤毛猿（高等な旧世界猿の代表）に、他者の意図や状況に関する他者の知識を理解しているかどうか見極める目的で作られた一連のテストを行なった。

彼がチンパンジーに行なったテストは、たとえば、その動物は、自分の手が届かないところにある報酬、つまり一杯のジュースを得るために、二人の人間のどちらかを選ばねばならないというものである。チンパンジーは二人の助手の写真を見せられるが、しかるべき写真の入ったホルダーを押し倒して、どちらかを選ばなければならない。二人の人間の相違点は、一人は必ずわざとジュースを床にこぼすのに対して、もう一人は、たとえば持ち上げたときにコップを落とすとか、チンパンジーに渡すときに手をすべらせるなど、誤ってこぼすのだ。チンパンジーは故意の行為と過失の行為を見分けられるだろうか。その答えは、はっきりとイエスであるようだった。ほどなくチンパンジーは、誤ってジュースをこぼす人間を選ぶようになったのだ。

もう一つの一連の実験では、チンパンジーが食べ物の報酬を得る機会を与えられたが、その餌は手の届かない箱に入っていた。報酬を得るためには、チンパンジーは、箱を開けて食べ物を手渡してくれる人間の助手を選ぶ必要がある。二人の助手は違う箱を指さしており、チンパンジーはどちらの助手のほうが正しいように思われるか判断しなければならない。選択肢は、箱に餌が入れられるとき部屋にいてそれを見ていた助手と、箱に餌が入れられる間はっきりそれとわかるように部屋から出ていた助手のどちらかだ。前者の助手はどこに報酬があるか知っているが、後者は明らかに知らない。従って正解は、知識のある助手が指さしている箱を選ぶことだ。ポビネリのチンパンジーたちはほとんどが（しかし、全部ではない）この問題を無理なく適切に解いたが、猿は一頭も解くことができなかった。類人猿、いや少なくともチンパンジーは他人が知っているか知らないか区別がつくが、猿は区別がつかないように見える。しかし、猿より優秀であるとはいえ、チンパンジーたちはこの問題に関して、人間の子供ほど有能ではないらしい。

このことは、私の教え子の一人サンジダ・オコンネルが行なった、また別の一連のテストによって実証された。彼女は、子供たちに使われるサリーとアンのテストの基準を満たすことを狙った、「誤った考えのテスト」を機械式にしたものを考え出した。今度も動物は、四つの箱のうち一つを選択させられる。実験者は一つの箱の上に、洗濯ばさみ《ペグ》を置く。それから、ペグでしるしをつけておいた箱の中に、少量の食べ物を入れる。その後チンパンジーは自分が選んだ箱を開けるのを許され、正しい箱を選べば褒美を得る。チンパンジーがその基本的な手続きに正しく対応できるようになったら、ちょっとした障害が設けられる。箱は、オコンネルが自分で選択した箱のうしろから餌を入れる際、その前面が自分では見えないように設計されている。彼女はまず、この仕掛けのチンパンジー側からペグを置くと、それ以前に何十回も行なったとおり、うしろに回って箱に餌を入れる。しかし今回は、彼女がうしろ側にいるときに、ペグが移動し——ひとりでに動いたように見えるが、本当は彼女がこっそりレバーを操作しているせいである——他の箱の上で停止する。調べたい点はこういうことだ。チンパンジーは、餌の入った箱が、実験者が最初にペグでしるしをつけた箱——たぶん、実験者が正しい箱だと思っている箱——であることがわかるだろうか、それとも、実験者も自分と同じ知識を持っており、ペグが現在その上に置かれている箱に餌を入れるものだと思いこむだろうか。これは、可能なかぎりサリーとアンのテストに近づけたものだ。

チンパンジーはこの問題に関して、自閉症の大人よりは優秀だったが、五歳から六歳の正常な子供（心の理論を持っている）には、とうてい敵わなかった。チンパンジーは確かにこの問題を解くようになったが、しかし、完全な心の理論を持つと仮定したときに期待できるほどの能力は見せなかったのだ。

しかし、最後に一つ注意しておきたい。動物相手のとき、とくにチンパンジーの場合は、否定的な答えが出たからといって、けっしてそれで十分だとは言えない。基準に達しなかったことが、与えた問題を解決する能力のないことを本当に示しているのか、単に興味がないことを示しているだけなのか、絶対の確信を持つことはできないのである。おそらく驚くにはあたらないだろうが、チンパンジーたちはしばしばこの種のテストを退屈だと思っているらしく、ときおり、参加しようという気にさせることすらまったくできないことがある。BBCホライズンの“Chimp Talk”〔『チンパンジーのおしゃべり』〕という番組の楽しいエピソードでは、スー・サベージ＝ランボーがカンジに一連の指示を実行するよう求めている。「鍵束を冷蔵庫の中に入れなさい」という要求になったとき、彼の一瞬のためらいに、その頭の中にあったにちがいない以下のような当惑が感じられる。「この人は今、いったい何を考えているのだろう。まあ、いいや、調子を合わせておいてやろう、しょうがないなあ！」

我々の仮の結論はこうである。すべての類人猿とは言えないまでもチンパンジーは、ある種の心の理論を——たとえ、人間に比べて下等な形態であろうと——持っているが、猿は持っていないことを示す証拠が十分ある。猿はこの点で他の動物より高等だとはいえ、完全な心の理論を持っていないのは確かだ。むしろ、おそらく猿は、完全な心の理論を身につける直前の三歳から四歳児が達するような認知レベルを有しているのだろう。

ドロシー・チェニーとロバート・セイファースは、猿は行動学者としては優秀だが、心理学者としては落第だと論評している。他の個体の行動を読むのは上手だが、その心を読むのは下手なのだ。二人は、ケニアのアンボセリのベルベットモンキーの研究から、愉快な実例を示している。ある日、彼らの研究している群れからそう遠くない木立に、一頭のよそ者の雄が現れた。このような独り者の雄はきまって必死に群れに加わろうとするが、それができるのはたいてい、その群れの支配的な雄に取って代わることができたときである。従って、現に群れにいる雄にとっては、雌の独占を失いそうな立場にあるため、嬉しいどころではない状況だ。当然のように、可能なかぎりの手段を行使して侵入者に対抗する。この時には、群れにいるほうの雄は、うまいことを思いついた。侵入者が木から降りて開けた平地を横切り、群れが餌場にしている木々のほうへ来ようしたとき、群れの雄は豹の危険を警告する鳴き声《コール》を出した。侵入者はあわてて安全な木の上に戻った。しばらくして、すべてが平穏なことに安心して、彼はもう一度試みた。すると再び、群れの雄は豹の警告のコールを出すのだ。ここまではよかった。この策略はうまくいっているように見えた。残念なことに、群れの雄はとうとう、自分自身が開けた平地を横切っているときに豹の警告を発して、計画を暴露してしまった。侵略者はそれなりに賢かったから、正気な者だったら誰だろうと、自分が捕まる危険のある開けた場所を平然と歩きながら警告のコールを出したりしないことに、気づいたのである。

心の中へ、そしてその向こうへ

心の理論は疑いなく、きわめて重要な我々の資産だ。驚くべき技能なのである。しかし、心の理論でさえも、この能力が我々に与えてくれるものに比べたら、重要性が見劣りする。

心の理論は我々に、自身から一歩下がって第三者的な視点で他の世界を見るという、きわめて重要な能力を与えている。そもそもの出発点は、おそらく、自分自身の思考内容を省みる能力だろう。なぜ自分はこのように感じるのだろう。なぜ自分は今怒っているのだろう。なぜ自分は悲しかったり嬉しかったりするのだろう。自分自身の感情を理解することは、他の人々の感情を理解するのにきわめて重要である。他人の中に見いだすものを理解できなければ、経験に対する彼らの心的な反応を正しく認識できるほど、深くその思考を探ることはとうていできない。

本当の飛躍的な進歩は、完全に発達した三次の心の理論によって、実在しない誰かが特定の状況に対してどう反応するか、我々が想像できるようになった時点だ。言いかえれば、我々は文学の創造をはじめることができる。つまり、出来事を起こったとおりに単純に描写することを越えて、なぜ主人公がそのような行動をとるのか、その冒険において彼をたゆまず前進させている感情は何かと、どんどん深く探っていく物語を書くようになれるのだ。

我々が持っているような文学を生みだそうとする種は、現生種では出てこないと主張しても差し支えないだろう。これは単に、この実行を可能にしているだろう言語能力を他の種が持っていないからではなく、他者の精神世界の探求を可能にするほど発達した心の理論を持っている種が、他にいないからだ。小説を書くことは、存在しない想像の世界を生みだすことである。チンパンジーの心の理論能力でさえ、これを可能にするのには十分だとは思えない。チンパンジーは、せいぜい三次の志向意識水準が限界であるらしい（「私は、餌箱が閉まっていると私に考えて欲しいとあなたが思っていると思う」）。人間はほとんど難なく四次の志向意識水準を含む主張をたどれるらしい。とはいえ、日常の脈略でこれほどの長さになることは、さほど多くはない。

しかし、それが確かに必要になってくるのは、〔1〕ある登場人物に信じて欲しいと〔2〕別の登場人物が思っているのだと〔3〕前者の登場人物が考えていることを〔4〕作者と読者がともに理解することが必要な筋立てになっている小説を書くときである。作者も読者も志向意識水準の鎖の一部となっているから、両者は登場人物が実際に行なうより一次上の階層をたどれなければならない。小説の一連のできごとを通してそれをたどり続けることは、明らかにきわめて大変な労力を要する。作者は、読者が自分と同じ段階の志向意識水準を達成できることを推測できなければならない。もし読者が達成できないのであれば、その小説を出版者に売り込むことは、ほとんど無意味だろう。

自分の経験の直接性から自分自身を引き離す能力もまた、人間の行動における別の二つの特性、すなわち宗教や科学として知られている現象の先行条件となる。しかし、私の科学者仲間の一部は（著名なところでは、発生学者のルイス・ウォルパート）、誰かが科学と宗教は同じ現象であると言ったら、卒中をおこしかねない。

ある意味では、もちろん、この科学者たちは正しい。科学と宗教は、根本的に異なる方法をとって、世界に関する主張をしている。一方は信仰の問題であり、その中では啓示された真理が、あらゆる論争について最終的に片をつけるものとして中心的な位置を占めている。これに対し、もう一方にとっては、個人の懐疑と、論理的な演繹および経験的な証拠に基づいた仮説を厳密に試験することが、きわめて重要なのである。

しかし別の次元からみると、彼らが卒中をおこすのは早計である。彼らは、この二つの現象がほぼ同一になる重要な点を見落としているのだ。両者とも、我々が住む世界を説明しようとしている。両者とも、日常生活における予測のつかない変転の中で我々が無理なく分別のある道を進めるほど十分な一貫性を、我々の経験するがままの現象世界に対して与えてくれる役目を果たしている。この二つの活動の働き方に根本的な違いがあるからといって、両者の持つ共通の役割を覆い隠すべきではない。

世界中の宗教は、安心感と慰めを与えてくれる。つまり、日常生活の出来事は困難で危険なことも多いが、それを切り抜けるのに役立つ杖を与えてくれるのだ。万事が我々の拙い制御をすっかり越えているのではなく、耐えられる程度にうまく人生が進んでいくのだということを、祈りや儀式を介して確信させてくれるような機構《メカニズム》という寄る辺があると思わせてくれる。洪水、飢饉、襲撃してくる動物や人間が、絶えず生活と平和をおびやかしているような昔ながらの社会では、超自然の存在に訴えることが、正気と狂気の違いを生むのかもしれない。必要な儀式をことごとく実行すれば、我々はとにもかくにも前進できるくらいの確信を持つ。宗教は最悪の事態が生じるのを完全に防いではくれないかもしれないが、おそらく人生のもっと小さな不自由を払いのけるに足る自信と勇気を与えてくれるだろうし、それがなければ我々は打ちのめされただろう。この意味において、宗教は、マルクスの有名な言葉のように、大衆のアヘンである。まさに内生アヘン剤のような働きをして、ちょうど生活を続けていけるくらいには、日常生活のちょっとしたいらいらを和らげてくれる。

科学もまた、我々に存在の体系を与えてくれ、世界を制御させてくれる。しかしもちろん、その方法はまったく異なる。科学のめざましい成功は（一部の者がそう望んでいるように）現実の恣意的な解釈にあるのではなく、仮説から慎重に演繹を行ない、これを現実世界の事象に照らして厳密に検証することにあるのだ。科学の成果は現実世界で機能する必要があるため、我々は科学の成果に関していっそう信頼を持つことができる。科学は大いなる陰謀だという説でもとらないかぎり——そんなことをしても、なかなか維持できないだろうが——、科学上の理論の都合にたまたま合うような結果を世界からむりやり引き出せるとは思いにくい。現実世界は、そのような場所ではまったくない。柔軟性に欠けていて、無能な者に対してまったく容赦がないのである。

科学と宗教に共通の起源は、なぜ世界が我々の見ているような状態にあるのか、おずおずと問うことにある。両者が与える答えは、外見が似ていても本質はまったく異なるだろうが、その機能はやはり同じである。そして、両者とも、世界に対して同じ探求的な姿勢をとっている。なぜ世界は、現在あるような状態なのか。この質問をすることすら、世界が見かけとは違うかもしれないと想像する意志が必要になる。心の理論を必要とするのだ。これ自体が、我々の社会的な行動の深い内省から、すなわち、ある人物の思考が他者の行動にどのような影響を与えうるか、ひいては自分がその人物の思考にどのような影響を与えうるかを理解する能力から、付随的に生みだされたものなのである。これには少なくとも三次の志向意識水準、そしておそらくそれ以上のものが必要なのだ。

科学や宗教が四次の志向意識水準を必要とするなら、なぜ人間だけがそれらを創造したのか、その理由は明らかだ。類人猿を除くと、人間以外の動物はどれも二次より上の志向意識水準を持とうとしていないのだから、これらの種はどれ一つとして、我々が知っているような科学や宗教を作り出さないはずである。しかし、類人猿については疑問符が残る。四次の志向意識水準が必要不可欠なら、彼らはほぼ確実に、科学あるいは宗教を望むことができないだろう。しかし、三次で十分だとすれば、類人猿たちが科学と宗教のどちらか一方または両方を持っていると考えられるのだ。

とはいえ、類人猿たちが何らかの形の科学または宗教を持っているとしても、さほど高度なものではないはずだ。また、彼らの社会生活における統一的な影響力になることもないだろう。それというのも、彼らが言語を持たないからだ。言語は、これに匹敵するもののないほど有効に、互いの考えを伝達しあうことを可能にしてくれる。言語がなければ、個々の人間は自分自身で、車輪に相当するような知的なことがらを発明し直さなければならない。道具とか他の誰かの車輪は目で見て模倣できるが、宗教や科学は観念の世界に属しているのであり、観念や概念は、まったく同じように目で見て模倣することはできない。言語がなければ、我々はそれぞれ個別の精神世界の中に住んでいる。言語があるから、我々は他人の住む世界を共有できるのだ。他の人々の世界が自分の世界とまったく同じではないと悟ることができる。ひいてはそのおかげで、この世界が自分の思っているものとは異なるかもしれないと気づくのである。

心理学者のデビッド・プレマックは、彼のチンパンジーのサラの思考が、象徴による言語を教えることによって「向上」したと結論づけている。プレマックの見解は、社会言語学者や人類学者に共通の主張、つまり言語が我々の思考を決定するとか、言語がなければ我々は思考を持ちえないといった主張に基づいているらしい。実を言えばこれは、動物が確かに考えていることを示し、動物が概念や我々が言語に結びつけているすべての現象を展開できることを示す膨大な証拠を考えると、飛躍している。それよりも、言語が思考に依存しているのであり、我々の与えているような文法構造（主語―述語―目的語という形式）を言語が有しているのは、我々が自然にそのような思考をしているからだと考えるほうが妥当だろう。

私は、サラの思考が単に言語を習得しただけで向上したとは、あまり納得していない。言語がいきなり、彼女がそれまで持っていなかった概念や知識を創造したのではないのだ。むしろ、サラの思考が言語によって向上したのは、言語によってプレマックの思考をうかがえるようになったからである。彼は、サラが自分ではけっして考えつかなかったかもしれないような概念や物の見方を、彼女に伝えることができたのだ。しかも、ここで大いに強調したいのは、「けっして」ではなく「かもしれない」のほうである。

言語はこのように、思想の歴史の中できわめて重要な要素である。このおかげで我々は、昔の世代の知識に頼ることができる。ところがこのおかげで、我々自身の間で知識を交換することができ、それによって共同体全体が同じ方向の考えにまとまることもできる。チンパンジーが宗教を持っているとしても、その数は、チンパンジーの個体数と同じだけあるに違いない。

原註

1　この意味における志向意識水準は、一般的に（しかし必ずではない）、「意識の集中（intension）」のうちの一つにすぎない従来の志向性（「t」のほうのintention）と区別するために、「s」でつづる。最近、この区別をやめた者もいるが、私は不要な混乱を避けるために区別し続けたい。

6 はるか彼方へ時をさかのぼる

およそ五〇〇万年前の光景を思い浮かべてみよう。日の光が太古の森の地表にまだらな影を落とし、猿たちがキャッキャと声をかわしながら、野生のいちじくがたわわに実ったこずえを次から次へ飛び移っている。森の地表には数種の類人猿がいる。今日のチンパンジーやゴリラたちとさほど相違ない。彼らはもっぱら地表を移動し、果物その他のおいしいものをあさる目的で木々にのぼっている。

これらの類人猿は、ほぼ一〇〇〇万年にわたってアフリカやアジアの森林を支配していた種の生き残りだ。しかし、現在は厳しい時を送っている。アフリカの森は、世界がしだいに冷えて乾燥していくに従い、縮小している。スペースはどんどん小さくなるというのに、そこに詰め込められる種はますます増えていく。さらに困ったことに、猿が類人猿をいつのまにか出し抜いて、生態上の競争において彼らより優れた能力を身につけてしまっている（2章を参照）。類人猿は、かつて森林の霊長類のなかで最も繁栄していたのに、今や数が減りつつある。

最後には、類人猿の一つの系統が、どうやら森林のはずれの方を利用しはじめ、まだ猿に採りつくされていない食物の木々を求めて、安全な森から敢えてどんどん遠くへ行きはじめたらしい。森のはずれの先に広がる森林地では、食物の木々の間隔が大きくなり、木々の枝葉の茂みがとぎれがちになっている。猿がするように、交差している枝づたいに木から木へ移動することはできない。その代わり、地表に降りて、一つの木から別の木へ陸路で移動する必要がある。

涼しさを保つために立って背を高くする

木々がさほど密集していない森林地では、木と木の間を移動する動物たちは、太陽の熱にさらされる度合いが大きくなる。リバプールのジョン・ムーアズ大学の生態生理学者、ピーター・ウィーラーは、これら祖先の類人猿たちが樹木の茂るアフリカのサバンナを移動するときに経験したであろう、熱によるストレスを研究してきた。彼の算出によると、直立歩行する動物は、太陽の放射熱を受ける度合いが最大三分の一ほど少なくなる。太陽が最も暑くなる真昼はとくにそうだ。これは単に、四つ足全部で歩行するときより、直立歩行するときのほうが、直射日光を浴びる体表面積が狭くなるからである。この点は、日光浴をする者が直観的に認識していることだ。彼らはできる限り多くの体表を日にさらすために、必ず横たわる。立っているときには、すぐに日焼けしないものなのだ。

さらに、二本足でいると、地表の上で起こる風の速度がわずかに増すという利点がある。草木との摩擦や、ほかならぬ地面との摩擦でさえ、車輪のブレーキとほぼ同じような原理で、地表付近の風が減速する。地面からおよそ一メートル以上になると、風速が増すことで大きな冷却効果が得られるようになる。体の大きい動物は、言うまでもなくこの恩恵を得ているが、小さな動物もうしろ脚で立てば恩恵を得られる。直立することで恩恵を得られる体の大きさの範囲は狭いが、チンパンジーと同じくらいの大きさの動物は、この狭い範囲に入っている。ひひのようなもっと小さい種は、二足で立ってもさほど背丈がないため、効果が得られない。

さて、これらの類人猿は立って背を高くすることで涼しさを保ったが、それによって、食物を探すために、もっと開けた居住環境の中までどんどん移動できるようになった。この過程で、もう一つ別の仕組みが働きはじめた。直射日光にさらされる体表が少なくなると、ふつうは動物の皮膚を涼しく保つのに役立っている毛皮が、必要なくなってくる。毛皮は変質しにくいし優良な絶縁体であるから、毛先が著しく過熱しようと、その下の肉体に熱を伝えないでいられるのだ。

ウィーラーは、現生人類につながる類人猿の系統の早い段階において、素肌から汗をかくという余分の冷却手段が得られるように、毛がなくなるという進化が生じたと主張している。直立した類人猿の肉体は、その直立の姿勢のおかげで、最も激しい日光の放射から保護された。その結果、地表面の草木の上を流れる風の冷却効果と、発汗がもたらす蒸発による冷却効果とが相まって、毛のないことを著しい長所にした。こういうわけで我々は毛皮を失い、真昼にいまだ太陽にさらされる体表の部分、すなわち頭と首筋にだけこれを保持しているのである。確立されている熱生理学の方程式からピーター・ウィーラーが綿密に求めた値によって、毛がなく二足歩行をして汗をかく先行人類は、毛皮を持つ四足のものに比べて、単位量の水につき移動できる距離が二倍になったことが示唆される。この節約は、開けたサバンナに出ていった半遊動の先行人類にとって、途方もなく有利になったのだろう。

我々はもちろん、祖先がその毛皮を失った正確な時期を知らない。柔らかい組織や毛皮はほとんど化石の記録に残されていないからだ。しかし、彼らがきわめて早い時期に二足で歩行しはじめたことは、はっきりわかっている。二つの情報源がこれを裏づけてくれる。一つは、初期の化石人類の腰や足の骨の形だ。ドン・ヨハンソンが一九七六年にエチオピアのアファル低地の砂漠から発掘したルーシーと呼ばれる半身の骨は、骨盤とそれにつながる脚の骨がしっかり残っていたが、それによって、三三〇万年前のこの小柄な初期の先行人類がすでに直立歩行をしていたことがはっきり証明されている。骨盤の形と、膝関節や股関節のつながり方からわかるのだ。現生人類の骨盤は碗型で、これが歩行中に足を支えるための安定した基盤となっているのに対して、類人猿の骨盤は細長く、よじのぼるときにもっとしっかり支えられるようなつくりになっている。骨の形からすると、ルーシーの歩行形態は明らかにまだ人類とすっかり同じではなかった。現生人類の顕著な特徴であるバランスのとれた歩行ではなくて、いくらかよちよち歩きになっていたはずだ。しかも、彼女の指は我々のものより長くて曲がっており、胸や腕もより強靭にできていて、まだ彼女が木々によじのぼって動き回るのに適していたことを示している。しかし、地面に降りると、ほぼ確実に直立歩行していたらしい。

これに決着をつける証拠は、タンザニア北部のラエトリと呼ばれる場所付近で、およそ三五〇万年前の火山灰層の下に保存されていた、七〇組程度の足跡から得られる。その中の三組の足跡は、アンテロープその他の哺乳動物の足跡を踏んだり踏まれたりしながら、かつて開けた平原だった場所を、互いにぴったり寄り添って、三〇メートルにわたって続いている。当の個体たちは、すぐ後に降ったにわか雨が溶岩を固めたために、付近の火山から噴出された柔らかな溶岩灰の中を歩いたことによって、劇的な足跡を歴史に残したのだ。この小さな群れの最後となったかもしれない行動は、さらに多くの灰の層に隠されたまま保存されていたが、およそ四〇〇万年のちの一九七八年に、とうとう古生物学者メアリー・リーキーが掘り出した。

これらの足跡が、ルーシーとほぼ同じ背丈の、二足歩行をする小柄な類人猿のような動物によってつけられたことは、ほぼ間違いないであろう。ひひやチンパンジーが歩いたり走ったりしたときのような手形は見られないのだ。そのうえ、我々のものとまったく同じように親指が他の指の横にぴったりくっついており、類人猿のようにかかと寄りに直角についているのではない。これは、習慣的に楽々と直立歩行する、本当の意味での二足の種である。

アフリカ南部で新たにいくつか化石が発見されたおかげで、話がいっそう明確になった。その化石の中には、親指が現生人類の足ほど完全に他の指と平行になっていないものの、現生類人猿の親指に見られるほど足に対して直角になっていないものがある。ラエトリの足跡とほぼ同じ頃のこの化石の足は、直立歩行ができるとはいえ樹上のほうが慣れている動物であることを示唆している。

このように、直立姿勢や、ひいてはたぶん毛皮の喪失も、我々の祖先のきわめて初期の段階で進化したことらしい。とはいえ、やはり「我々」はまだ非常に類人猿に近かったと思われる。さらに二〇〇万年かそれ以上経ってようやく、我々の脳の大きさは、現生類人猿に典型的な大きさを著しく超えるようになるのだ。

森林のはずれにおける危機

この初期の先行人類たちは、森林から飛び出してその先に広がる森林地に移ったことで、競争の少ない食料源という利点を得た。アフリカ東部および南部の草原や森林地に住む種のほとんどは、もっぱら草や低灌木の葉を食べる、草食動物《グレーザー》か新芽を食べる動物《ブラウザー》である。木や背の高い灌木に生える果実は、奪い合う種がほとんどいない。しかし、人生において無償で手に入るものはないわけで、祖先の類人猿たちは、この新しい環境で食物を探すという利益を得るため、捕食される危険がきわめて高くなることに甘んじなければならなかった。

これまで見てきたように、たいていの霊長類は、捕食者の増加に対して二つの反応を示す。体を大きくすることと、群れの規模を大きくすることだ。我々の祖先は、どうやら両方とも行なったらしい。化石の記録によると、時を経るに従ってどんどん身長が高くなっている。小さなルーシーは、およそ三〇〇万年前にアフリカの角地方の木がまばらなサバンナを動き回っていたとき、わずか一メートル余りの背丈しかなかった。一七五万年前には、メアリー・リーキーの息子リチャードが一九八四年にケニア北部のトゥルカナ湖岸でその頭骨と一部の体の骨を発掘した、いわゆるナリオコトメ・ボーイが、一一歳で死亡した時点ですでに一六〇センチに達しようとしていた。生き続けていたら、大人になったとき、一八〇センチ余りのすらりとした背丈になっていたことだろう。

これらの先行人類たちがふつうの霊長類の行動様式に習うなら、彼らの群れの大きさも同じ圧力に反応して、この期間中ずっと増大し続けたはずだ。いったいどうすれば、どのような群れを彼らが形成していたか、知ることができるのだろう。群れは化石の記録に証拠を残さないし、著名な古生物学者のなかで、(少なくとも、過去一〇万年以内に常設キャンプが出現する以前に関しては)群れの規模について本格的な主張をした者はいない。我々はけっして知ることはできないらしい。

とはいえ、霊長類の群れの規模が新皮質の大きさと密接に関係することを我々が発見したおかげで、たとえある程度の誤差があろうと、化石人類の群れの大きさを推測できる可能性が大きくなった。それができることで、また別の興味をそそられることがわかる。霊長類における群れの規模と毛づくろいの時間との関係が、もう一つの扱いにくい問題を解決させてくれるかもしれないのだ。それは、いつ言語が進化したかということである。

従来の知見からは、どちらもきわめて間接的な証拠に基づいた、二つの主要な見解が出てくる。考古学者は、上部旧石器時代革命と呼ばれる突然のめざましい変化が考古学的記録に残っている、およそ五万年前という比較的最近の時期を支持した。このときに、石器の質や種類に著しい変化があったのだ。続く数千年で、錐や穴あけ具《パンチ》を含む幅広い種類の道具が出現し、それから針、ボタン、留め金が現れた。およそ三万年前には、精巧な女神像や洞窟絵画などの芸術品が現れた。埋葬の手順ができたようで、遺体が入念に準備された場所に置かれており、死後の生活に役立つと思われる物が添えられていることもしばしばある。このすべては、関係者たちが互いに物事を説明しあっていたこと、死や死後の生活のような、手の込んだ物理を超えた概念を議論できたことを示唆している。

対照的に、解剖学者たちはもっと早い時期、おそらく最も遅く見積もっても約二五万年前、すなわち我々自身の種の最初の一員であるホモ・サピエンスの出現と結びつけられる時期を支持した。彼らの論拠は主として、脳の両半球の非対称性がだいたいこの時期に認められることに基づいている。現生人類では、言語中枢の存在する脳の左半球が、右半球よりも大きいのだ（これに関する詳細は、次章を参照）。彼らは、これこそ言語の出現を示す明確な証拠だと主張した。

考古学者と解剖学者の間の意見の相違は、それぞれが自身の分野からの証拠で自分の見解を裏付けているため、解決できないように見えた。レズリー・アイエロと私は、初期の祖先における群れの規模の問題が解決できさえすれば、この議論に決着をつけられるだろうと考えた。我々の主張は、以下のようなものだ。

我々は、社会的な毛づくろいに一日の二〇パーセント以上を費やす霊長類はいないことを知っている。現生の猿がきちんとこの量に対処している（うまくすれば、おそらくもう少し多くの量に対処できる）ことは明らかなのであるから、言語の進化を引き起こした境界線は、この量を超えたどこかにあるはずだ。それと同時に、我々の方程式によって予測された現生人類の群れの社会的な時間である四〇パーセントを、かなり下回るにちがいないと思っていた（二〇ページを参照）。この間のどこか、おそらく社交の時間がだいたい三〇パーセントになるあたりに、言語を突然引き起こした大境界線《ルビコン》があるのだ。しかし、我々はどうしても知ることができないように思えた。毛づくろいの時間を予測するために必要な二つの主要変数、新皮質の大きさと群れの規模のどちらも、それを確定する手段がなかったのである。

ある夜、この問題をじっくり考えていたとき、霊長類に（これに加えて現生人類と、後に明らかになったことだが肉食動物も）おける新皮質比率――脳のうち新皮質が占める割合――は、脳全体の大きさと直接的な関係があることに気づいた。我々が化石人類の新皮質について何一つ手がかりを持たないのは明らかだが、完全またはほぼ完全な化石人類の頭蓋はたくさんあり、そこから脳全体の大きさを推測することができる。こうなれば、各頭蓋の内部容積から新皮質の相対的な量を推測し、その値を使って、我々が霊長類の新皮質比率と群れの規模の間に見つけた方程式（九三ページの図2を参照）から、群れの大きさを予測することはたやすいだろう。

その翌日は、数値を計算して再確認したり、我々の主張の論理を再検討したりと、あわただしく過ごした。そして図3が、コンピューターの画面からプリンターに意気揚々と送られたのだった。これを見ると、群れの規模は最初はかなりゆっくり増加していたことがうかがえる。また、二〇〇万年くらい前までは、現生類人猿（とくにチンパンジー）で観察される群れの規模の範囲内に、しっかりとどまっている。この時期、化石の記録に新たな属、我々現生人類の属しているヒト属が現れた。このとき初めて群れの規模が、現生霊長類に見られる上限をゆっくり越えはじめる。この時点から、群れの規模は急激に増大し、およそ一〇万年くらい前に、我々が現生人類に見つけた一五〇（4章を参照）に達する。

目下の重要な問題は、群れの規模が、言語が必要になるだろう臨界点を超えた時期である。我々は対応する毛づくろいの時間（図4に示してある）を調べ、証拠から見ると二つの時期のうち早いほうの可能性が大きいと結論づけた。二五万年前には、群れの規模はすでに一二〇～一三〇の範囲になっており、毛づくろいの時間は三〇～三五パーセントになっていただろう（三〇パーセントという臨界点は十分に超えている）。

だが、数値をよく調べると、この時期をさらに早める必要さえあることが示唆される。我々の種の最初の仲間はおよそ五〇万年前に現れたが、方程式から、その群れの規模は一一五～一二〇、毛づくろいの時間はおよそ三〇～三三パーセントであると予測された。結論は必然であるように思える。我々自身の種、ホモ・サピエンスの出現は、言語の出現によって規定されているのだ。

我々のすぐ前の祖先であるホモ・エレクトス末期の仲間――相対的に小さい脳を持っている――も、すでに同じ問題に直面しはじめていたことだろう。彼らの場合、毛づくろい時間が三〇パーセントという境界に迫るほどの群れの規模になることもあった。とはいえ、その群れのほとんどは一〇〇～一二〇の範囲で変動し、必要とする毛づくろいの時間は約二五～三〇パーセントだった。レズリー・アイエロと私は、ホモ・エレクトスという種は言語を持たなかったと見なしている。だがおそらく、この種の最後のほうの仲間については議論の余地があるだろう。

ところが、図3および4のパターンをよく調べてみると、別のことが我々の心に浮かんだ。毛づくろいの時間には、大境界線を超えたことを示すと思われる明確な飛躍がないのである。臨界点が約二五〇万年前のヒト属最初の仲間の出現と一致するなら、言語はかなり急に現れたと結論できたかもしれない。しかし、約五〇万年前には、そのような「ビッグ・バン」は存在しない。これは、言語が何か新たなめざましい突然変異の結果として進化したのではなく、長い期間をかけてゆっくり現れたことを示している。

我々が現在知っている言語は、少なくとも三段階を経て進化し、群れの規模の増大に伴う必要性がいっそう切迫するにつれて、しだいに複雑になっていったらしい。我々の説は、高等な旧世界猿や類人猿に非常に特徴的な、ふつうの連絡用の鳴き声《コンタクトコール》に、その起源があるというものである。3章で述べたように、これらの種ではコンタクトコールが、離れた場所における一種の毛づくろいとして機能している。時間配分にますます余裕がなくなっていったせいで、動物はしっかりした音声によるやりとりの域に達したのだろう。その意味する内容は皆無《ゼロ》であり、どちらかといえば我々自身の会話に非常によくある、決まりきった挨拶の言葉のようなものだったろう。ありふれた「ここにはよくいらっしゃるんですか」という質問を思い出してみよう。これは、じっくり考え抜いた答えを要求する質問ではない。話のきっかけであり、「ええ、これから三〇分間ご一緒できて、とても嬉しいです、ありがとう……」とかなんとかいう方向での答

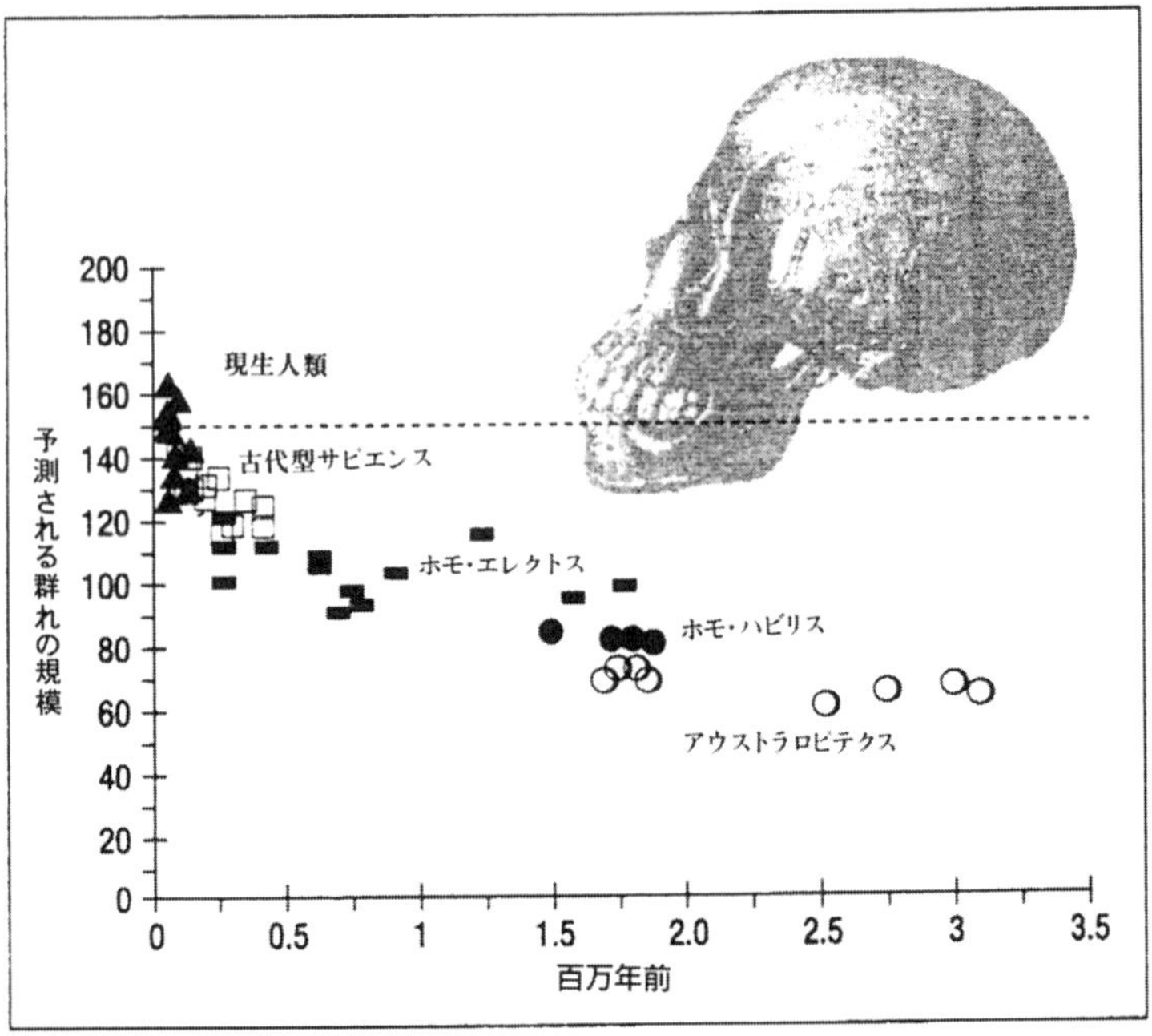

図3　個々の化石人類の母集団について予測される群れの規模を、その時代に対応させてグラフにした。群れの規模は、霊長類一般における群れの規模と新皮質の関係（図2を参照）から予測した。化石人類の五つの主要な分類群が示されている。アウストラロピテクス（最初の先行人類）、ホモ・ハビリス（ヒト属の最初のもの）、ホモ・エレクトス（アフリカからヨーロッパやアジアに初めて移住した先行人類）、古代型ホモ・サピエンス（ホモ・サピエンスの最初のもので、ヨーロッパおよび近東のネアンデルタール人を含む）、化石現生ホモ・サピエンス（主として、ヨーロッパのクロマニョン人と、そのアフリカの親戚）である。相対的な新皮質の大きさは、脳全体の容量から推測した。各点は、一つの集団（同じ敷地から得られた五万年の範囲の時代の、すべての化石標本と定義される）の平均である。横断している点線は、現代人に予測される群れの規模の150を示す。

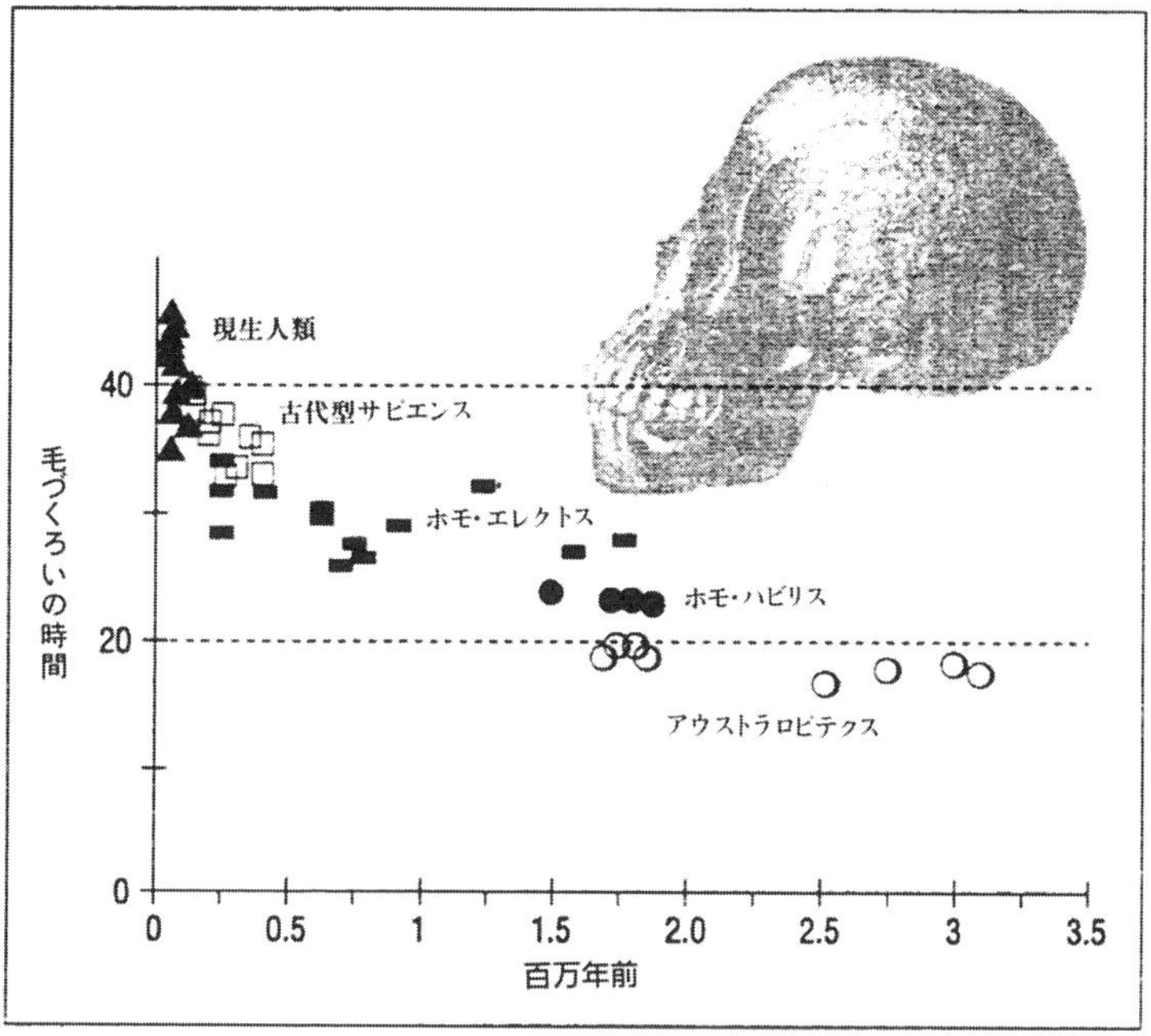

図4　個々の化石人類の集団について予測される毛づくろいの時間を、その時代に対応させてグラフにした。毛づくろいの時間は、現生する旧世界猿および類人猿において観察された、毛づくろいの時間と群れの規模の関係から予測したものである（図3を参照せよ）。横断する点線は、上が、現代人の150という群れの規模において予測される。40%の毛づくろいを必要をする線を示し、下は、現生霊長類の個体群において観察された中で最大の毛づくろい時間を示している（ゲラダひひの20%）。

えを求めて何となく言っているだけだ。

我々は、群れの規模が現在の類人猿において限界となっている数字からゆっくり増大しはじめるにつれて、声の毛づくろいがしだいに肉体的な毛づくろいを補いはじめたのだと思っている。この過程はおよそ二〇〇万年前、ホモ・エレクトスの出現によってはじまったのだろう。肉体的な毛づくろいではなく、声の毛づくろいのほうに、結束のための仕組みとしての重点がだんだん置かれるようになった。

最終的には、この形態の情報伝達さえも、群れを結束させる能力の限界に達したのだろう。群れの規模を増大させ続けるには、より有効な結束のための仕組みが必要となった。この時点で、音声が意味を獲得するようになった。しかしその内容は、おおむね社交的なものだった。ゴシップの登場である。

そのために何かががらりと変わる必要はまったくなかった。セイファースとチェニーの研究が示しているように、霊長類の音声は、もともと社交的な情報や意見を膨大に伝えることができる。ジグソーパズルのピースはもうできていたのだ。必要なのは、筋の通った体系にまとめることだけだった。群れを増大し続けようという絶え間ない衝動が、最適な時に必要なきっかけを与えたのである。

その結果、人類は現在、言語を結束のための仕組みとしてより効果的に活用し、社交のための時間は同じでも、より大きな群れに住めるようになった。この説は、現代の狩猟採集生活民が、一日のうち現生のゲラダひひ（人間ではない霊長類のなかで、毛づくろいに費やす時間の最高記録を持っている種）と同じくらいの割合を、社会的相互作用に費やしているという事実から出てきた。たとえば、ニューギニアのカパノラ族を調査したところ、基準となる一日一二時間のうち、男性は平均三・五時間、女性はおよそ二・七時間を費やしていることがわかった。言いかえれば、彼らは平均して一日の四分の一を社会生活に費やしているのであり、ゲラダひひの二〇パーセントという値と同じくらいである。

それからかなり後、おそらく四〇万年ほども経った後、ようやく表象的な言語、すなわち抽象的な概念を指示できる言語が出現したという証拠が見られる。化石の記録では、この時点で、石器の形、質、種類に突然の変化が見られる。それ以前の二〇〇万年間は、ふだん使う石器の様式にほとんど発達がなかった。用途、つくりの複雑さとも限られており、ひいてはそれを作成するために要求される技術も限られていた。たいていは芸術的な価値のほとんどない、粗雑な斧や握斧だったのだ。ところが、実ににわかに状況が変化した。道具はよりこまやかになり、より精巧につくられるようになった。化石の記録では赤土石《レッド・オーカー》のような物質がアフリカ南部で出現しているが、それらは碾かれてすりつぶされた形跡があり、このことから、肌を染めたりボディペイントしたりするために使われていたかもしれないということがわかる。するとこれは、儀式をうかがわせる最初のものだ。文化の革命が到来したのだった。

これは、長年続いていたもう一つの論争に決着をつけるように思える。ネアンデルタール人は言語を持っていたかというものだ。ネアンデルタール人は、約一二万年前から氷河時代の間ずっと、ヨーロッパに居住していた。彼らは、現生人類の祖先で約五万年前にアフリカからやってきたクロマニョン人と一時期共存した後、約三万年前に忽然と姿を消した。解剖学者のフィリップ・リーバーマンはかねてから、彼らの喉頭（肺からくる気管の先端）の位置が人間の母音を作り出すには高すぎるという理由で、ネアンデルタール人は言語を持っていなかったと主張していた。彼の主張によれば、ネアンデルタール人の喉頭はチンパンジーのものにかなり近い位置にあり、間違いなくそのような音は作り出せないのだ。うなり声や叫び声にすぎないものでしか互いに情報伝達できないせいで、口をきけないも同然のネアンデルタール人は、洗練された文化と言語を携えてアフリカからやってきた背の高い細身の現生人類に、壊滅させられたのである。

しかしリーバーマンの主張は、舌骨——喉頭を支えている、舌の根にある小骨——がまだついたままの、ほぼ完全なネアンデルタール人の骨がイスラエルで見つかったことで、疑わしくなった。このネアンデルタール人の喉頭はだいたい我々のものと同じ位置、つまり言葉を出すのに必要なすべての音を作り出せるくらい十分に喉の下の方にあったらしい。解剖学的には、彼らが言語を持っていたように見える。我々の分析も、この意見と一致すると思われる。彼らの脳はどちらかといえば現生人類よりやや大きく（ネアンデルタール人は我々よりも体が大きく、かなり強かった）、群れの規模は、対する現生人類のものと同じだったにちがいない。毛づくろいの時間は、維持できる限界をとっくに超えていたはずだ。従って、もし彼らが人類と同じ規模の群れを維持するためにその脳を使わないとしたら、いったい何のために使っていたというのだろう。人類も含めた他のすべての現生霊長類とは、まったく違う何かだったにちがいない。

ネアンデルタール人がアフリカからの侵略者の手で絶滅したとすれば、それは彼らが言語を持たなかったからではなく、我々のアフリカの祖先にあったような洗練された文化と社会的行動がなかったからである。クロマニョン人の石器や手工品はネアンデルタール人のものよりずいぶん精巧で複雑だったが、それだけでなく、クロマニョン人たちがきわめて広い範囲で、貝殻や燧石《フリント》その他の石を交換していたことを示す証拠もある。彼らは間違いなく、ネアンデルタール人よりもかなり複雑で広範な社会的ネットワークを持っていた。イスラエルにあるたくさんの洞穴遺跡についての近年の調査結果によれば、ネアンデルタール人は習性としてどちらかといえば定住型であったらしいことがうかがわれるが、同じ時期にこの地域に住んでいた現生人類はもっと遊動型であり、資源分布の変化にもっときめこまやかに応じていた。このように現生人類は、環境に対してより柔軟だったらしい。

ネアンデルタール人の運命は、アメリカインディアンやオーストラリアのアボリジニたちの運命、つまり、後から来たヨーロッパ人たち、より大規模でより広い範囲に展開される政治的・軍事的権力基盤に頼ることができた侵略者たちの手にかかった運命に、気味の悪いほど似ている。昔からの習性は、簡単にはなくならないらしい――とはいえ念を押しておくと、後者の場合、関係者たちはすべて（ヨーロッパ人、アメリカ人、オーストラリア人もみな）、アフリカからの侵略者クロマニョン人たちの直系子孫である。

最後に一つ、答えの出ない疑問が残されている。何が群れの規模を増大させたのか。簡単に言うと、わからない。しかし、推測してみることはできる。霊長類に関する従来の考え方では、大きな群れのほうが有利になる圧力として可能性のあるものは、二つしかなかった。一つは捕食者の危険性で、もう一つは食料源を守る必要性である。しかし、ひひが約五〇の群れでうまく対応できるなら、後の人類やそれにいちばん近い祖先が、ほぼ三倍の大きさの群れを必要とした理由はよくわからない。彼らがひひよりも体が大きい（そして、それなりの防衛武器を手にしていた）という事実からすれば、居住環境が同じなら、もっと小さな群れでも切り抜けられたということになるはずだ。事実、この考えはおおむね正しい。ひひは森林地の居住環境ではふつう五〇〜六〇の群れで生活しているが、アフリカ東部や南部の狩猟採集生活民はふつう、およそ三〇〜三五の一時キャンプで生活している。

もちろん我々の祖先は、もっぱら森林地に住むひひや森を愛するチンパンジーが現在占めている場所よりも、さらに開けた居住環境にまで入り込んでいたのかもしれない。この意見を裏づける証拠が、現生のゲラダひひによって示されている。この種は、捕食者から逃げ込めるような木がほとんどない、きわめて開けた居住環境に住んでいる。そして、自然発生した群れとしては、あらゆる霊長類のうちで最大の集団で暮らしている（ふつう一〇〇〜二五〇の個体数である）。さらに、彼らの群れの規模は、その居住環境の捕食者の危険度と相関関係があり、安全な避難場所が少ない居住環境では大きくなっているのだ。

二番目の可能性は、脅威となっていたのが従来の捕食者ではなく、他の人類の群れだったということだ。これは、侵略（たとえば、今日でも一部の狩猟採集生活民の間で見られるように、女性を求めるもの）の形と、食物源と水源のどちらか一方または両方を奪い合う形がありえた。群れの規模と個体の身長がともに増えたことは、捕食者の危険に関するような問題への反応とまったく同じくらい簡単に説明がつく。まさに軍拡競争がおこるのと同じような状況である。侵略する側は侵略をもっとうまく行なうために形成する群れが大きくなるから、こちらは防衛のためにさらに大きな群れを形成する必要があり、そうすると侵略する側はいっそう大きな群れを形成しなければならない。ついには生態学的な制約から（養える個体数という点からかもしれない）限界に達するまで、それが続く。

三番目の可能性は、人類の進化の第二段階（二〇〇万年前のホモ・エレクトスの出現に伴う）のはじめに、生態学的行動がめざましく変化したという事実から導き出せるだろう。その変化とは、我々の祖先が遊動するようになったことだ。彼らはアラビア陸橋を渡って、初めてアジアに入り、数十万年の間に中国やアジア南東沖の島々にまで到達した。

このような規模の遊動があったことから、群れが広い範囲の場所で食料を探しまわっていながら、それでもなお新たな食料源を求めて、日常の境界線を越えて見知らぬ土地に踏み入るのを恐れていなかったことがうかがえる。こういった状況において、動物は二つの問題に直面する。一つは、そこの地勢に不案内であり、安全な避難場所やよい餌場がどこにあるか知らないことだ。スイスの生物学者ハンス・シグと故アレックス・ストルバは、ときおり遊動するマントひひが、通常のテリトリーの外に移動すると、その土地に在住する群れよりも、泉や食料となる木を見つける可能性が著しく低くなることを示した。あるいは、在住の群れがそのような不可欠な資源（暑いサバンナの居住環境において、泉は無条件に死活的な意味を持つものだろう）を利用させないよう、能動的に彼らを締め出すこともある。移住する側は、きまって不利な立場にあるのだ。

近隣の群れと連携しあう関係を確立することは、この問題を解決するための唯一の方法かもしれない。その事実、いくつかの近隣の群れが協調的に行動し、泉その他の重要な資源を共用しはじめたらしい。その結果、群れがゆるやかに結びつき、状況次第で離合集散がありうるような連携となる。そして、まさにこれが、現代の狩猟採集生活民たちに見られることなのだ。

たとえば、カラハリ砂漠の!クン・サン族[*1]は一〇〇～二〇〇人の共同体で生活しており、各共同体は、「所有している」または権利を有している幾つかの恒久的な湧水池を中心に集まっている。しかし、この共同体そのものが単一の集団になることは滅多にない。どちらかといえば、そのメンバーは二五～四〇人の小さな集団（ふつうは四～六家族）で、食料を探し求めている。永久泉は共同体維持に必要な生命源であり、永久でない泉が干上がる旱魃のときに、安全な退避場所の役割を果たすのだ。

これは、メンバーが絶えず出たり入ったりしているため、分裂‐融合の社会体制と呼ばれている。チン‐

パンジーにも我々と同じようにこの特性があるが、その群れはもっと小さい。チンパンジーの共同体の個体数はおよそ五五で、棲息する森林の居住環境で食料を探しまわるときには、一群はわずか三〜五の個体から成ることが多い。しかし、我々がこの特性をチンパンジーと共有しているという事実から、このような現代人社会の前触れが、我々の歴史の最初期にすでに確立していたことがうかがえる。

これら三つの可能性には、それぞれ裏付けとなる証拠がある。もし、どれが正しそうか判断しなければならないとすれば、私は最後のものに違いないと考える。一つには、これが現代の狩猟採集生活民の行動様式に適合するからであり、また、我々がこの様式をチンパンジーと共有しているらしいからである。

仮説の検証

言語が、より大きな群れの結束を促進するために進化したのであれば、我々は、言語にそれを達成するような基本構造を示す特徴があることを証明できるはずだ。一つには、会話集団《カンバセーショングループ》が、ふつうの霊長類の毛づくろい派閥よりも比例的に大きいはずであり、もう一つは、会話している時間が、社交的な情報の交換に著しく費やされているはずである。少なくとも一点において、後者はこの仮説の有力な検証になるだろう。というのも、従来の学問は、言語が、我々の住む世界に関する情報交換を促すために存在すると主張しているからだ——我々が湖畔の野牛《バイソン》について議論して時を過ごしているという見解である。

これらの予測を検証するために、私は学生と一緒に、さまざまな場所の会話集団を標本として集めた。我々がかけておいた唯一の条件は、当事者たちがくつろいで友人たちと社交的なやりとりに携わっていることだった。我々は、会話の規則が意図的に設けられていることの多い、公式の状況を避けたかった。それで、大学のカフェテリア内、歓迎会の場、火災訓練の最中（みんなが、避難した建物の中に戻れるよう演習終了の合図が出るのを待っている間）、列車やバーの中などで、会話の標本を集めた。

最初にわかったのは、会話集団の大きさが無限ではないということだ。事実、一つの会話に関わりうる人数には、およそ四人という、厳然たる上限があるようだ。今度、歓迎会やパーティのような社会的な集まりに出席したら、まわりを観察してみよう。二人ないし三人が互いに話しだして会話がはじまるところを目にするだろう。やがて、他の人たちが一人ずつ彼らに加わっていく。そのたびに話し手と聞き手は、その人に話をふったり、ただ単にその人が輪に入れるよう場所を空けたりして、会話に引き入れようと努める。しかし、集団が五人に達すると、事態がうまくいかなくなりはじめる。集団が不安定になってくるのだ。どれほど努力しようとも（しばしば集団は努力しようとするものだが）、全員の関心をつなぎ止めるのは不可能であることが判明する。事実、二人の人物が会話をはじめて、その集団の中に、対抗する会話を作り出すのだ。その結果、彼らは分裂して、新たな会話集団を作る。これは人間の会話行動において、きわめて確固とした特性であり、社交的な状況にある人々をしばらく眺めていれば、まず間違いなくこれを目にするはずだ。

一度に話すのは一人だけなので（一時的に重なりあったり、話に口を差し挟もうとしたりするのは別として）、会話集団の規模の四人という上限は、三人が聞いていることを意味する。これはきわめて興味深い数字である。というのも、ふつうの毛づくろいの相互作用の当事者数——常に、ただ一人の毛づくろいする者と、一人の「毛づくろいされる者」とで成り立っている——の当事者数の三倍だからだ。あらゆる霊長類の種のなかで、観察された群れの平均規模が最大だったのは、チンパンジーの五五である（これは群れの平均規模であり、所定の種においてこれまで観察された最大の群れではない。念のため）。とほうもない偶然の一致かもしれないが、現生人類について予想される（そして観察された）群れの規模の一五〇人は、これのほぼちょうど三倍の大きさだ。言いかえれば、群れの規模の比率は、一度に相互作用しうる人数間の比率とまったく同じである。毛づくろいする猿を一とすると、話をする人間にあっては三になるのだ。私の見解では、人間の群れがチンパンジーの群れのきっかり三倍なのは、所定の量の社会的な努力に対して、人間がチンパンジーの三倍の社会的接触を持ちうるからである。

話がますますおもしろくなってきたのは、人間の会話集団の規模の上限が、社会規範からたまたま生まれたのではないらしいことを発見したときである。そうではなく、我々の聴覚組織における限界の結果であることがわかった。発言されていることを聞き取る我々の能力は、ちょうどこの規模の会話集団で我々がうまく対応できるだけの能力なのだ。一九五〇年代から一九六〇年代にかけて、雑音の多い環境が会話の聞き取り能力に及ぼす影響がかなり深く研究されており、我々にとってとりわけ興味深い二つの事実が浮かび上がった。

一つは、話し手と聞き手の距離が六〇センチあたりを超えると、話し手の話す内容を聞き手が理解するのが著しく困難になることだ。話し手と聞き手の距離が増すに従って会話の識別能力が落ちる、その率に基づいて推定すると、騒音が最小限の状態で、聞き手が話し手の話す内容を十分聞き取れるのは、だいたい一・五メートル強あたりまでだという絶対の限界があることが示唆される。この距離を越えると、話し手は叫ばなければならない。実は、私のところにいる学生だったダン・ネトルは、ある文化において常習となっている会話の声の大きさは、その言語の母音の数、ひいてはその言語の音の聞き分けやすさに反比例することを示している。過度に緊密な接触を忌み嫌う文化では、互いに大声で話し、一つ一つをたやすく聞き分けられるような母音を持つ傾向があるのだ。

肩と肩の触れ合う一五センチという最小限の距離で考えたとしても、直径一・五メートルの輪におさめようとすれば、話し手の言葉を聞き取れる人の数にはおよそ七人という上限が課される。ところが、背景の騒音が増大するに従って、話し手と聞き手の距離の許容限度は小さくなり、それに比例して、輪の中に入れる人数も減っていく。背景の騒音が街頭や仕事中のオフィスによくあるような水準の場合、集団の規模の上限は約五人である。非常に騒々しいカクテルパーティでは、その数は二にまで下がる（その場合ですら、苦労することもある）。

社交のための言語という仮説によって立てられた二番目の予測は、人々の会話の中で社交的な話題が著しく多いはずであるということだ。我々はイギリス全土をまわって会話を聞き、年齢や社会的背景の異なる個人の標本を集めた。その方法はいたって単純だった。三〇秒ごとに「彼／彼女はいま何について話しているか」を調べただけだ。結果は一貫して同じパターンを生じた。会話時間の約三分の二が、社交的な話題に費やされていたのである。それらには、個人的な人間関係、個人的な好き嫌い、個人的な経験、他人の行為というような話題の会話が含まれる。個別的な話題として、全会話時間の一〇パーセントを越えたものは他にはなく、大半がわずか二〜三パーセントの割合だった。これらには、我々の知的生活において重要な時間とみなされるだろう全話題、すなわち政治、宗教、倫理、文化、仕事などが含まれる。スポーツや娯楽ですら、合わせて一〇パーセントの数字に達することはほとんどなかった。

この調査を終了した後、我々は会話の標本を集めている科学者が他にもいることを知った。オックスフォード大学の心理学者ニコラス・エムラーも、ゴシップおよびその目的についてとりわけ関心を抱いている。ダンディー大学に籍をおいていた間にスコットランドで会話を聞いてきた結果、彼もまた、会話の約六〇～七〇パーセントの量が社交的な話題に費やされていることを発見した。そして、ゴシップが可能にしてくれるうちで最も重要なことがらの一つは、絶えず他人の評判と自分自身の評判を知っておく（そして、もちろん影響を与える）ことであると結論づけた。彼の見解では、ゴシップはもっぱら評判の管理に関することで占められているのだ。

あれこれ考えあわせると、これらの観察結果は、言語が社会的な集団の結束を促進するために進化し、主として社交的な内容の交換を可能にすることでこの目的を達成しているという考えを、強力に裏づけている。

高価な組織という仮説

祖先の先行人類における大きな脳の発達や、このおかげで発生した言語能力は、いくつかの根本的な問題を提起する。脳の組織は、体の中でずば抜けて「高価な」組織である。体の他の組織とは異なり、眠っている状態でも並外れて高水準の活動を維持している。神経細胞は、ナトリウムイオン（自由原子）を押し出しカリウムイオンを取り入れ、細胞をはさんだ電位を維持することで働く。せき止め口を開けることで、神経発火として認められる、電流の急増が引き起こされる。イオンは膜の一方にあるイオンの濃度が高い側から、濃度の低い側へ自然に移動しようとするため、神経が発火できる状態を保つためにイオンを反対側に送り込むメカニズムがなければならない。軸索の電位をすぐに活動できるだけの水準に保つには、イオンを送り込むために、膨大なエネルギーを消費しなければならない。

そのうえ、一つの神経単位《ニューロン》と隣のニューロンの間の放電の伝達を促進する神経伝達物質は、生成するコストがきわめて高く、絶えず軸索を発火させるためには相当なエネルギーが消費されなければならない。事実、神経組織を維持するために必要なキログラムあたりのエネルギーは、体の他の組織の約一〇倍であり、体重のわずか二パーセントを占めるだけなのに、体が作る総エネルギーの約二〇パーセントを消費している。

これは相当な問題を生じる。4章で述べたように、現生人類の脳は、我々と同じ体重の哺乳動物に期待されるものに比べて約九倍、同じ体の大きさの霊長類に比べても約六倍である。ところが、エネルギー総生産は体の大きさに正比例する。従って、我々は他の霊長類にふつう見られるものよりかなり大きい（従って、より高価な）脳を持っているにもかかわらず、体のエネルギー総生産量は、我々と同じ大きさのふつうの哺乳動物に期待されるものとまったく同じなのだ。では、我々の大きい脳に与える余分なエネルギーがないというのに、どうやってこれを維持するのだろうか。

その答えは、レズリー・アイエロとピーター・ウィーラーが最近指摘したように、我々は同じ大きさの哺乳類に予期されるものより、消化管がかなり小さいということだ。両名は、体のさまざまな部位のエネルギー消費を調べて、ひどく驚いた。哺乳動物では脳、心臓、腎臓、肝臓、消化管を合わせると、体のエネルギー総消費量の八五〜九〇パーセントを占めることを発見した。従って、脳の大きさを増やすためには、脳の燃料に必要な余分のエネルギーを、これらの器官の一つから得ているにちがいない。

問題は、哺乳動物において心臓、腎臓、肝臓は、健全な組織活動を維持する役割を果たすという明確な理由があるため、体の大きさとかなり密接な相関関係を持っていることだ。心臓が小さくなると、組織中に送り込まれる血液が少なくなることを意味し、そうすると筋肉がそれほど激しく働けなくなる。腎臓や肝臓が小さくなることは、血液がそれほど有効に浄化されないことを意味し、そのため筋肉に運ぶエネルギーが少なくなる（そして、血液から毒素を排出できなくなるため、その生命体が中毒死する危険度が増す）。要するに、大きな脳が欲しければ、実際に余分のエネルギーを引き出せる唯一の場所は、消化管なのである。

もちろん、ここで問題になるのは、消化管の大きさを減少させれば、消化した食物から血流に吸収されるエネルギーの割合がどうしても減ってしまうことだ。板ばさみの状態である。消化管が食物からエネルギーを引き出す割合は、その面積に正比例する――もちろん、ひいてはその全容量に正比例する。結局は、消化管の大きさが脳の大きさに制約を課すらしい。より大きな脳が欲しければ、より大きな消化管に対応するために、より体を大きくしなければならない。これでわかったのは、小さい猿はけっしてそれほど利口にはなれないことだ――言語を進化させないことは言うに及ばない。なぜなら、大きくなった脳の余分な神経活動を支えるだけの大きさの消化管を持たないからである。それに見合うような節約をする余地がまったくないのだ。

しかし、この苦境を抜け出す方法が一つあり、まさにこれこそ、祖先の先行人類が見いだした方法である。より豊富に栄養が含まれているか、より吸収しやすい形態の栄養が含まれている食物を食べれば、エネルギーの取り入れ量を減らさずに、消化管の大きさを減少できる。こうすれば、消化管の働きが減っても、同量の栄養を得られるのだ。

たいていの霊長類は葉採食者であるか果物採食者であるが、小さな夜行性の種の多くは食虫動物である。虫はきわめて栄養に富んだエネルギー源であるものの、捕まえるのが難しく、最大のものですら体がかなり小さいため、このような日常食で生命を維持するのは、非常に小さな動物にしかできない。葉を主食にした食物は、中型から大型の霊長類が入手できる二つの日常食のうち栄養が少ないほう――さもなければ、少なくとも栄養を引き出すのが難しいほう――なのだ。ほとんどの葉は、細胞壁が主としてさまざまな種類のセルロースでできているため、哺乳類はこれをたやすく消化できない。

葉を主食にする種は、この問題に対処するために、細菌を利用して葉に含まれる物質を発酵させている。そのうえで宿主は、消化管のもっと先のほうで細菌を消化し、こうして細胞から間接的に栄養素を吸収する。これは基本的に、牛、アンテロープその他の反芻動物が行なっていることである。反芻は、細菌が葉の細胞を消化する発酵期間なのだ。旧世界のコロブスやラングール、新世界の吠え猿など、数種の霊長類は同様の機能を持っている（とはいえ、反芻つまり食い戻しはしない）。しかしながら、この戦略には厳しい代価がある。葉を発酵するためには、大きな発酵用桶が必要だ。哺乳類のうち草食動物はみな、非常に大きな消化管――葉を発酵するための大きな胃、細菌から栄養素を得るための吸収壁を提供する大きな腸――を持っている。葉を食べるというのは、基本的に、小さな消化管とは相容れないものなのだ。

発酵を用いる動物は、我々の理論にとって重大な意味がある他の問題も抱えている。発酵戦略には、細菌が働くための時間が必要である。また、発酵の過程で膨大な熱が生じるため、きわめて熱い戦略でもあり、動物の中心温度を上昇させる。しかし、体温が上昇すると、細菌は有効に発酵できない。従って、発酵を用いる動物は、ひとたび胃を満たすと、食物の粒子をきちんと消化して場所をいくらかあけるためにひと休みしなければ、再び採食をはじめることができない。ある程度の時間、牧草地にいる牛の群れを眺めていれば、これがしっかり実証されているのがわかるだろう。彼らは二時間ばかり採食した後、みな片隅に行ってじっと休息し、反芻する。二時間ほど経過して、消化管の一部をきれいに空けると、みな再び食べはじめる。そして昼も夜もずっと、ほぼ二四時間サイクルで採食と反芻を繰り返すのだ。

霊長類においても、食事中の葉の割合と休息に費やす時間とが正比例する。草食のコロブスの類や吠え猿は、利用しうる昼の時間の七〇～八〇パーセントもの時間を、休息にかけることがある。これに対して、ひひやチンパンジーのような、もっとエネルギーが豊富な果物を主食とする種は、わずか一〇～二〇パーセントの時間しか休息にかけていない。結果として、葉を食べる動物が社会的な活動に利用できる時間は、果物を食べる動物が一五パーセントもの時間を毛づくろいに費やすこともあるのに比べて、激しく切りつめられる（二～五パーセント）。従って、コロブスや吠え猿は、彼らの脳が規模の大きい群れを維持できるほどの大きさであったとしても、どんな規模の群れにせよこれをまとめられるだけ十分には、毛づくろいをする時間を割けないだろう。

社会性の大きい霊長類はすべて、何らかの形で果物採食者である。果物、種子、塊茎（一部の植物にある、地中の貯蔵器官）は、あらゆる植物性食物の中で最もエネルギーに富み、そのエネルギーは霊長類がきわめて利用しやすい形になっている。祖先の先行人類は、果物を食べる類人猿である限りは、消化管の大きさを減らす方法として日常食を著しく改善することができなかった。彼らが利用できた唯一の食物源は、より栄養豊富なもの、すなわち肉である。肉はエネルギーが豊富で、そのエネルギーは消化の際にとくに消化しやすい形態になっている。その結果、肉食動物の消化管はその体の大きさに比してかなり小さい。肉食に転換することにより、祖先である先行人類は、取り入れるエネルギーを犠牲にすることなく、消化管の体積を著しく節減できたのである。

およそ二〇〇万年前にはじめて脳の大きさが増えはじめたことは、アウストラロピテクス（我々の系統の初期の仲間）の圧倒的に植物中心の日常食からヒト属の著しく肉の比率が大きい日常食に移行したことと、相関関係があるらしい。この肉のほとんどは、本格的な狩猟によって得たのではなく、おそらく他の肉食動物の獲物の残骸をあさったり、機会があれば鳥、爬虫類、哺乳類の赤ん坊を殺したりして得たのだろう。だが、約五〇〇万年前から脳の拡大速度がいきなり増大したことは、組織的な狩猟を開始したことと同時に発生したらしい。この時点から、肉は食物の中でいっそう重要になった。アフリカやユーラシアの発掘遺跡の生活層に、他の霊長類を含む多数の哺乳類の骨が見られはじめる。骨にはしばしば傷跡がついており、意図的に切断したことがうかがえる。一部の種、ケニア南部のオロルゲサイリエ遺跡から出土し、いまは絶滅している大ゲラダひひのような種が非常に数多く見られることから、先行人類の狩猟が結果として彼らを絶滅させる要因になったことが示唆される。

要するにアイエロとウィーラーは、我々の超特大の脳は、肉食に大きく移行することによってのみ可能だったと主張している。これによって我々はより大きな群れで生活することができ、ひいてはより広範囲に移動できて、池にできたさざなみのようにアフリカ東部や南部の祖先の故郷から外に広がっていき、次から次へ移住しながら、世界の他の場所に入植したのである。

赤ん坊は手がかかる

しかしながら、大きな脳を発達させることには、隠された代価があった。さまざまな種の脳の大きさを、その妊娠期間と比較してグラフにし、一般に「鼠から象までの」曲線といわれるものを作成すると、この二つの変数に密接な関係のあることがわかる。脳がわずか数十グラムしかない鼠は妊娠期間が三週間なのに対して、脳が人間と同じ大きさの象は、妊娠期間が二一か月である。哺乳類の全種が曲線に沿ってこの両極端の間に位置するという事実は、妊娠期間中に脳組織が一定のペース、すなわち母親が自分の胎児に余剰エネルギーを送り込む能力によって決定されたペースで作られることを示唆している。事実、赤ん坊の脳の大きさが妊娠期間の長さを決定しているのであり、すべての種は脳の成長がほぼ完了したときに誕生する。たとえば霊長類の赤ん坊は、その脳が完全な大きさに達したときに生まれ、生後の成長は比較的わずかなのだ。

ところが、人類は例外である。人間の赤ん坊は、その脳が最終的な大きさの三分の一足らずの時点で誕生する。脳の発達の残りは、生後一年間ほど継続する。実は、脳の大きさが我々と同じである一般的な哺乳類に相当する妊娠期間を計算すると、二一か月というとほうもない妊娠期間に達する。これは、人間の赤ん坊の脳が成長を完了するのにかかる期間と、ちょうど一致する。子宮内にいる九か月の妊娠期間プラス生まれてからの一二か月なのである。

その一つの結果として、人間の赤ん坊は未熟なまま生まれ、自分のことが自分でできないのだ。猿や類人猿の赤ん坊は、生後数時間で歩くことができる。数週間のうちに、その社会的な群れの中で他に伍していく一員となる。これに対して、ふつうの人間の赤ん坊は、いつも苦労している両親を喜ばせるためにのどを鳴らすことすらほとんどできない。しかし、最初の誕生日を迎える頃にはその脳が十分に発達して歩けるようになり、生活の重要な営みをはじめられるようになる。

我々が未熟なまま生まれることが必要になったのは、人間の脳が大きくなりはじめる一方で、体のほうが実際には小さくなりはじめたからである。我々はより大きな群れに対処するために大きな脳を必要としたが、他の生態的な圧力に応じて、より細く、より背が低くなっていった。子供が生まれるときに通過する産道が、体長の二乗に比例して広がるだけなのに対して、脳の大きさは三乗に比例して増大したという事実さえなければ、このことは問題にならなかっただろう。大きくなっていく脳を、小さくなりはじめた穴から押し出そうとすると、避けようのない難問が生じる。何か手を打つ必要があった。

打った手は、出産の時期である。我々は、子供の脳が（他のほとんどの哺乳類に見られるように）完全に成長した時点で出産するのではなく、妥協して、赤ん坊が生存できるようになったと思われるぎりぎりの早い時期に出産し、子宮の外でその脳を成長させたのだ。我々は怖くなるほど未熟な赤ん坊を産んでいる。だからこそ、正真正銘の未熟児、つまりわずか妊娠六か月から七か月で生まれた赤ん坊は、あれほど大変な思いをするのだ。彼らはまさに生死の境をさまよう――予定日に生まれた場合ですら、人間の赤ん坊は未熟だからだ。

大きな脳を成長させる代価は、このように我々の祖先にとって相当なものだった。うまく生殖し、自分の子供に投資するという作業全体が長くなり、拡大した。人間の子供はそれに見合うように、猿や類人猿に特有の五～一〇年よりも長い期間をかけて、その小さな脳に必要なあらゆる情報や経験を吸収し、自分が生まれた社会的な世界に対処できるようになる。人間では、学習期間は一五〜二〇年である。基本的に、脳の大きさが増すに従って、妊娠、性的成熟に達する年齢、生殖に関わる作業などのいっさいが速度をゆるめ、いっそう長い時間がかかるようになるのだ。

雄の親としての役割が増大し、必要不可欠になったはずだ。雌（ここまでくれば女性と呼べるだろうか）は自分の食物を探しながら、子供の世話に必要な全代価を負担することができないからである。言いかえれば、人間の雄と雌の間に発生する並外れて強いつがいの絆《ペアボンディング》が最初に現れたのは、この時点だったに違いない。

このことは確かに、体の大きさに関して雌雄二形が減少したことに現れている。我々の歴史の初期のほぼ全体にわたって、つまりアウストラロピテクスの段階では、男性は女性よりもずいぶん大きかった——場合によっては、五割も大きかった。哺乳動物では、顕著な雌雄二形があるときはきまってハーレム状の交配体系になっており、一握りの強い雄が、彼らだけですべての雌を分け合っている。後の先行人類において雌雄二形が減少し、雄が雌よりわずか一〇〜二〇パーセントだけ重いことは、雌がより公平に雄の間に行き渡っていた（とはいえ、依然として男性の一部が残りの者より優位にあった）ことを示す。

霊長類の交配体系を示す、とくに信頼性のある指標の一つは、雌の犬歯に対する雄の犬歯の相対的な大きさである。雄が大きなハーレムを守っていたり、乱交が基本となっていて雄が囲いのない闘技場で個々の雌との交配権を争っていたりする種では、雄と雌の犬歯の大きさに顕著な違いが見られる。犬歯は雌に対する権利をかけて雄が争う際に用いる、主要な武器なのだ。これに対して、手長猿のように一生を通じて一夫一妻の種では、犬歯における雌雄二形はほとんどないに等しい（雌の犬歯が大きいことさえある）。

アウストラロピテクスや初期のヒト属では雌雄二形が顕著で、雄は体の大きさに相対して雌よりも約二五パーセント大きい犬歯を持つが、これは相対的な差としては乱交の傾向が高いチンパンジーとほぼ同じくらいである。ところが、犬歯の雌雄二形は過去二〇〇万年で着実に減少しており、五万年前に最低に達して、男性の犬歯が女性のものよりわずか一〇パーセント大きい状態になった。これは、時を経るに従い、強い一夫多妻の交配体系からゆるやかな一夫多妻に移行したことを示唆している。

このことは、いくら想像力をたくましくしようと、一夫一妻が発達したことを意味するものではない。人間はペアボンディングがきわめて強いが、それでも一夫一妻を示す解剖学的な証拠はないのだ。しかし、ハーレムの群れがきわめて小さくなったのは確かであり、おそらく恵まれた雄でも一人に対してわずか二頭の雌しか連れ添っていなかっただろう。雄の多くは、ただ一頭の雌しか持たなかったはずだ。これは、雌が、その子供を自分が産む雄に対して、食料をいっそう要求するようになった場合に考えられる状況である。現代の狩猟採集生活民の例で判断すると、一頭の雄が三頭以上の雌とその子供に対して、十分な肉を供給できたとは思えない。このことは少なくとも、現生人類における一夫多妻を示す解剖学的な証拠と、ペアボンディングがきわめて強い（一夫一妻を示唆している）ことの矛盾を説明するだろう。

原註

1　!クン・サン族は、舌や唇でたてるチッ《クリック》というような音が、その言語の母音や子音の音の範囲の一部を成している、いわゆる「クリック」言語を話す。「!」は、そのような音の一つを表している。

7 最初の言葉

言語が進化するとなると、根本にかかわる、また相互に関連する二つの疑問が生じる。まず、最初には、言語（話し言葉?）はどんな形態のものが進化したのか。二番目は、おそらくかつては一つの言語だったものがなぜ、またいつ多様化して、現在あるような約六〇〇〇もの言語になったのだろう。最初の問いについてはこの章で答え、二番目の問いについては次の章で述べることにする。

ここで扱っているのが化石の記録の残っていないはるか過去のできごとであるため、私の答えはどうしても中途半端なものになってしまうだろう。しかしこれから述べるように、ようやく我々は、これらの疑問に対して以前よりも本格的な答えを出せる位置に達したようだ。

最初に言語が進化したのがいつであれ、問題は、言語とは別の様々な情報伝達形態が、どのようにして言語という形態をもたらしたのかということだ。言語ではないものが、どのように変化していって言語になったのか。最初の言葉はどんな音だったのか。我々は今日それを、現代の会話にあるような文法その他の装備一切を備えた、人間の言語として認識できるのか。そして忘れてはならない、誰がそれを話したのか。

言語の最初の形態がどんなものだったかに関しては、さまざまな意見がある。ある考え方では言語が身振りから発生したと言い、別の考え方では猿に似た音声から生まれたと主張される。また別の考え方では、歌から発生したと唱えられている。それぞれの仮定が、もっともらしく思わせるだけの証拠で裏付けられている。

言語の起源が身振りだという説の検討からはじめるのが手頃だろう。一つには、この理論がいまだに広く支持されているからであり、また一つには、はからずも我々の話の展開に重要となってくる問題を提起しているからだ。その次の節では、歌に基づいた説について述べる。

風に乗った身振り

身振り説の一つの考え方は、話すことと、狙いを定めてものを投げることの両方において利用される精密な運動制御が、脳内の同一半球に、つまりほとんどの人において左半球に位置する傾向がある。身振り説の一つの考え方は、この観察結果に基づいている。話すことは、唇、舌、声帯、胸をきわめて精密に運動制御することが必要で、特定の音を生じるためには、これらすべてが適正な順序で統合されなければならない。試しに、たとえばhay《ヘイ》にあるような、a《エイ》という音を出してみるが——ふつうは、上下の唇が細く開くように、唇の端を真うしろに引いて発音する——oh《オウ》という音を出すときのように、唇を丸めて突きだしてみよう。結果はaとして認識可能だ。が、かろうじてそう聞こえるだけで、他の何よりも、かみ殺したoi《オイ》というように聞き取れる。話すことは、精密な運動制御に加えて、空気が肺からちょうどよい量とちょうどよい強さで出るように、正確に呼吸を制御することも要求される（bやpのような破裂音と、もっとやわらかいeやcの違いを考えてみよう)。

このためには、一つの重要な解剖学的変化が必要だった。すべての猿に典型的な犬のような形の胸から、類人猿の特徴である平らな胸へ移行することだ。猿の肩帯の胸郭へのつき方は、呼吸できる頻度を制限している。肩胛骨(それぞれの腕の固定装置および旋回軸になっている扁平な骨)は、すべての猿を含むほとんどの哺乳類において、胸郭の横にある。そのおかげで、歩いたり走ったりするときに腕を前後に動かすことができるのだ。問題は、体重が腕にかかっているとき、呼吸する時に胸が膨張したり収縮したりする能力が制限されることだ。その結果、猿は一歩につき一度だけしか呼吸できない。

類人猿が木登りの生活様式を取り入れたとき――木登りでは、体をまっすぐ上に引き上げるために、木の幹にかけた足をふんばりながら、腕を頭上に持っていく――彼らの祖先が持っていた猿のような胸郭は大きな障害になった。猿は腕を回転させることができない。肩胛骨の位置が、腕の動きを妨げるのだ。垂直に登るときに腕を頭上に持ってくることができるようにするため、類人猿の胸は平らになる必要があった。肩胛骨が胸郭の後ろに回れば、腕の関節は胸の外端にくることができる。この配置のおかげで、類人猿は肩の位置で腕を完全に回転させられるようになったのだ。だから手長猿(「下等な」類人猿)が腕渡りでき(つまり、体を振り子として利用しながら振って、木から木へ移ることができ)、類人猿は木の幹をよじのぼることができ、我々は野球をすることができるのに、猿はどれもできないのだ。

このように胸が平らになったことに加え、我々の祖先において二足歩行の発達する道が整ったことによって(これは、立ったり歩いたりしているときの重心を、足よりも上に保つ役割をする)、呼吸器官は猿に課されていた抑制から解放された。我々は現在、腕の行なっていることに関わりなく、思うままに呼吸している。活発に動いているときですら、途切れなく話すことができるのだ。

小さくはあっても重要なこの解剖学的変化が、別のことがらの道も整えた。狙って投げることである。他の類人猿や猿も物を投げるが、その正確さは必ずしも素晴らしいとはいえない。現生人類だけが、三柱門《ウィケット》に命中させようと（さもなければ、ウィケットキーパーの運動能力がいくらかあるなら、少なくともウィケットキーパーの手の中に入れようと）して、外野からクリケットのボールを投げることができるのだ。とはいえ、まったく腕力だけの点からいえば、ふつうのチンパンジーは、やすやすとオリンピックのフィールド競技優勝者より遠くへ投げることができる。だが、テッサ・サンダーソンズ〔イギリスのフィールド競技選手。一九八四年ロサンゼルス五輪で金メダルを獲得〕を目指す者みんなにとって幸いなことに、類人猿が競技場に立つ見込みはほとんどない。彼らは、どんな距離にせよ、投げ槍を投げるのに要求される、精密な運動制御力を持ち合わせていないのだ。

狙って投げることは明らかに狩りにおいて重要であるから、明白な結論の一つは、言語が進化したのは投げることの後に続いたというものだ。この説は次のように運ばれる。狙って投げることに必要な精密な運動制御力は、話すための器官を精密に運動制御するための神経機構を我々に与えた。体の片側からくる知覚神経および運動制御神経は、交差して脳の反対側につながっており（体の右側は脳の左半球が制御し、左側は右半球が制御している）、ほとんどの人は右利きで投げる。つまり、投げるための運動制御は脳の左半球に位置するのであり、従って言語制御もまたそこに位置するはずだ（確かに、ほとんどの人はそうである）。

ところが、この意見には多くの問題点がある。まず、言語は、投げることに必要なものとは次元がきわめて異なる概念的な思考を伴っている。二番目に、複雑さのレベルがどんなものであれ身振り言語が出てくるいきさつがわかりにくい。

我々は身振りを非常に効果的に使って、指示を与えたり（「こちらへ来い」を示すために手招きする）、誰かの注意を何かに引きつけたり（指をさす）、ある点を強調したりする（人さし指で宙を突く）。これを使って怒り（こぶしを振り上げる）や服従（哀願のために両手を組み合わせる、または降伏の印として両手を上げる）を表現したり、友情を示したりする（手を振る、または握手する）。しかし、抽象的な概念を表現したり、場所や現在以外の時間を示したり、未来の計画を立てたりするためには、けっして身振りを使わない。たとえできたとしても、身振りの言葉《シャレード》は意味のないお遊びになるだろう（確かにジェスチャー遊び《シャレード》は意味のないお遊びだが、身振りの形態で概念を表現することが難しいせいで、この情報伝達技能がばかばかしい様相を帯びるのであり、そのおかげでこれが室内遊びとして面白くなるのだ）。おそらくもっと重要なことだが、我々は他人の行為について話すために身振りを使わない（眉をひそめるなどの、単純な意志表示は別として）。言いかえれば、我々が身振りの情報伝達形態を使って表現するのは、猿や類人猿が音声を（そしてもちろん、ときどき身振りも！）使って巧みに表現している、感情的な状態に関する類の情報にすぎないのだ。

しかし、言語の起源が身振りであるという説の本当の問題点は、その非実用性にほかならない。我々は自分が話しかけている人物と、目に見えるくらいの近さで接触しなければならない。耳の聞こえない親を持つ子供がたちまち覚えるように、親がうしろを向いている限り、好きなだけののしったり悪口を言ったりできることになる。たぶんもっと重要なのは、熱帯地方では一日のちょうど半分を暗闇が占めている。言語を持ちはじめた頃の人類は、日暮れから夜明けまで、自ら課した「沈黙」の中にいなければならなかったことになる。昔話を語ることもできず、まして翌日に狩りをする場所について話し合うことも当然できないのだから、彼らが楽しむことができたと思われる夜の娯楽は、毛づくろいとセックスだけである。

一方、話すことは、これらの制約から我々を解き放ってくれる。我々は消えかかった残り火を囲んで思い出を語り、物語を語ることができる。たとえ会話している相手が実際には見えなくとも、五〇〇キロ以上離れた場所から、叫んで指示を与えたり、質問したりできる。

誰も考えようとは思わなかった、もう一つの疑問がある。なぜ、投げることの制御力は、脳の左側に集まっているのか。なぜ右側では（つまり、左利きで投げるのでは）ないのか。唯一の説明は、歴史の偶然の所産であるという、非常に不十分なものである。確かに、生物学において歴史の偶然は発生している。遺伝子上の性のどちらが生殖において「女性の」（すなわち卵をつくる）役割を持っているかが、その典型的な一例だ。[*1] 脳の非対称性はいっそう説明がつきにくいが、それは、なぜもう一方の半球でなくこちらの半球でなければならないのか、理由がはっきりしないからである。なぜ人類は、ほかのすべての霊長類がそうであるように、両手利きで投げられるように進化できなかったのか。

私が提唱したい答えは（これは本当に憶測にすぎないが）、右半球は、より一層重要な他の何かを行なう目的で、すでに塞がっていたということだ。話す能力が発達していくときに左半球に集まったのは、そちらのほうに余裕があったからである。そして、話す能力が発達すると、今度は投げるための精密な運動制御もそこに集まったが、それは同じ理由からか、それともすでに左半球が、正確に狙って投げるために必要な意識的な思考に特殊化しはじめていたからか、どちらかである。言いかえれば、事象の順序は、あらゆる身振り説が提唱していることとはまさに正反対なのである。

私がこれを提唱するのは、きわめて単純な理由からだ。我々は現在、右半球が感情的な情報処理に特殊化していることを知っている。感情に訴える刺激《キュー》は、これが視界の右側にあるときよりも、左側にある（交差して脳の右側に伝えられる）[*2]ときのほうがすばやく感知されることを示す証拠がある。この特性は動物界において広く見られ、視覚的な刺激に対する感度が片方の側でより大きく発達する傾向は、きわめて古くから生じているらしい。例えば、二億五千万年前の三葉虫の化石は、右側に多くの傷跡を持つ傾向があるが、これは、追ってきた捕食者は（捕食者の）左側から攻撃する頻度の方が高かったことを示唆している。二千万年前のいるかの骨の化石は、同じように鮫の歯の傷跡が右側についており、やはり捕食者が追いかけるときに餌となる動物を視界の左側に保っていたことを示唆している。

現生種に見られる証拠は、この傾向がさらに進んで、体の左側の視覚的・感情的な刺激に対する感度の方が概して高いことを示している。ジュリア・キャスパードと私は、ゲラダひひが戦いの最中に敵を視界の左側に保つ傾向があることを明らかにした。戦いの最初の段階で、動物たちは顔の表情という信号を利用して威嚇しあう。どちらも降伏しなかった場合、戦いがエスカレートして、ついに肉体攻撃にいたる。雄が敵を監視して、その真の意図が示されるような何気ない暗示を漏らさずとらえることが重要なのは当然だ。激しく威嚇しているのは、こけおどしだろうか。ちらっと視線をそらしたのは、ぎりぎりまで追いつめられようとも徹底的に攻撃したくはないことを、心ならずも示しているのだろうか。右半球の感度が高いことは、敵を視界の左側に保てば（従って、その像は、それぞれの網膜の右半分に結ばれる）[*3]、より微妙な刺激を確実にとらえられることを意味している。

我々人類も、これを行なっている。人が写真にとられるとき、顔の左側がカメラに向くように首を回すのに気づいたことはないだろうか。家族のアルバムを見てみよう。団体写真のように、非常に形式ばってポーズをとったものは、なるほど視線がカメラにまっすぐ向かっている。これに対して、自分が写真に撮られていることを承知したうえで、形式ばらないでポーズをとった写真は、たいてい頭をわずかに右にむけて、カメラを視界の左側でとらえるようにしている。

ジム・デンマンとジョン・マニングは、瞬間露出器《タキストスコープ》と呼ばれる器械を使って、網膜の特定の場所に俳優の顔の写真を瞬間的に見せることにより、人は写真を網膜の左半分に見せられたときよりも右半分に見せられたときのほうが（左利きの人の場合は逆）、俳優が表現している感情をより正確に見分けられる可能性の大きいことを明らかにした。私のところにいる学生のキャサリン・ロウが行なった別の研究では、母親が赤ん坊を抱くとき、体の右側よりも左側に抱いているほうが、音を伴わない赤ん坊のしかめ面をはるかに見つけやすいことが示されている（これで、ほとんどの人、とりわけ母親が、なぜ赤ん坊を体の左側に抱くのか説明がつく。これに代わる意見が――母親の心音を聞かせて子宮にいたときを思い出させることにより、赤ん坊を安心させるためだという意見が――正しいはずはない。心臓は、俗によく考えられているように左側にあるのではなく、胸の中央にあるのだ）。

このように感情的な刺激に対する感度が非対称であることは、他の猿や類人猿にもすでに存在しているため、明らかに起源がきわめて古いものである。マーク・ハウザーは、しかめ面のような顔の信号を猿が与えるとき、顔の左側の表情が右側よりも、素早く、強く反応することを示している。言うまでもなく、顔の左側は脳の右半球の制御下にある。このように、感度の非対称性は、言葉を持つ人類はおろか、人類そのものの出現よりもはるか前に現れたのである。霊長類の起源よりも前かもしれないのだ。以上のことからすれば、すでに脳の右側が、感情的な反応を監視・制御するという仕事でほとんど占められていたことが示唆される。我々は他の動物の感情的な行動からその意図を知るのだから、このことは驚くにあたらない。これらの信号を正確に読み取ることができ、その上でやはり感情に基づいた反応を返すことは、霊長類の社会生活そのものである。この中に、5章で述べた階層のある志向意識のはじまりがあるのだ。

こう考えると、言語が左半球に位置しているのは当然のように思える。単に、言語が必要とする特殊な神経制御中枢が据えつけられる隙間が、より多くそこにあったというだけだ。思うに、我々がこれほど圧倒的に右利きである理由は、言語のおかげで、特殊な思考意識が左半球内で発達したからである。ひいてはこれによって、左手で投げるよりも右手で投げるほうがよりよく制御できるようになり、右側が有利になったのだ。

心理学者のジュリアン・ジェーンズは、その独創的な著書 *The Origin of consciousness in the Breakdown of the Bicameral Mind*（『意識の起源としての脳の二室分裂』）において、やや類似した方向性で主張を展開している。たとえば彼は、紀元前一二〇〇年頃に古代ギリシアのホメロス風の雄大な詩を書いた人物が、完全には意識を自覚していなかったことをうかがわせる中東の文献証拠を用いた。ジェーンズの引用によれば、この時期に書かれていたものはすべて、著しく内省を欠いている。感情について言及しておらず、単純な叙述的表現が使われているのだ。彼はこう主張している。意識は、紀元前一〇〇〇年になって間もない頃、（言語の）左半球が、より気ままな（感情の）右半球を次第にうまく制御できるようになるに従って発達した。私の感じるところでは、ジェーンズの議論の方向は正しいが、異なる二つの事象を混同して年代を配列している。意識のある左半球の支配が増したこと（言語が発達したときに生じたに違いないこと）と、人々が自分の内面の感情状態を表現できることを混同しているのだ。

言語の制御中枢と感情的な行動の対照的な相違は、まったく予想されていなかった興味深い結果をもたらしている。言語が脳の左側に位置しているにもかかわらず、音楽（と詩）は右側に集中していることがわかった。トマス・ベバーとロバート・キャレロは、何年か前に行なわれた素晴らしい研究において、訓練を受けていない音楽家（生涯で音楽を習った期間が三年未満である者）は、イヤホンを通して右側で演奏されたときよりも左側で演奏されたとき（従って、脳の右半球で感知したとき）のほうが、より早く旋律を聞き分けられることを示した。訓練された音楽家では、これがさほど顕著に現れなかった。彼らが旋律を一体化されたものとして聞くのではなく、抜粋した曲を構成部分に分解して聞き分けるよう意識的に訓練されていることを考えれば、予想がつくだろう。

これは、音楽の意識的な操作が（言語その他の「意識的な」行為とともに）左半球で行なわれているのに対して、曲の旋律の美しさやリズムに対する感情的な反応は右半球で行なわれていることを示唆している。同様に、詩の響きは右半球で処理されているのに対して、言語的な内容――言葉――は左半球で処理されていることを示す証拠もある。この理由により、脳卒中患者が左側の発作の結果として言葉を失ったとき、再び話すよう促すために伝承されている童謡が利用されるのだ。こういった単純な形態の詩や歌は、損傷を受けていない右半球に記憶されている可能性が大きいのである。

さらに、音楽が右半球に位置しているという事実は、言語が歌から発達したという別の意見が全面的に正しいとは言えないことの、立派な理由となっている。確かに歌の中には言葉が使われているが、言葉は左半球で扱われている。間違いなく歌（や音楽一般）は、言葉だけでは難しいと思われるやり方で、我々の感情をゆさぶる。また歌は、群れの集団的な感情の高まりを表現するための、きわめて強力な手段として利用することができる。しかし、右半球に集中している何かが、左半球に集中している何かを生み出せるとは考えにくい。もっと納得のいく意見は、音楽や歌は群れの感情的な反応を表現する手段としてきわめて有効だということで、言語が発達したときに、感情面が強い音楽中枢がこれを乗っ取って、歌を生みだしたということだ。

全般的に見て、言語の起源が身振りであるという説は、あまり信頼できないように思える。いずれにせよ、人類の言葉による情報伝達のほとんどあらゆる特徴のきざしを、旧世界猿や類人猿の出している音声に見いだすことができる。このことは、音声から言語が発達したという説のほうが、もともと信頼できるようにしている。

前述のベルベットモンキーを思い出してみよう。ドロシー・チェニーとロバート・セイファースは、ベルベットモンキーの音声が確かに意味を持っているのだと示すことができた。これは単なる感情的な状態の表現ではない。警告の鳴き声《アラーム・コール》は特定の種類の捕食者を指示しており、聞いている者は耳からの情報だけで、コールの主がどの種類の捕食者を表現しているのかがわかる。連絡《コンタクト》のうなり声は、いま起こっている状況について、多くのことを明らかにしている。

これに加えて、ゲラダひひの会話的なパターンを挙げることができる。ゲラダひひを見たことのある者は誰でも、彼らがふつうとは異なるコールの交わし方をしていることを口にする。ブルース・リッチマンは、この一連のコールが、他者のコールの合間にきちんとおさまるよう、タイミングを合わせて行なわれることを示した。この動物たちは単に自分より前のコールの主の反応からだけでなく、予測に基づいて、自分がコールするタイミングを測っているに違いないと、リッチマンは結論づけた。これは、人間の会話に典型的な特徴の一つである。二人の話者は、(ほとんどの時間において) ただ一人の人物が話している状態になるように、自分の言葉や相づち (「へえ!」「まさか!」) を散りばめている。会話の流れはほとんど切れ目がない。他の話し手の句や文の切れ目を予測するからこれができるのだが、予測に際してしばしば、話し手が与える合図《キュー》を利用している。例えば、文の終わりに近づくに従ってかすかに声が高くなるとか、話し手が話をやめようとしている二、三語手前で聞き手をちらっと見る傾向などだ。

人間の言語が特異であることを擁護するもう一つの砦は、母音を生みだした点だ。これがなければ、言語は成り立たない。母音のおかげで、ほとばしり出る音の流れを識別が容易な断片 (音節) に分けることができ、ひいては単語をつくることができる。長い間、猿や類人猿は口腔や咽喉の形が適切でないから、このような音は作れないものだと考えられてきた。しかし、最近、マカク等の猿やゲラダひひの音の出し方についていくつかの研究が行なわれた結果、実際は、彼らがこのような母音に近い音を出していることが示されている。これは、人類の言葉に含まれる音を出すための装置が、進化の過程において人類が現れるよりもはるか前から存在していたことを意味する。問題なのは、音を出すための仕組みというよりも、出す音を調整する装置や、このような音に意味を付与するための認知の仕組みなのである (ただし、ベルベットモンキーの調査結果を考えると、この最後の点にはいくらか疑いが残る)。

言いかえると、すでに旧世界猿の中に、人類の言葉の顕著な特徴が多数見られるのだ。ベルベットモンキーのコールの中に、原始言語の原型が存在する。きわめて恣意的な音が、特定の対象を指示したり、誰が何を行なっているか (あるいは行なおうとしているか) という情報を伝えたりするために利用されている。さらに、これらのコールはさまざまな感情的な響きを込めることができ、我々自身の声による表現とかなり似ている。身振りの段階は必要ない。声だけですっかり事足りるのだ。この段階から、もっと情報を伝えられるように音のパターンを形式化するまでは、ほんの小さな一歩にすぎないように見える。そして、その段階から言語を生みだすまでは、また別のほんの小さな一歩なのだ。

以上から、言語能力の進化は、当初は関連のなかったいくつかの解剖学的・神経学的な部品が、長い時間をかけて次第に連携するようになった結果であることが示唆される。この部品はどれ一つとっても、単独では言語が進化する誘因にならないが、それぞれが必要不可欠である。どれか一つでも進化しなかったら、今日人類は互いに話をしていなかっただろうし、あなたも本書を読んでいなかっただろう。

儀式と歌

言語が、類人猿がふつうに出しているような音声としてはじまったことは認めてもよいだろうが、次の段階については二つの考え方がある。一つは、言語が歌の形で進化し、群れ全員の感情的な状態を調和させる目的を持つダンスのような儀式の効果を促進しているという考え方で、もう一つは、群れの他の個体に関する情報を交換するために進化したという考え方だ。私はこれまでのところ、二番目の見方でだいたい説明がつくと想定してきた。すなわち、言語は社会的な情報を交換するために進化したという考え方だ。しかし、我々の生活で歌がとりわけ重要な役割を果たしていることは紛れもないため、この考え方の正当性を検討すべきである。

人間の行為のうち、いっそう興味をそそられる特徴の一つは、我々の社会的な生活において歌やダンスが著しく重要な役割を果たしていることだ。知られている限りでは、この二つの現象を持たない社会は存在しない。しかし、考えてみると、両方とも非常に奇妙な活動である。言うまでもなく、歌うことは我々が多数の種の動物と結びつけて考えている行為であり、たとえば鳥や、手長猿などの霊長類の朝の声によるディスプレーがあって、それを我々は歌だと言って喜んでいる。しかし、鳥や霊長類の「歌」はたいてい縄張りを守るか、交配相手に自己宣伝するか、どちらかのための仕組みなのだ。

なるほど、人間の歌もこれらの目的のために利用されている。マサイ族の戦士は、未婚の娘たちが集まっている前で、自分の剛勇さを誇示するために歌ったりダンスしたりする。このような脈略で男性が歌う歌は、きまって歌い手の男らしさを強調している。我々は土地の所有権を歌によって示すことはさほどないが、戦闘に出かけるとき男たちが歌うのは、めずらしいことではない。ニュージーランドのマオリ族は、ポリネシア民族の多くがそうであるように、戦闘の前に敵を威嚇する手段として儀式的な歌やダンスを利用しており、これは、ニュージーランド代表のラグビーチーム、オールブラックスが現在まで守り続けている伝統でもある。スコットランドの連隊は戦闘のために進軍するとき、きまってバグパイプ吹奏者が先頭に立ったが、これはつい最近、一九四四年のノルマンディ上陸の日まで守られていた伝統だ。運動競技場では、国歌やチームの歌を、まさにこのときのためにとっておいたような力強さで歌っている。

しかし、人間の社会では、すべての歌やダンスがこの類の機能を持っているわけではない。我々は教会の中でやキャンプファイヤーを囲んで歌ったり、バーや劇場で歌ったりするが、これは愛国心や戦闘や交配をめぐる戦いとはほとんど関係のない状況下である。では、なぜ我々はそうするのだろう。逆説めくかもしれないが、この疑問に答えるうちに、人間の行為のなかで説明することが実に難しい一つの特徴について、説明がつくだろう。その特徴とは、我々が驚くほど進んで他人の意志に自分をゆだねることだ。群衆効果は、人間の行為のうちで、最も奇怪で最も驚くべき様相でもある。

今を去る一九六〇年代、心理学者たちは「リスキーシフト」と呼ばれるようになった現象を確認した。誰かに（たとえば、極刑を支持するなど）少しばかり過激な意見を表したり、そのようなことをしたりするよう求めると、たいていは非常に穏健な考え方を表すだろう。しかし、まず集団でそれについて議論させると、結果は必ずひどく過激な意見になる。宗教にも同じ効果が見られる。自分だけの考えに任せられると人々は穏健で寛容だが、集団では、常軌から逸脱したことや異なる意見に対する態度がもっと過激になるのだ。その結果はしばしばジハード、すなわち異端者に対する聖戦になる。この異常な現象のせいで、十字軍、北アイルランド、ルワンダ、ユーゴスラビアなど、太古から我々の種の歴史を汚してきた多数の民族戦争、人種間の確執、民族主義的な血の復讐があるわけで、言うまでもなく、作家サルマン・ラシュディに対するファトワーという信じられない仕打ちもその一つである。

間接的ではあるが、この点を説明するものが、歌やダンスのほとんど注目されていない側面にあるのだと思う。それは、両方とも、きわめて高い代価を払って行なう活動であるということだ。もちろん我々は皆、直観的にそれに気づいている。我々はしじゅう、ダンスフロアでふらふらになって次のステップを踊れなくなっているではないか。歌手や音楽家も例外ではない。演奏が終わるころには、汗がしたたり落ちている。上をめざすオペラの歌姫たちなら誰もが知っているように、歌うことは大変な仕事なのだ。これをうまく行なうには、呼吸や発声をしっかり制御する必要があるし、それには相当な練習が求められる。これ思うに、最も刺激的で心を揺さぶる歌が、しばしば最も低い声域、たとえば東方正教会の聖餐式における低音《バス》の聖歌などであることは、偶然ではないだろう。低くて太い声は出すのが難しく、概して、共鳴器の役割を果たすための大きな体内空間が必要となる。動物界では、コールの主が大きな動物であると知らせることによって敵を追い払うために、低くて太い音を利用しているという事例が詳しく研究されており、これはひき蛙から赤鹿まで実に多様な種にわたっている。「低くて太い鳴き声《ディープ・クロウク》」は模倣するのが難しい信号であるため、生物学者が承知しているとおり、効果があるのだ。体の一番大きい動物だけが最も低くて太い声をうまく出せるのであり、そうするためのエネルギー代価を担えるのだ。低くて太い声は、大きくて力強い体を示しているのである。

我々人類でさえ、自分より大きいと思われる者に、何のためらいもなく屈してしまう。通りでは、自分より小さい人は押しのけて前に進むのに、大きい人には道を譲る。女性は体が小さいため、これがとくに問題になる。男性が女性に対して「もともと」攻撃的なのだと誤解している人もいる――しかし、大柄な男性は女性に対するのと同じように小柄な男性にもそうするし、大柄な女性も小柄な女性に対してまったく同じように影響力をふるう。

このような行動に関する不文律は、我々の生活において、奇妙で思いがけない状況を作り出している。たとえば、戦後のアメリカ大統領選挙では、背の低い方の候補者が勝ったためしがない。事実、一九八八年にデュカキスがジョージ・ブッシュに対抗したとき、彼の選挙参謀たちは、テレビ放映される討論のとき、ブッシュと同じ演説台で話すべきではないと主張した。六フィート余りのブッシュにとって通常の胸の高さに設置された演説台は、ほとんどデュカキスの顎の位置になっただろうから、選挙対策委員たちは、このためだけに選挙に負けてしまうことを恐れたのである。かわりに演説台は、それぞれの候補者がキンキン話したりせず、声の高さ《ピッチ》を下げている。アドルフ・ヒトラーはその並外れて扇情的な演説の間じゅう、マオリ族やマサイ族の戦士たちは、最も低い音域で戦闘の歌をうなる。話術が巧みな者は裏声《ファルセット》でいる。

永続する感銘を与えたいときに腹の底から出したような低い音に頼ることは、人間文明にほぼ共通している。マオリ族やマサイ族の戦士たちは、最も低い音域で戦闘の歌をうなる。話術が巧みな者は裏声《ファルセット》で

血にならなければならない――ナポレオン症候群である。

てすむように見える。自分が平均より背が低い場合は、同じレベルの成功を手にするために、しばしば冷がちなためかは、まだ結論が出ていない。いずれにせよ、背の高い人々は、成功するための努力が少なく理職よりも、背の高いことが示されている。背の高い人がより聡明なためか、我々が彼らに譲ってしまい熟練の大工よりも、成功した弁護士はあまり成功していない弁護士よりも、産業界では重役の方が中間管査では、社会階級および学力成績で調整した後では、上級看護婦《シニア・ナース》は下級看護婦《ジュニア・ナース》よりも、熟練した大工は未る。調査によれば、成功した人は概して背の高い傾向がある。A・シューマッハーがドイツで行なった調てはまると見なす傾向がかなり大きい。そして結局のところ、これはまったくの間違いではないのであ形容詞を選ぶよう求められると、成功した人物には「背が高い」「聡明な」「魅力的な」という単語が当た人物や権力のある人物は背が高いものだと思っている。成功した人物と成功しなかった人物を描写するもよく口にする言葉は、「背が低かったね！　もっと背の高い人かと思っていた！」だ。我々は、成功し

自分の崇拝する人《アイドル》に会ったとき、その背の低さに驚くことがよくある。女王陛下に会った後に人々が最ちが並んで立つことのないように、非常に心を砕いている。

者の相対的な高さがいつも同じに見えるようにされた。現在、選挙チームは、こういった場面で候補者た話し終えるごとにいったん下げられ、次の演説者のためにちょうど良い高さまで再び上げられて、各候補

ゆう、うなるような声で話した。また、マーガレット・サッチャーが一九七五年に英国保守党の党首になったとき、イメージメーカーが、彼女の自然な高さの声より半オクターブ近く下げて話すよう訓練したことは、無意味ではないのだ。彼女が要求されたとおりにしていなければ、一九七九年にあのような圧倒的大勝利をおさめることはできなかっただろう。

要するに、サッチャー夫人の報道担当者たちは、むしろ男に近い声に聞こえて欲しかったのだ。ここで、少年が思春期に「声変わり」して女性よりも低く太い声を出すようになるという事実に思い当たる。なぜこれが起こるかは、これまでずっと、ちょっとした謎だった。何しろ、少年も少女も澄んだかん高い声で十分うまくやっているのだし、女性は大人になってからもずっと、まったく問題なく対処しているように見える。「ディープ・クロウク」は、一つの可能性のある答えを与えてくれる。人間の男性は、性的に活発な期間に声を低く変えるよう、強力な選択圧を受けてきたのである。彼らは女性との交配権を得るため互いに争わなければならず、大声を競うことは、敵対関係を解消するためのプロセスの一部であった（し、今もそうである）。女性は、男性が相手でも女性どうしでも、まったく同じようには争わないため、低い声を発達させる必要はないのだ。しかし、男性の低い声にとくに敏感になり、それによって男性間の敵対プロセスに女性の選択プロセスをつけ加えたことで、雌雄選択という油が注がれたのである（雌雄選択については、9章でさらに述べる）。

しかし、歌やダンスには、単なる「ディープ・クロウク」以上のものがある。歌ったり踊ったりすると、我々は気持ち良くなる。幸福感や暖かい感情に加えて、陶酔的な高揚感《ハイ》が生まれるのだ。どちらの活動も大変な仕事であり、両方とも脳からアヘン剤をどっと生みだすのに理想的な活動である――だからこそ、これを行なったあと我々はほぼ確実にとても気持ちよく感じるのだ。では、なぜ我々はこの奇妙な効果にしがみつき、あれほどの情熱を持ってこれらの活動に没頭するのだろう。その答えは、私の考えでは、人類が非常に大きな群れで生活しており、大きな群れをまとめておくのは、どれくらいの期間であろうと難しいという事実にある。大きな群れは、ただ乗り行為者《フリーライダー》に搾取される危険は言うまでもなく、非常に多くの異なる個人の利害が対立しているため、ばらばらになる危険に絶えずさらされている。群れの規模が大きくなるにつれて、対立する考え方を持つ派閥が現れるようになり、我々は一方に味方しはじめるのだ。

新生の人類がその生存のために必要な大きな群れをまとめようと試みることは、ひどく骨の折れる仕事だったに違いない。現在でもまだ難しいのである。二五万年前のアフリカの森林地で一五〇人の生活を調整することを想像してみよう。言葉だけでは十分ではない。誰一人として、入念に理を説いた主張には注意を払わない。我々を刺激するもの、個人的な代価をかえりみず喜んで世界を相手にしようというくらい我々を熱狂させるものは、感情を煽りたてるような演説だ。ここで歌やダンスが重要な役割を演じる。これらは感情をかき立て、他に類のないほどアヘン剤の生成を促し、陶酔した状態をもたらすのだ。

人類学者クリス・ナイトは、全員の感情的な状態を同調させて人間の群れをまとめるために儀式を利用することは、人類の行為においてきわめて古くからある特徴であり、人類の文明や言語の出現と同時に起こったのだと主張している。彼の主張によれば、儀式の形式で集団内の行為を調整するには言語が必要であり、おそらくこれが言語を進化させた最後の刺激だった。南アフリカのブッシュマンのように、「さあ、エランド・ダンスをするためにエランドのふりをしよう」（これは、若い女の子の最初の月経、つまり女性の群れの一員となった証を祝うために行なわれるダンスだ）と言うためには、言語を持つ必要があるのだ。

なるほどナイトは、儀式を明確な形にして統制するためにという、言語の利用方法については当を得ている。しかし、言語がことさら儀式を可能にするために進化したという点については、あまり納得できない。私自身の考えでは、言語は、社会的な情報の交換を通じて結束を強めるために進化し、その後、おそらく以前から存在していただろう習慣を明確な形にするというような半宗教的な脈略で利用するために、乗っ取られたのである。更新世後期のエランド・ダンスは、明確に特定のできごとに解釈されたり結びつけられたりしてはいなかっただろう。そうではなく、おそらく非公式で自然発生的な行動であり、むしろ土曜日の午後の地元フットボールチームの観客席のようなものだった。確かに、これらのダンスはきわめて古くからある儀式らしい。我々は言語のおかげで、自然発生的だったものを明確な形にすることができ、抽象的あるいは宗教的な意義を与えてもっと統一性を持たせることができた。しかし私が思うに、これは上部旧石器革命の間、宗教的信仰や象徴的思考の形跡がはじめて現れた頃に起こったに違いないのだ。

このことから思いがけず、言語のもっと奇妙な側面の一つ、つまり感情が高まっているときには言語がまったく役に立たないことに思いあたる。言語は散文的な情報を伝えるにはとても素晴らしい発明であるが、ほとんどの者にとって、心の奥深くにある感情を表現したいときには、言語がまったく役に立たない。このような状況で、我々はあまりにも頻繁に「言葉を失って」いる。言語は、発展的な関係を築く際、初期の段階では驚くほど役に立つ。友人関係あるいは同盟を築こうと思っている相手について、多くのことを発見できる。しかし、その関係がきわめて親密なものになると、我々は言語を放棄して、互いに愛撫しじかに刺激するという、太古より存在する儀式に立ち戻る。我々の生活におけるこの重大な時点で、毛づくろいが――霊長類の祖先から受け継いだあらゆるものの中でも、とくにこれが――結びつきを強める手段として再び姿を現すのだ。我々がこれを利用するのは、肉体的な接触が、言語ではできないやり方で深く心を動かし慰めを与えるからである。それというのも、単調に撫でたりさすったりすることが、言葉で行なえるよりはるかに効果的に、アヘン剤の生成を促すからなのだ。

逆説めくが、言語のあらゆる利点を享受しながらも、我々は、放棄していたもっと原始的なプロセスに逆行しなければならないらしい。議論したり合理的に考えたりする能力を獲得しながらも、我々は大きな群れをまとめてこれを有効にするために、もっと原始的で感情的なメカニズムが必要だったのだ。言語のおかげで、互いについて知ることや、誰が誰と何を行なっているか尋ねたり答えたりすることができる。しかし、それだけでは群れをまとめられない。言葉を使った議論の冷たい論理を圧倒するには、より深遠で、より感情的なものが必要だった。それを行なうために、音楽や肉体的な触れ合いが必要だったらしいのだ。我々は自然界で最も優れたコンピューター能力や、最もはっきり表現できる情報伝達体系や、最も精巧な思考を有していながら、確実に群れをまとめたり、効果的に生存し繁殖するにはどうしても必要だった共通の目的に集中させたりするために、結局はホルモンの未熟な芸当に頼っているのである。

はじめての話し

ここで、興味深い疑問が出てくる。言語が群れの結束を促進するために進化したのなら、誰が最初にしゃべったのか。言語に関して湖のそばに野牛《バイソン》がいる式の見解をとっている者は、当然のように、それは狩猟活動を調整しようとした男たちであったと考えている。しかし、霊長類のほとんどの種で、社会の核を形成し、群れを作って常にその結びつきを保っているのは、雌なのだ。これに対して、雄は社会的な関係がさほど固定されておらず、よりよい交配の機会を求めて群れから群れへ渡り歩くこともよくある。ほとんどの種で（チンパンジーは一握りの例外の一つであるように見えるが）、雌は自分が生まれた群れにとどまるのに対して、雄はふつう思春期になると立ち去って別の群れに移る。雄の中には、人生の大半を群れから群れへ移動し続けるものもいる。

初期人類の群れの核を女性が形成しており、言語がその群れをまとめるために進化したのなら、当然その結果として考えられるのは、初期人類の女性こそが言葉を話した最初だったということだ。これは、言語がはじめは、同盟者間の連帯感を生みだすために利用されたという意見を裏づける。クリス・ナイトは、言語はまず最初に、主に肉を求めて狩猟することで自分や子供に投資しろと女性が男性に強要できるようにするために、群れをまとめる手段として進化したのだという説を、熱心に唱えている。これは、現生人類において女性は概して男性より社会的な領域で巧みであり、言葉の技能も巧みであるという事実と一致するのだという。

ところが、進化人類学者の間で現在一致している意見では、人類はこのような女性の結びつきに基づいた社会を持っていない。その証拠に、父方居住（花嫁が夫の村に引っ越すこと）が、すべてとは言わないまでも従来のほとんどの社会で特徴となっている。だがそれは、これらの文明の大半における生活が、女性がうまく生殖するのに必要な資源（土地、狩猟場）を、男性が支配できる状況にあるという事実から生まれているのかもしれない。数種の証拠が、もっと公平な経済制度では（狩猟採集生活民のものや、現代の工業化社会など)、女性の血縁関係や同盟がかなり強くなり、男性がしばしば妻の村に引っ越すよう強いられることを示している。

数種の証拠が、この意見を裏づけている。たとえば、中央アフリカのピグミーでは、Y染色体遺伝子はX染色体遺伝子よりも広範に分布しており、X染色体遺伝子は分布がもっとかたまっている。これは、女性が女系の血縁でできた群れの近くにとどまる傾向があったのに対して、男性は交配するために広い範囲にわたって移動したこと(従って、Y染色体に載った遺伝子が、かなり広範に分布していること)を示唆している。同様の結果が、一九五〇年代にロンドン東部のスラムで実施された社会学的な調査から明らかになった。この貧しい環境では、女性がきちんと生活し生殖できるようになるうえで、関係の近い女系の血縁(母親、娘、姉妹、おば、めい)がきわめて重要だったが、それだけでなく、既婚女性は夫の両親よりもずっと自分の両親の家に近い場所に住んでいたのだ。

我々は自分たちの研究においても、この要素を見いだしている。マット・スプアースと私は社会的ネットワークの研究において、女性は男性よりも、定期的に連絡をとりあうネットワークが少しばかり大きいこと、それも、近しい同性の血縁者(範囲はいとこまでに限られる)の割合が高いことを発見した。さらに見事な証拠が、我々がヘンリー・プロトキン、ジャン゠マリー・リシャール、ジョージ・フィールドマンと共同で行なった実験研究(その詳細は二一九ページで述べる)から得られた。女性は、女の親友に対して金銭的な利益を与える際、すぐに自分自身に対するのとほぼ同じくらい骨を折るのに対して、男性は男の親友に対して、とてもそんなに利他的にはならないことがわかったのだ。

これらの研究結果を考え合わせると、女性の結びつきは人類の進化において、ときおり考えられている以上に強力な影響力を持っていたことが示唆される。もしそうなら言語を発達させる圧力は、クリス・ナイトが提案するように、女性が同盟を形成しそれに奉仕する必要性から生じているのであり、従来の学問でずっと考えられていたように、男性の結びつき、すなわち狩猟活動から生じているのではないのだ。

言語に対する最初の刺激が、ギリシアのコロスの感情的な高まりによってもたらされたのか、それとも、同盟または群れの他の一員に関する情報交換の必要性によってもたらされたのか、依然としてはっきりしていない。ゲラダひひのような猿がふだんからコンタクトコールを、しばしば感情が最高潮に達するくらい並外れて高まるようなコーラスの形で使っているという事実は、歌の仮説に有利な証拠として考えられるかもしれない。ゲラダひひのハーレム内でコールを交わすとき、たいていはわずか一頭か二頭の動物しか関わっていない。しかし、ときおり群れ全体が集まって、うなり声で心を揺さぶるようなコーラスを行ない、最後に、複文の最後のピリオドのような働きをする、ハーレムの雄の感動的なビブラートの太い声で締めくくる。しかし、ハーレム内の毛づくろいの相手とコールを交わしてこのプロセスを開始するは雌であり、そのことが非常に重要になるのも雌にとってであるらしい。

このようにサバンナのひひに見られるような類の単純なコンタクトコールから、ゲラダひひのように感情がこもったコーラスに変化したことは、更新世の間しだいに群れの規模が増大するに従い、毛づくろいに必要な時間が実際に費やせる時間をどうしようもないほど超えてしまった（一六三ページを参照）我々の祖先にとって、同じくらい自然な発達だったのだろう。そうだとすれば、この方向に沿う実質的な機動力を提供したのは、雌だったように思われる。

雄の猿や類人猿もよく同盟を形成するが、雌のものよりも結びつきの固さがかなり劣るらしい。フランス・ドゥ・ヴァールが行なったアーネム動物園のチンパンジーの研究は、これをかなり明確に示している。彼は、雌の同盟の方が長期間であり、血縁関係に基づいているのに対して、雄の同盟は一時的なものであり、その時の都合や必要性に基づいていることを発見した。後者の類の同盟に必要なのは、状況やその同盟が実際に何をしようとしているかを、当事者が認識することだけである。一方、長期間の同盟は、より深い結びつきの過程を経ている。これは、ほぼ確実に、より感情的なものに基づいていることを意味する。

だが、ある時点で、このまったく感情的な行為が、本当の意味での言語や情報交換に取って代わられたに違いない。更新世の終わり頃に出現するようになったきわめて大きな群れが、社会的な情報交換の能力なしにうまく結束できたとは考えにくい。たしかに、親しい友人の小さな私的集団では感情的な結びつきが重要であるが、この方法で結束できる人数には限界があるらしい（いわゆる「共鳴集団」は一〇～一五人である。一〇八ページを参照）。知人という、より大きな集団の関係を統制するには、感情的な共感よりも、社会的な知識に頼らなければならない度合いがはるかに高いのである。

原註

1 哺乳動物ではＸＸ染色体の性だが、鳥類や蝶ではＸＹ染色体の性である――これは、三つのまったく独立した場合において、どちらの性が卵を持ちどちらが精子を持つかに関して完全に偶然の決定が行なわれた結果である。

2 体の残りすべての器官とは異なって、視覚は分かれている。それぞれの目の左半分の神経は交差して脳の右側につながっており、右半分の神経は交差して脳の左側につながっている。

3 体の左側にある物体（つまり、視界の左側にあるもの）は、眼球の裏で網膜の右側に投影される。像は眼球の水晶体を通るときに逆さになる。つまり、実際には世界を上下左右逆さまに見ているのである。

8　バベルの遺物

人間の言語の特徴の中で最も奇妙なのは、互いに理解できない言語を驚くべき速さで生みだしていくという習性である。フランス語とイタリア語が共通祖先のラテン語より分かれてわずか二〇〇〇年であるが、関係の深いこの二つの言語を母国語とする大半の人々は、ラテン語も理解できないし、互いの言語も理解できないでいる。デンマーク語とスウェーデン語は、それぞれスカンジナビア語の異なる方言に由来しているが、わずか一〇〇〇年で、ほとんど互いに理解できなくなっている。チョーサーの『カンタベリー物語』を原文で読んでみよう。六〇〇年の間に英語がずいぶん変わってしまったことを痛感するはずだ。何しろ、単語の半数が認識不能なのだ。たった四〇〇年しか隔たっていないシェークスピアでさえ、時に当惑するくらい理解しにくいことがある。

この章では、この現象について説明をしてみよう。

バベルまでさかのぼる

世界中の多くの民族の神話は、人間の起源は共通だという同じ考え方を持っている。これらの物語のほとんどからすると（はっきりと述べているものはわずかしかないが）、歴史のどこか遠い時点で、全員が共通の言語を話していたことになる。聖書のバベルの塔の物語は実際に、かつてすべての人間が同じ言語を話していたことをはっきりと語っている。創世記の第一一章に、この物語が書かれている。

世界中は同じ言葉を使って、同じように話していた。東の方から移動してきた人々は、シンアルの地に平野を見つけ、そこに住み着いた……彼らは、「さあ、天まで届く塔のある町を建て、有名になろう。そして、全地に散らされることのないようにしよう」と言った。主（しゅ）は降（くだ）って来て、人の子らが建てた、塔のあるこの町を見て、言われた。「彼らは一つの民で、皆一つの言葉を話しているから、このようなことをし始めたのだ。これでは、彼らが何を企てても、妨げることはできない。我々は降って行って、直ちに彼らの言葉を混乱させ、互いの言葉が聞き分けられぬようにしてしまおう。」主は彼らをそこから全地に散らされたので、彼らはこの町の建設をやめた。こういうわけで、この町の名はバベルと呼ばれた。主がそこで全地の言葉を混乱（バラル）させ、また、主がそこから彼らを全地に散らされたからである。〔新共同訳聖書による。〕

バベルの塔はただの神話ではなく、本当に存在していた。実際の名前はエテメンアンキ（「天と地の礎の家」という意味）といい、紀元前七〜六世紀の、バビロニア王国が第二の最盛期にあった時期のどこかで建設された。七段のジッグラドつまり階段状のピラミッドになっていて、頂上には、そのころのアッシリア地方の神々の中で最も強大な神マルドゥクに捧げられた、青く光り輝く神殿があった。およそ一世紀ほど経た紀元前四五〇年頃、ギリシアの歴史家ヘロドトスが頂上の偶像神を見ようとして、急な階段や傾斜路を苦労してのぼって行った。なんと、そこには空っぽの御座しかなかった。

とはいえ、古代イスラエルの神話作者たちは、何かに気づいていたらしい。言語学者たちは現在、世界の言語が実際に共通の起源を有していたと信じている。しかし、共通の言語であった期間はバベルの塔の建設よりずっと前のことであり、なぜ紀元前六世紀のバビロニアで起きた実際のできごとが、のちの創世記の作者の頭の中で、全員が共通の言語を話していた頃のまさに一民族の共通の記憶《フォークメモリー》[*1]と結びつけられるようになったのか、その理由はよくわからない。しかし、一つだけはっきりしている。バビロニア人がバベルの塔を建設した時には、地球上の民族は単一の言語を話してはいなかった。その頃にはすでに、世界の主要語群のほとんどがしっかり確立されていたのである。

言語の歴史の再建は、一八世紀末にカルカッタの裁判官に任命された学者肌で探求心旺盛な人物、サー・ウィリアム・ジョーンズによってはじまった。適切な法判断をくだすつもりなら、原語でヒンズーの法典を勉強すべきだと確信していた彼は、インド北部に古くから伝わる言語（とはいえ、その頃には死語になっていた）サンスクリット語を習いはじめた。学習を進めるに従ってジョーンズは、サンスクリット語と、古代ヨーロッパ言語であり自分が熟知しているギリシア語およびラテン語が、似ているのではないかという印象を強くしていった。音の変化をしかるべく差引きして考えれば、それぞれの単語間に、これらの言語が共通の基語に由来すると主張できるほどの共通性を見いだすことができたのだ。

典型的な例は、'brother' のような語——これは明らかに、ギリシア語の *phrater*、ラテン語の *frater*、古期アイルランド語の *brathir*、古期教会スラブ語の *bratre*、サンスクリット語の *bhrater* に似ている——や、'to be' という動詞の要素である。後者には、たとえば英語や古期アイルランド語の *is*、ギリシア語の *esti*、ラテン語の *est*、古期スラブ語の *yeste*、サンスクリット語の *asti* がある。ほとんどの場合、これら共通の単語がわずかに異なった形になっているのは、発音に一定の変化が生じた結果である。この点について最初に気づいたのは、民俗学者のグリム兄弟ヤーコプとヴィルヘルムの二人だった。この変化の例としては、ラテン語の *f* と *ph* の音が、英語その他のゲルマン語の *b* になり、祖語の *p* と *t* の音（サンスクリット語の *piter*、ラテン語の *pater* のような）が、のちのゲルマン語の *f*（または *v*）と *th* の音（ドイツ語の *vater*、英語の *father*）になっている。

一九世紀の学者たちはこの説に触発され、異なる語群共通の祖先を再建しようと努めることに、多くの時間を費やした。あまりに多くの時間を費やしたため、一九世紀の終わり頃には、パリの言語学会の学会員たちが立腹し、会合で言語の歴史に関して思弁することを禁止したほどだった。しかし、歴史言語学の流行が衰える頃には、世界で非常によく知られたヨーロッパおよびアジアの言語の大半について、同系関係を再建することができていた。たとえば、ヨーロッパのほとんどの言語（バスク語と、ハンガリー語やフィンランド語やエストニア語を含むウラル＝ユカギール語族は例外）と、インド大平原を東の極限とした南アジアの言語（ペルシア語や、サンスクリット語に由来する現代語等）はすべて、現在インド＝ヨーロッパ語と呼ばれる同じ語族に属していることが、ほどなく認められたのである。

この祖語は、紀元前五〇〇〇〜六〇〇〇年頃、ドナウ川流域北部のどこかで発生したと考えられている。インド＝ヨーロッパ語族の言語たちは、冬や馬、また羊や豚や畜牛などの家畜に関して同じ語を持ち、皮革製品を作ること、耕すこと、穀物を植えることに関連するものについても同じ語を持っている。

これらを考え合わせると、以下の点が示唆される。インド＝ヨーロッパ語族に属する祖先は、農耕が著しく大きな役割を果たしている半遊動生活を送っていた。彼らの神々は明らかにインド、地中海沿岸、ケルトの神々の前身である。そして、彼らの社会構造はしっかり確立されていた。そこから派生した複数の言語が、血縁関係や家族構成に関する語の多くを共有しているからだ。ところが、これらの言語に一つ欠けているのは、「海」に対する共通の言葉である。インド＝ヨーロッパ語族の人々が、大きな海洋または湖の沿岸に住んでいなかったことは明らかだ。

この数十年で、言語の樹形図の再建に対する関心が再び高まってきた。今の一致した見解は、インド＝ヨーロッパ語、その他のヨーロッパ語群（バスク語、ウラル語等）やアジア語群（北アフリカや近東のセム系諸語、チュルク語やモンゴル語を含むアルタイ言語、インド南部のエレモ＝ドラビダ語）が、おそらく紀元前約一万三〇〇〇年頃に発生したノストラチックと呼ばれる大語族《スーパーファミリー》からの派生語であるというところにあるようだ。

ロシアの言語学者の一団が懸命に研究したおかげで、ノストラチックを再建しようという試みが非常に成功を収めている。少なくとも、この語族に属する複数の現代ヨーロッパ言語の、一定の語に共通していると思われる原型語を、数千ほど示すことができたという意味では成功している。たとえば、指（または一）を意味する *tik* という語は、そこから近代英語の *digit* やフランス語の *doigt*、ラテン語の *digitus*〔指〕、そしてヒンディー語の *ek*（一）がすべて派生したと言われている。インド＝ヨーロッパ祖語の *melg* すなわち 'to milk'〔（搾乳する）〕は、ウラル祖語の *malge* すなわち 'breast'〔（胸）〕や、近代アラビア語の *mlg* すなわち 'to suckle'〔（授乳する）〕と似通っており、やはり共通の起源を持つことが示唆される。なかでもとりわけ興味深いのは、これらの言語が一定の種類のことがらを表す語を共有しながら、他の種類については共有していないという事実である。犬を表す語――*kujna*で、そこからドイツ語の*Hund*〔〈犬〉〕や英語の*hound*〔〈猟犬〉〕が派生した――や、*marja*すなわち'berry'〔〈液果《ベリー》〉〕等の屋外に関係ある物を表す語はあるが、農耕に関係のある語は存在しないようだ。これは、ノストラチックを話した人々が、およそ一万年前の農業の発見以前に生きていた狩猟採集生活民であったことを示唆している。

現在、ノストラチックの他に、非アフリカ言語について四つの大語族が認められている。デネ＝カフカス諸語（アジアおよび北アメリカの北極圏の言語）、アメリカインディアン語（カナダ国境より南の、南北アメリカ大陸の原住民語のほとんど）、オーストラリア祖語（オーストラリア大陸の言語）、オーストロ＝アジア語（東南アジアの言語）だ。サハラ砂漠より南のアフリカの言語はもっと錯綜しており、この五つの大語族との関係については不明である。しかし、三つの主要な語族が認められている。コイサン語族（アフリカ南部のブッシュマンおよび近縁の部族の言語）、ニジェール＝コルドファン語族（西部、中央、東部アフリカの大半を占めているバンツー語）、ナイル＝サハラ語族（サハラ砂漠南部周縁の、大規模に遊動する部族の言語）である。

これら八大語族共通の起源、いわゆる「世界祖語」を再建しようという試みがあった。今はミシガン大学にいるロシア人学者ビタリー・チェヴォロシュキンをはじめとする言語学者は、世界祖語に属する約二〇〇語を確認することができたと主張している。たとえば、*nigi*（または*gini*）すなわち'tooth'〔歯〕で、その派生語はコンゴ＝サハラ語族では*nigi*、オーストロ＝アジア語では*gini*、シナ＝カフカス諸語

では *gin*、ノストラチックでは *nigi* である（そこから、近代英語の *nag*〔(こごとを言う)〕や *gnaw*〔嚙る〕という語が派生したのかもしれない）。同じように、英語の *tell*〔話す〕は、世界祖語の *tal*（または *dal*）すなわち'tongue'〔舌〕と同系関係がある——話すことは、*tal* にとって重要な活動なのである。

もちろん、死語になって久しい言語の再建は当てにならない作業であり、前述のような試みに対して批判がなかったわけではない。事実、空想的だと非難されることも多い。一部の言語学者は、時間の経過によって言語が自然に変化する速さは、およそ六〇〇〇年後に共通の語を一つも確認できないと思われるほど速いと指摘している。起源となる言語を再建できるか否かは、その言語の多くについて共通の祖先をたどることができるという事実に比べたら、たぶんさほど重要ではないだろう。（ロシアの言語学者が定期的に行なっているように）ノストラチックで会話するのは楽しいかもしれないが、より重要な問題は、なぜ言語が多様化して、単一の共通起源からこれほど多くの互いに理解できない言葉が生まれたのかという点である。

混乱のダイナミックス

今日の世界には、方言と考えるか完全に一つの言語と考えるかに左右されはするものの、一般に話されている言語がおよそ六〇〇〇ある。おそらくこれに、「死語」ではあるがまだ学校で教えられている言語（古代ギリシア語やラテン語）あるいは宗教行事で使用されている言語（サンスクリット語やゲーズ語）がいくつか加わるだろう。言語学者は、今後半世紀以内にこれらの言語のうち半数以上が、母国語として話す者がいなくなるという意味で消えていくだろうと考えている。大部分は、現在母国語として話している者が一〇〇〇人未満で、しかもその大半がすでに年輩者であるような言語だ。さらには、ただ二つの言語が世界を支配する時が来るかもしれないという説さえ出ている。現状から判断すると、その二つはほぼ間違いなく、英語と中国語になるだろう。もちろん、他の言語がみな失われるのは残念なことである。我々はこれらの言語を失うに従って、過去の断片も失ってしまう。というのも、言語は民族の歴史、彼らの経験の蓄積、彼らが体験した移住や侵入を表しているのだ。

しかしこの見解は、人間の行為の奇妙な特徴を見落としている。それは、失うのと同じくらい速やかに、新しい方言を生みだすという傾向だ。英語は世界中に広がって、貿易、政治、科学の国際共通語《リングアフランカ》になり、どの大陸にもこれを国語とする国がある。ところがそれと同時に、多様化して、互いに理解できなくなる寸前の方言を生みだしてもいる。現在ほとんどの言語学者が、ピジン（ニューギニアの「ピジン英語」）、黒人英語（BEV、アメリカの大都市で黒人が話している英語）、カリブのクレオール語（カリブ海のさまざまな島々の英語）、クリオ語（西アフリカのシェラレオーネのクレオール語）はもちろん、スコット語（スコットランド低地で話されている英語）でさえ、異なる言語だと認識している。今から一〇〇〇年もたてば、一部の歴史言語学者がこれら言語の起源をたどってヨーロッパ北西の片隅の島に行きつき、なぜ膨大なインド＝ヨーロッパ語族のうち取るに足らない一言語が他の全言語を駆逐することになったのか、不思議に思うかもしれない。

実を言うと、このように方言を生みだす過程は、人間の言語に独特のものではない。現在、他の種の「言語」にも方言があることがわかっている。東ヨーロッパの烏《からす》は西ヨーロッパの烏とは鳴き方が顕著に異なるし、日本猿は分布域の北部と南部とで、ク、ー、ク、ー、というコンタクトコールの発音が異なっている。

もちろん、その規模は、人間の方言の発達の度合いや速さに比べるときわめて限られているが、パターンはとても似通っている。このような可変性は、非常に著しく非常に一般的であるため、単なる進化上の偶然であるはずがない。目的を持っているに違いないのだ。その手がかりは、ほかならぬ言語の進化の歴史にあるかもしれない。

考古学者コリン・レンフルーは、現代語群は人類の歴史における四大民族移動の結果として進化したのだと主張している。オーストラリアの語群および新世界のアメリカ原住民の諸言語は、現生人類がおよそ一〇万年前にアフリカから散らばっていったという、民族移動の最初のものに、その起源がある。この分散の最先端はしだいに東に移動し、ついに約四万年前、だいたい同じくらいの時期に、ベーリング海峡を渡って北アメリカに入ったり、インドシナ半島の南に突きだしたスンダ大陸棚の島々とオーストラリアとを隔てるアラフラ海を渡ったりした。彼の主張によれば、同じ最初の分散の生き残りは、この他に、コイサン語族（アフリカ南部のブッシュマンおよび近縁の部族の言語）、バスク語（議論の余地はあるがヨーロッパの原住民の子孫と言われている――彼らが自分たち民族の正当な土地を返せと要求したら、大変だ！）、カフカス諸語（カスピ海と黒海に挟まれた地域で話されている諸言語）、ニューギニアのインド=太平洋語族、オーストリック語族（ベトナム、カンボジア、タイの一部で山岳民族が今でも話している祖語）等がある。

二番目の大移動は、新世界や旧世界のさまざまな土地でほぼ同時期に農耕が発達した後、およそ一万年前に起こった。一定の植物が意のままに耕作できることを発見したおかげで、これに関わった人々は、移住を繰り返したり森林地の木が実を結ぶ周期を追ったりしなければならないような、厳しい状況から解放された。農耕によって、群れは同じ場所により長く留まることができたし、さらには農耕が生んだ余剰のおかげで人口増加が加速された。これらの人々は、増えはじめた家族のために新しい土地を求めて最初の定住地域の外に散らばっていく際に、遭遇した狩猟採集生活民の共同体を追いやった（または、さほど多くはなかったが、これを吸収した）。我々自身も有史において最近、似たような物理的な排除の事例に立ち会っている。ケルト族をしだいにイギリス諸島北部および西部の辺境の高地に追いやることとなった、紀元五〜六世紀のサクソン族の西ヨーロッパへの民族移動と、一九世紀のヨーロッパ人の北アメリカおよびオーストラリアへの民族移動である。

これらの移動で最も重要なものは、近東における穀類の耕作――南西に広がってアラビアや北アフリカに入ったアフリカ＝アジア語と、西に広がってヨーロッパに入ったインド＝ヨーロッパ語を生じた――に関係[*2]があったり、極東の米の耕作――中国南部のシナ＝チベット諸語を生じ、ニュージーランドとマダガスカルほども隔たった場所で話されている派生語を含めた、環太平洋地域のオーストロネシア諸語を間接的に生じた――に関係があったりする。

三番目の一連の民族移動は、およそ八〇〇〇年前に起こった。氷河期の終わりに伴って地球上が暖かくなったおかげで、一群の人々が北極地域を開拓しはじめた。西に向かってスカンジナビア北部に入った人々は、現在、となかいを放牧するラップ人となっているし、東に向かってベーリング海峡を越えカナダの極地方に入った人々は、原住民のアメリカインディアンを南方へ、現在アメリカ合衆国となっている場所へ追い出したのである。明らかに、後者の民族移動には少なくとも二つの主要な波があったはずだ。はじめのほうの集団の代表は（もっぱら）カナダのインディアン民族のナデネ大語族であり、それよりかなり後になって、現在アラスカからグリーンランドに至る北極地域に居住しているエスキモー民族（より正確に言うとイヌイット）が民族移動した。

最後に、有史において多数の大きな民族移動があった結果、レンフルーが「エリートの支配」と名づけた過程が起こった。複雑な社会が発達し、移動や戦争の手段として馬が利用されたこともあって、インド＝ヨーロッパ語族の人々が急激に東へ移動して中東およびインド北部に入り、モンゴルのアルタイ語を話す民族が急激に東へ移動して中央アジアから中国北部、シベリア、日本列島に入った。後者の集団はのちにまた大きく広がり、そのときは、東ヨーロッパに至るほど遠くまで西に拡大した。紀元一二世紀に、ひどく恐れられていたモンゴルの指導者チンギス・ハンが、帝国を建設する活動を行なった結果である。このような場合の大半で、侵略者は占領した地域の原住民を追い出さず、奴隷にしたり同化したりした。結果として、侵略者たちは被征服者たちに自分たちの言語を押しつけることになった（ちょうどスペイン人やポルトガル人が、中南米の先住民《インディオ》に自分たちの言語を押しつけたのと同じように）。

これらから言えそうなのは、言語の伝播や多様化の主な原因が、少なくとも最近になるまで、民族の大規模な移動だったことだ。エリートの支配は、輸送や技術の発達を反映した最近の現象である。一つの民族が自分たちの言語と文化を携えて別の民族に完全に取って代わることのほうが、一般的な形であったようだ。この考え方は、思いがけない方向から非常に大きな裏づけを得た。

一九八〇年代後半に、DNAの塩基対の配列を決定する技術のおかげで、異なる種の遺伝子コードを詳細に比較することが可能になった。驚くほど飛躍的な進歩に際して、レイチェル・カン、故ジョン・ウィルソンらのカリフォルニアのスタンフォード大学の研究チームは、地元の病院で出産した一二〇人余の女性について、ミトコンドリアのDNA塩基対の配列地図を作製した。ミトコンドリアに関する重要な点*3

は、女性を通じて継承されるため、その類似性から導き出した系図は、母親―娘の血統のつながりを直接反映しているところだ。彼らは異なる個人間の配列を比較することによって、これらの個人間の、ひいては標本となった母親たちが属する多様な人種間の、遺伝子上の関係を再建することができたのである。

この分析によって、ミトコンドリアのDNAのばらつきの幅は、世界中のどこよりもアフリカのものがずっと大きいことが明らかになった。ヨーロッパ、アジア、オーストラリア、南北アメリカ、そして北アフリカの一部の民族の人々はすべて、関係が濃い単一の一族に属しており、ほかならぬその一族が、膨大な数のアフリカ民族の一派であるらしかった。カンとウィルソンは血縁関係の階層を遡って調べるうちに女性共通の雌の祖先にたどり着いたのだが、当然ながらその女性は「アフリカのイブ」と名づけられた。最後に両名は、それぞれの血統における突然変異の数を特定し、それからミトコンドリア遺伝子の自発性の突然変異の割合、いわゆる「分子時計」を利用して（四八ページを参照）、この共通の雌の祖先がおそらく二〇〜一五万年前の間に生きていたと推定した。

再現方法や祖先のイブが生きていた時期の推定に使った手法に関してはいくらか議論があるものの、仮説の発想については、その後、もっと多くの女性標本に基づいた複数の分析によって、おおむね立証されている。おそらくもっと重要なことに、これは化石の記録とぴったり合致する。現生人類の祖先と考えることのできる化石は、二五〜一五万年前のアフリカのものだけなのである。

厳密に言うと、前述の分析は、ただ一人の共通の祖先を確認したわけではない。全現生人類のミトコンドリアのDNA――男性も母親からこれを受け継いでいる――が一定の時期に生きていたごく少数の女性から派生していることを告げているにすぎない。別の複数の推定では、全現生人類の女の祖先（たち）

が、老若男女合わせてわずか約五〇〇〇人の個体群に属していたことが示されている。この種（我々の種）のなかで当時生きていたのは彼らだけではなかったろうが、彼らの子孫（たち）だけが生き残り、我々にミトコンドリアDNAを遺したのである。

真の衝撃がもたらされたのは、遺伝学者のルイジ・カバリ＝スフォルツァが、人種間の遺伝子の関係を示した樹形図の上に、語群の樹形図を重ね合わせると、両者が驚くほどぴったり一致することを示したときだった。主要な語群の分布や分岐は、当該民族の分布や分岐を反映しているらしかった。これは、民族が遺伝子も言語もともに携えて移住しながら、遭遇した他の人間集団にそっくり取って代わったことを示唆している。その後、突然変異を繰り返して遺伝子の組成が多様化するに従い、言語もまた、方言を生みだしていく過程のなかで多様化した。

このことから我々は、なぜ人間の言語はこれほどすぐに方言を発達させるのかという問題に立ち戻る。グリム兄弟その他の歴史言語学者が証明したような、時の経過による発音の変化は、今日存在するきわめて多様な言語を生みだした仕組みの一つである。これは、なぜ方言が発達したのかという、根本的な疑問を提起している。

私の兄弟そして私

方言が、その土地の裏文化《サブカルチャー》と密接な関わりがあることは、広く認められている。特定の方言を話すことは、その集団の一員である印《バッジ》だ。そこに属していることを示しているのである。しかし、なぜ我々は集団の一員であることを認めさせるために、これほど努力するのだろう。そしてなぜ方言は、この点についてこれほど効果的なのだろう。最初の疑問に対する答えは、エンキストとレイマーのただ乗り行為者《フリーライダー》の問題に関係がある。しかし、二番目の疑問――なぜ方言が、この問題に対する解決策として効果的なのか――に対する答えは、これまで述べてこなかった進化生物学の重要な主題、血縁選択の理論に頼っている。

交配・生殖は、進化の見地から明らかに重要である。なんといっても、これは自分の遺伝子を次世代に伝える方法なのだ。しかし、これが唯一の方法ではない。一九六〇年代半ばに、ニュージーランドの昆虫学者ビル・ハミルトン（当時はインペリアルカレッジ・ロンドンの若き大学院生だったが、現在はオックスフォード大学の教授である）は、個体が、自分の持っている遺伝子を次世代に確実に伝える方法には二通りあると指摘した。自分自身が生殖することと、同じ遺伝子を持っている血縁者がよりうまく生殖できるように手助けすることである。

血縁者の生殖を手助けする代価（手助けする者が失った生殖の機会を考慮して測定される）が、血縁者の受ける利益（両者間の関係の深さによって割り引いた後のもの）よりも少ないのであれば、その個体が手助けする方向に行動することは割にあう。この原則は進化生物学者たちが「ハミルトンの法則」と呼んでいるもので、手助けする行為が動物の一個体群内で進化すると期待される条件を特定している。そのメカニズムは血縁選択として知られており、利他的な行為が広がるためのダーウィン主義のメカニズムはこれだけではないものの、生命体一般の行為に関して重要な意味を持っている。

ハミルトンの法則において重要視されるのは、二つの個体が特定の遺伝子を共有しているかどうかである。両者の関係が密接であるほど、共通の祖先から同じ遺伝子を受け継いでいる可能性が大きくなり、ひいては片方の個体がもう一方を手助けする利益が大きくなる。この場合の要点は、条件がまったく同じであるなら、遠い血縁者よりも近い血縁者を手助けするほうが有益であることだ。近い血縁者は遠い血縁者よりも、もっと言えば関係がまったくない個体よりも、所定の遺伝子を共有している可能性が大きいからである。

我々の話にとって重要なのは、人類を含めた非常に高等な生命体が、血縁者を優先する傾向を強く示している点である。人間はたいてい――夫婦がどちら側の血縁者の近くに住むかについては、いくらか話し合う必要があるようだが――非血縁者よりも血縁者の近くに住みたがる。たとえば、前近代的な社会では、新婚夫婦がどちら側の血縁者からも離れて住むことは比較的まれだった。現代の脱工業化社会においてさえ、市場の需要のせいで仕事を見つけるために多くの人々が親元を離れなければならないにもかかわらず、かなりの人数が可能であれば血縁者の近くに住み続けており、離れて暮らす人も、血のつながりのない友人に対するよりも長期間、血縁者と連絡をとり続けている。さらに言えば、人々が関係の薄い者よりも血縁者のほうを助ける可能性の大きいことに、疑う余地はない。「血は水よりも濃い」は、ほぼあらゆる人間文化で繰り返されている感情だ。アラブの諺がありありと再認識させてくれるとおりである。「私は兄弟と対立する、私と兄弟は従兄弟と対立する、そして私と兄弟と従兄弟は［共通の敵］と対立する」。

膨大な証拠が、人間が他の人間との対応において、とりわけ、利他的に行動する代価が大きい場合において、その関係の深さを考慮することを示している。人間が他人に対して利他的になることが絶対にないと言っているのではない。利他的になることもよくあるが、たいていは、そうする代価がごくわずかな場合だけである。無私を描いたディケンズの感動的な小説『二都物語』のシドニー・カートンのような人物は、実際の生活では非常にまれだ。誰に対しても利他的に行動することが本当に「自然」であるなら、これほど頻繁に、利他的に行動しなさいと説かれる必要はないだろう。そういう行動はまったく当然のことと見なされているはずだ。そして、全員が税金を期限までに全額、喜んで支払うことだろう。

ハミルトンの法則が人類にあてはまることを調べるために、ヘンリー・プロトキン、ジャン＝マリー・リシャール、ジョージ・フィールドマンと私は、何年か前に生物学者デビッド・マクファーランドが最初に提唱した、簡単な実験を行なった。被験者は、スキーの静止《アイソメトリック》して負荷をかける運動の一つを行なうよう求められる。支えが何もない状態で壁に背をつけ、腰掛ける姿勢をとるのだ。つまり腿は床に並行になっているが、臑と背中は床に垂直になっている。最初はらくらくとそのような姿勢をとることができる。しかし、足の筋肉が強烈なストレスを受けているため、一分もすると、この姿勢がどんどん辛くなってくる。ほとんどの人はわずか二分くらいしか姿勢を保てずに、床に倒れ込む。

我々は、被験者がこの姿勢を二〇秒間保てるごとに、七五ペンス提供することにした。問題は、ほとんどの場合、彼らの稼いだ金がそのまま他の誰かに与えられるのだ。受取人を誰にするかは、エクササイズをはじめるときに選んであるため、被験者も知っている。各被験者は、苦労して得た報酬の受取人を一回ごとに変えられて、六回ほどエクササイズを行なう。被験者自身が必ず受取人の一人に含まれ、子供のための一流慈善団体も必ず含まれている。残り四名の受取人は、特定の濃さの血縁関係にある個人たちだ——親または子供（半分の血縁関係）、おばまたはおじ（四分の一の血縁関係）、いとこ（八分の一の血縁関係）、そして同性の親友（血縁関係はゼロ）である。

実験の結果は驚くべきものだった。被験者は近い血縁者（親、兄弟）と自分自身のためにはとても懸命に努力したが、遠い血縁者や寄付する場合には、懸命さが劣っていたのである。

もちろんこれは、きわめて単純な状況である。しかし、利他性――他の誰かのために、代価を払うこと――の真の本質は確実にとらえているし、おそらく、我々が日常で接しているような小さな利他的行為の多く、たとえば他人を助けるために少額の金銭を貸したり時間を割いたりすることに対応しているだろう。

別の調査で、アマンダ・クラーク、ニコラ・ハーストと私は、一三世紀のバイキングの伝説を調べた。アイスランドやスコットランドのバイキング社会の歴史は、何十年も長々と続く確執や血の復讐を物語っている。我々は、バイキングが進んで殺害する相手は、人口に占める割合から考えられる数に比べて、近い血縁者のほうが遠い血縁者よりも相対的にかなり少ないことを発見した。彼らは、称号や農場の相続のように賭けられているものが非常に高価な場合にだけ、近い血縁者を進んで殺害する。同じように被害者の血縁者も、遠い血縁者を殺害された場合よりも（この場合は慰謝料を受け取ることが多い）、近い血縁者を殺害された場合のほうが――殺害者がとりわけ凶暴な男で、明らかに仇討ちを試みるときの危険度が高まるという状況でない限り――仇討ちの正当性を主張する傾向が大きい。この傾向は、マーチン・デーリーとマーゴット・ウィルソンが指摘しているように、現代の殺人統計にも反映されている。カナダとアメリカの殺人統計は、血のつながりのある親戚を殺すよりも、一緒に住む血縁関係のない人物を殺す確率の方が二〇倍高いことを示している。

もっと殺伐とした例だが、カナダのデータは、二歳までに子供が死ぬ確率は、実の親の許にいる場合よりも養父母の許にいる場合のほうが六〇倍も高いことを示している。これは養父母がすべて鬼のようだという意味ではない。より大きな視点でとらえてみると、生まれてきた一〇万人の子供に対し六〇〇人という割合の殺害について話しているにすぎない。しかしこれは確かに、養子の遭遇する危険度が、実の両親と暮らしている子供の遭遇する危険度よりも著しく高いことを意味している。他人に対しては抑えきれずに欲求不満《フラストレーション》をぶつけても、そのフラストレーションの原因が自分と血のつながりのある者だった場合、何かが歯止めをかけるのだ。

血縁関係の影響は、社会生活の別の側面にも現れている。たとえば、バイキングが同盟を結ぶ際、血縁者との同盟は血縁関係のない者との同盟よりも持続性があり、引き替えに代価を要求することなく自然発生的に結ばれる傾向が大きい。血縁関係のない同盟者はあらかじめ頼みごとをするか財産を要求することが多いのに対して、血縁者はただ義務感だけから、快く航海のための船を貸したり仇討ちに参加したりする。血縁者を快く助けるというこの感情は、現代の人々の中にも見られる。ダラム大学のキャサリン・パンター＝ブリックは、ネパールの山岳農民の女性は恩に着せることなく進んで血縁者の収穫を手伝うが、共同体内の血縁関係のない者を手伝うとなると、しっかり返礼を期待する（要求もする）ことを発見した。

このように血縁者と暮らしたり手助けしたりするのを重んじることは、私が思うに、生殖能力のない働き蜂がいっそう多くの姉妹たちを産んでもらう目的で献身的に女王蜂を手助けするのとは違って、ただ単に血縁者がより効果的に生殖できるよう手助けしたいという願望を反映しているのではない。むしろ、血縁者はあなたがうまく生殖できることに利害関係があるから、同盟を形成することや日常的な小さな機会のことごとくであなたと助け合う可能性がより大きいという事実から、その結果として生じているようだ。助けが必要なとき、血縁関係のない者からよりも血縁者からのほうが、助けを得る可能性が大きいのである。

血縁は我々にとってきわめて重要に見えるため、我々は他の関係者が実際には血のつながりがない場合でさえ、集団の同一感を強めるために血縁を表す言葉を使っている。そうするときはきまって、その人たちがある意味で非常に大切な場合だ。たとえば、同じ宗教を信じる者を兄弟姉妹と呼ぶことが多い。虐げられた少数派の一員であるときはとくにそうだ。新約聖書の使徒の手紙は、親愛の情を表す言葉で満ちている。パウロはまったく血のつながりのない仲間に、「愛する子テモテへ」と書いている。また、コロサイの信徒への手紙の書き出しは、「神の御心（みこころ）によってキリスト・イエスの使徒（しと）とされたパウロと兄弟テモテ」である。「ヨハネの手紙一」で、ヨハネはこう切り出している。「わたしの子たちよ、これらのことを書くのは、あなたがたが罪を犯さないようになるためです」。キリスト教はとくに、家族の一員というこの感情が染み込んでいる。キリスト教のカノンで最も重要な祈りは「天にいますわたしたちの父《ファーザー》よ」という言葉ではじまるし、もっと世俗的なレベルでは、ローマカトリック教会と東方正教会の聖職者に「神父《ファーザー》」という敬称が与えられているのだ。

興味深いことに、領土を守るよう国民をあおるとき、我々は同じ手段に訴える。この脈略では血縁を表す言葉や、最も親密で最も愛する者を守ろうという訴えが非常によく使われるため、ほとんどそれに気づかないくらいだ。「父祖の地がきみを必要としている！」「母なるロシアを守りに来たれ！」「やつらは娘や姉妹を強姦するだろう！」。我々は進んで参加するよう他人を説得する目的であれば、たとえそれが漠然とした関係にすぎなかろうと血縁関係を持っていることを納得させるために、どんな苦労も惜しまないのである。

分散した大きな群れになったせいで人間が直面する一つの問題は、頼みごとをしようとするフリーライダーが、いともたやすく血縁者だと主張してその組織をだませることだ。一つの解決策は、ちょうどSFテレビコメディ「宇宙船レッド・ドワーフ号」の登場人物リマーが、自分の状態がホログラムであることを示すため額《ひたい》にHという文字をつけていたように、自分の額にDNAパターンを押印することかもしれない。言うまでもないが、これはかなり難しいことである。とはいえ、ヒンズー教徒のカーストのしるしがちょうどそのような記号であることに注目する価値はある――しかももちろん、カーストの所属は継承されたものなのである。出会った誰かが本当に血縁であると確信する一つの方法は、群れの一員である証、なんらかの印を見せるよう要求することである。もちろん、ほとんどの印は、あまりにもたやすくごまかせる。効果的にするために、印は、(とても高価な自動車に相当するくらい) 所有する費用が高いか、(ごく幼い頃から何年も練習する必要があるために) 習得することが難しいか、どちらかでなければならない。

実は、ほとんどの動物が家族的な関係に頼っている。統計的に言えば、あなたが一緒に育った個体の大半は血縁者である可能性が大きい。確かにときおり間違いはあるが、その間違いを見分けそこなう回数が非常に多くなってはじめて、ハミルトンの法則が損なわれるほどのものになる。進化の過程は絶対的な価値ではなく相対的な利益を重視するため、見分けそこなう度合いが案外大きくても許容できるのだ。

言語は人生をはじめるにあたって欠くことのできない時期に習得されるため、方言は明確な印になる。自分と同じアクセントで同じような言葉を使い同じように話す人物は、ほぼ間違いなく自分の近くで育っており、少なくとも産業革命前の社会においては、血縁者である可能性が大きい。もちろん、一〇〇パーセントの保証はできないが、単なる当てずっぽうよりずっとましである。

ところが、方言にはもう一つの長所がある。少なくとも世代という尺度からみれば、比較的短期間のうちに変化することができるのだ。これによって、長い時の間に個体群が移動したパターンをたどることが可能になる。移住した群れは、一世代くらい経つと、同じ言葉を使っていても話し方やアクセントを変化させている。オーストラリア移住者のほとんどが過去一〇〇年の間にそこへ移ったという事実にもかかわらず、オーストラリア人と英国人のアクセントが現在どれほど異なっているか、考えてみよう。そうすると、明らかに提唱できるのは、方言はただ乗り行為者《フリーライダー》の問題に対処するための一つの適応形態だということだ。群れは新しい話し方、まったく同じことがらに関する新しい言い方を絶えず開発することによって、その一員を確実にたやすく見分けられるようにしている。しかも、人生がはじまるときに習得する必要があるために欺きにくいという印を利用している。長期間その群れで生活することなく群れの話し方やアクセントを身につけるのは、たやすいことではないのだ。

ダン・ネトルはこの考え方を検証するために、一定のレベルの資源を獲得したとき（要するに、なんとか命をつなぐだけ以上の食物を食べているとき）のみ生殖できる「世界」において、異なる戦略を使って互いが競争するような、コンピューター・モデルを開発した。個体は問題の資源を獲得するために協力しあうことができるし、生殖に十分なだけ獲得するためにはそうしなければならないことが多い。ある個体は協力者だが、別の個体は詐欺師で、援助は受けるがその後返礼することを拒む。協力者の中には、自分と同じような方言を持つ個体しか手助けしない者もいる。しかし、接した方言をすばやく模倣できるような種類のフリーライダーもいる。方言が時を経てもずっと不変のままである限り、模倣して欺く戦略は非常にうまくいき、他人の犠牲のもとで繁栄するということを、このモデルは示した。しかし、方言が（世代という尺度から見て）適度な速さで変化すると、欺く戦略によって協調して暮らす人々の集団に足がかりを作ることは――少なくとも、その個体たちが過去に敵対した者を覚えていることができるという条件では――ほぼ不可能だった。方言が変化し続けることは、荒らし回るフリーライダーたちへの防衛を確保するのだ。

そうすると方言は、人間本来の協力性を利用しようとする者の略奪行為を抑制する試みとして、発生したらしい。我々は相手が口を開いたとたん、それが自分たちの一員かそうでないかをたちまち知るのだ。たとえば、歴史の中には、戦闘の敗者たちが正しく言葉を発音できないせいで見破られた事例が、いくつも存在する。「士師記」の一二章に、以下のように書かれている。

ギレアドはまた、エフライムへのヨルダンの渡し場を手中に収めた。エフライムを逃げ出した者が、「渡らせてほしい」と言って来ると、ギレアド人は、「あなたはエフライム人か」と尋ね、「そうではない」と答えると、「ではシイボレトと言ってみよ」と言い、その人が正しく発音できず、「シボレト」と言うと、直ちに捕らえ、そのヨルダンの渡し場で亡き者にした。そのときエフライム人四万二千人が倒された。

また別の有名な事例では、エルサレムの大祭司カヤパの屋敷の中庭で、使徒ペトロがよそ者でありガリラヤ人であることを、すぐに見破られている。福音者マルコによると、しばらくして、今度は、居合わせた人々がペトロに言った。「確かに、お前はあの連中〔今しがた逮捕されたイエスの弟子〕の仲間だ。ガリラヤの者だから。言葉遣いでそれが分かる」。すると、ペトロは呪（のろ）いの言葉さえ口にしながら、「あなたがたの言っているそんな人は知らない」と誓い始めた。

このような例は、遠い過去に限られたものではない。第二次世界大戦末期のオランダでは、避難する市民たちにまぎれて逃げだそうとしたドイツ人兵士たちの多くが、オランダのレジスタンス戦士たちに複雑なオランダの地名を発音するよう要求されて、企みが失敗に終わっている。

そういうわけで、言語はきわめて社会的な道具である。このおかげで我々は、複雑で絶えず変化する社会的な世界において、生き残るための能力に関わる情報を交換できるだけでなく、他人を味方か敵か区別できる。そして、おそらくそこに、7章で述べた有史以来の言語の発達の起源があるのだろう。言語は当初、限られた場所の方言として多様化したが、限られた場所の群れが他の群れとの争いに際して同一性《アイデンティティ》を維持しなければならなかったため、最終的に方言は、相互理解できなくなったのである。少なくとも西アフリカには、赤道近くの人口密度の大きい場所のほうが、ずっと北部の人口密度が小さくて隣人との近接がさほど問題にならない場所よりも、言語のばらつきが著しい（つまり、単位面積あたりの異なる言語数がより多く、それぞれの言語を母国語として話す人数がより少ない）ことを示す証拠が存在する。

この研究結果が確証された場合（目下ダン・ネトルが検証中であるが）、方言が変化する速度は一定ではなく、人口密度に正比例することが示唆される。人口密度が大きいほど、方言の変化は速くなるのだ。わずか一万年前の農業の発見は、人類の生態の大きな分岐点となっている。このおかげで人々は、移動性の狩猟採集生活民であったときよりも、はるかに密集して暮らせるようになったことから、農業は人口増加率にめざましい影響を与えた。そうであるなら、方言がかなり最近の起源を持っていると主張しても、信憑性があるように思える。農業革命以前は、方言はゆったりした流れでゆっくりと変化しており、おそらく人々は非常に広い地域で同じ方言を話していただろう。バベルは、実際、そう遠い昔のことではなかったかもしれない。

原註

1　民族共通の記憶が遠い昔のできごとに関する知識を持ち続けられるという好例は、考古学者ジョセフィン・フラッドによると、一部のオーストラリア原住民族の創造物語が、オーストラリア南海岸沖のタスマン海海底の地形や、海が押し寄せてきてオーストラリア北部および南部の海岸のたくさんの島々と本土との陸のつながりが断たれた経緯を、驚くほど正確に描写していることである。以前の氷河期の間、この地域の海底は陸地として現れていたのだろう。原住民の祖先たちが最後にそこを歩けたのはおよそ一万年前のことであり、それは、最後の氷河期の終わりに氷床が溶けるに従い海面が上昇したせいで、これっきり波の底に沈んでしまう直前だった。さらに、この点に関しては、オーストラリア原住民だけではないらしい。スカンジナビアのラグナレク神話では、合間に夏が訪れることなく厳しい冬が続いていたファンブルビンターと呼ばれる時期について、説明している。これは、紀元前一〇〇〇年頃、北欧に打撃を与えた「小さな氷河期」の民族共通の記憶だと言われている。

2　実を言えばマダガスカル島は、アフリカの南東沖にありながら、約二〇〇〇年前になってはじめて、太平洋沿岸の民族が定住した場所だ。彼らの言語であるマラガシー語は、現在ボルネオで話されている言語の一部と密接な関係があり、おそらく初期の貿易遠征の結果、そのころ無人だったマダガスカルに到達したのだろう。

3　ミトコンドリアは各細胞内にある小さな発電所で、細胞にエネルギーを供給している。現在、これは当初ウィルスであって、はるか昔の単細胞生物の細胞に侵入してそこに留まり、その細胞自体の核のＤＮＡと共生関係を築いたのだと考えられている。

9 生活のちょっとした儀式

我々は、人間の言語がどれだけ話し手の意図の解釈に依存しているか、過小評価することが多い。心の理論（ToM）と高次の志向意識水準の階層がなければ（5章を参照）、他人の話すことについてほんの表面的な意味しか理解できないだろう。会話は事実だけを伝え、無味乾燥になる。暖かみや詩情は、『スタートレック』のミスター・スポックと会話するときのものくらいしかない。ごく未熟な形の文学もなくなるだろう。せいぜい期待できるのは、かなり退屈で説明的な詩くらいなものだ。ところが実際には、我々は言語を日常的に利用しながら、最終的に自分の利益のためになるよう周囲の人々の生活に影響を与えようとしている。

そして、そこに言語の大いなる不可解さが存在する。我々が善用しているものは、同じくらいたやすく悪用できるのだ。我々はマキアベリズムと階層の深い心の理論の助けを借りて、誤解させたり言いくるめたり丸め込んだりするために、プロパガンダを流すことができる。これまでは概して、言語のこういった少しばかり不名誉な特徴に関して述べるのを避け、群れを結束させるという点で言語が与えてくれる、より一般的な恩恵に話を集中させてきた。しかしそろそろ、人間の行為のこのような側面をもっと詳細に見てみよう。

プロパガンダという裏技

ただ乗り行為者《フリーライダー》たちは、これまで述べてきたように、現生人類に典型的な分散した大規模な群れにおいてとりわけ深刻な問題である。現実世界の荒波を生き残ることが、大規模で結束力のある群れを維持することにかかっている場合、彼らが優位に立つのを妨げることが、きわめて重要な問題になってくる。エンキストとレイマーは、ゴシップは、フリーライダーの行動を抑制するメカニズムとして進化したのかもしれないと提唱している。人類はフリーライダーの行動に関する情報交換によって、社会的な不正に対する事前の警告を得ることや、彼らが実際に不正行為を働いたときには恥ずかしい思いをさせて社会規範に従わせることに、言語を利用することができる。これは不正を抑制するのに効果的な仕組みであり、エンキストとレイマーは、協調派がゴシップを交わす共同体ではフリーライダーの成功率が下がるのを数字で示すことができた。言語が発達したのは、おそらく、友人や知人の動静を知るためではなく、むしろフリーライダーの動静を知り、彼らを強制的に従わせるためだろう。

確かに、この説を裏づける実験的証拠がいくつかある。カリフォルニア大学サンタバーバラ校のレダ・コスミデスは、人間の心には、社会的な合意に従わない者を見破るように設計された特殊な構成単位《モジュール》があると唱えた。彼女はこれを実証するために、ウェイソンの選択課題と呼ばれる、よく使われる心理テストを利用した。本来のウェイソンの課題では、被験者は四つの記号――たとえば、A、D、3、6――が書かれた四枚のカードを見せられる。そして、各カードの裏にも記号が一つ書いてあると告げられる。

また、母音のカードの裏面は必ず偶数であるという原則があることも告げられる。この原則が真実であることを確かめるには、どのカードを裏返すべきなのか。

論理的に正しい答えは、Aのカードと3のカードを裏返すことだ。Aのカードの裏面は偶数でなければならないし、3のカードの裏面は母音であってはならない。この問題をテストされた人々の約四分の三が、間違った答えを出している（当てずっぽうでカードを選んだときに予期される数字にほぼ近い）。ほとんどの人は、Aのカードのみ、あるいはAのカードと6のカードを選ぶ。ところが、与えられた規則は、偶数のカードの裏面が必ず母音であると言っているのではなく、母音のカードの裏面は必ず偶数であると言っているだけなのだ。偶数のカードは裏面が子音と母音のどちらであっても、原則を破ることにはならない。

コスミデスは、同じ論理によっているが社会契約の装いを施した課題を被験者に与えた場合、彼らがおおむね難なく正しい答えを出すのを示すことができた。その社会的な課題の一つは、未成年飲酒の規則である。被験者は四枚のカードの代わりに、テーブルを囲んで座った四人の人物を示される。一人は一六歳で、一人は二〇歳、一人はコカコーラを飲み、一人はビールを飲んでいる。社会的な規則では、一八歳を過ぎた者だけが飲酒できる。この規則が破られていないことを確かめるためには、どの人物をチェックする必要があるだろうか。答えは自明である。一六歳の人（なぜなら、一六歳は飲酒を許されていないから）とビールを飲んでいる人（なぜなら、その人は一八歳を過ぎていなければならないから）である。二〇歳の人は好きなものを飲めるし、誰でもコカコーラを飲める。この形の課題は、ほぼ全員が正しい答えを出した。ところが、同じ課題でも抽象的な形になると、情けないくらい間違うのだ。

コスミデスは、我々には、社会契約の状況を認識して違反者を見破るよう設計された思考装置が、生まれつき備わっているのだと主張している。これがなければ、人間の社会的な群れは崩壊して、エンキストとレイマーが確認した利己性というブラックホールに吸い込まれるだろう。協力的に行動することは我々が生存するために必要不可欠であるから（実際、人間の進化における最も重要な戦略と見なされるかもしれない）、集団の利益のために合意した規則に従うことを監視するメカニズムが必要になる（ここでいう集団の利益とは、長期的な観点から各個人にとって最善のものである）。

このように社会的な不正に関して決定的な利害があるということからすれば、我々は、言語が社会的な装置として何通りかの動き方をする可能性があるという事実を検討しなくてはならない。私はこれまでのところ、言語の社会的な機能は、概して友人や知人に関する情報交換であると想定する方向をとってきた。しかし、もしかしたら、言語は実際には、大きな群れの安定性を確保する装置として、多様なやり方で結束の効果を生みだしているかもしれない。友人や同盟者が何を行なっているか常に知っていられるようにすることは、一つの可能性である。しかし明らかに、フリーライダーに関する情報交換の可能性もある。三番目の可能性として、言語が他人の自分に対する評価に影響をあたえる装置を提供することがある。

たとえば、心理学者のニック・エムラーは、我々が日常的に言語を使用するかなりの部分が、実際は評判操作に関係しているのだと主張している。自分に対する聞き手の認識に影響を与える目的で、自分自身の情報を伝えることができるのだ。自分の好き嫌いや、さまざまな状況で自分がどのように行動するか（または、どのように行動すべきだと考えているか）、自分が何を信じ、それをどのくらい強く信じているか、何に対して不賛成であるか、等々を語ることができる。わざと無礼にふるまったり、卑屈なくらい愛想よくしたりできる。相手を侮辱したり、お世辞を言ったりできるのだ。これによって、自分がけっして仲良くできないと思う相手を遠ざけたり、自分のためになるかもしれない人物をもっと親しくなろうという気持ちにさせたりすることで、役に立つ人と役に立たない人とをいともすみやかに選別できる。あるいは、もちろん、悪意のあるプロパガンダを行なって、人々の心の中に敵に関する疑いの種をまいたり、少し疑わしい友がしっぽを出すまで徹底的に誉めることもできるのだ。

言語の長所をいくつも確認できるという事実から、どの一つが言語を進化させた主要な選択圧だったか（そして他の長所がただ単に、いうなれば進化というケーキにまぶした砂糖なのか——役に立つ付加的な利点ではあるが、それ単独では言語の進化を促すほどの重要性はないものか）という疑問が起こる。決定的な答えを得るには、他の利点をすべて排除し、たとえば監視機能だけを残した場合に、言語が生き残ることを証明しなければならないだろう。言語のように複雑なものでは、しばしば、それが現在供しているさまざまな機能を分離することが難しい。とはいえ、単純に、どの一つの機能が他のものよりもよくあるのか尋ねるだけで、せめて答えと思われるものが示唆されるかもしれない。

アンナ・マリオットはこの問題にいくらか光明を見いだそうとして、私のために、人々が話している内容のより詳細な調査を引き受けてくれた。彼女は、批判および否定的なゴシップが会話時間に占める割合はわずか約五パーセントを占めるにすぎず、社会的な状況への対処方法に関する助言を求めたり与えたりする時間も同じくらいであることを発見した。群を抜いてよくあった話題は、誰が誰と何をしていたかと、個人の社会的な経験だった。その約半分が、他人の行為に関することで、約半分が話し手か目の前の聞き手の行為に関することだ。このことから、他の何が行なわれていようと、フリーライダーの行為や社会的な詐欺を監視することは、言語能力の主要な用途ではないだろうと示唆される。

もちろん、言語の主要機能が、たまにしか必要ないものだという可能性はある。悪者に警告できることは、群れの円滑な運営にきわめて重要であっても、これを行なう必要はめったにないのかもしれない。必要ないときはこの機能がずっと使用されずにいようと、利益がそれなりに大きければ、その代価を忍ぶに値するのかもしれない。このことは、我々が行なっているあらゆる長話、あらゆる社会的なゴシップの役割が、ただ単に、話すための装置に油を差して手入れし、突然それが必要不可欠になるような予測できない瞬間に備えているにすぎないことを意味する。

これはもっともらしい意見のようだが、この装置を備えるための代価がかなり大きすぎるように思える。進化はふつう、時間はもちろんのこと、資源をこれほど無駄使いしない。思い出してみよう、脳は体の全エネルギーの五分の一、大きさだけから予測される量の約一〇倍を消費しているのだ。しかも、フリーライダーの問題には、より費用効果が大きく、より簡単な解決策がある。なぜあっさりと、ほかの猿や類人猿すべてにこれほど効果的に働いているように見える手段に頼らないのか――悪者に一発ガツンとやらないのか。このほうが、脳の大きさという観点からすると代価がはるかに小さいように思える。要するに警告機能は、どれほど有益であろうと、大きな脳あるいは言語の発達を促進する要因であったとは考えにくい。事実、これは論理的に間違っているようだ。フリーライダーの問題は、我々が大きな群れで生活しているという事実の結果であり、大きな群れで生活することは、大きな脳と言語がなければ不可能であるように見える。

より大きな可能性として、自己宣伝が重要な要因だろうという説のほうが残る。実際にも人々の会話を分析してみると、我々が言語のもたらす宣伝の機会をときどき利用していることは明らかである。ほかならぬ我々の調査から得た二つの発見が、この方向を強く指し示している。

我々の調査での思いがけない発見の一つは、男性と女性の間で、話している話題に関する差異がほとんどなかったことだ。男女いずれも、個人的な人間関係や経験を話すことに同じだけの時間を費やしていたし——世間一般に信じられているのとは違って——男女とも、他人の人間関係や行為について話すことにも時間を費やしていた。また、我々の標本において、男性のほうが女性よりも政治や高級芸術（もちろん低級芸術にしても）について話す傾向が大きいということはなかった。ところが、著しい違いが一つあった。男性が男女混合グループに入った場合、仕事や学術的問題あるいは宗教や倫理に関して話す時間の割合が、めざましく増えたのだ。どんな場合でも、総会話時間においてこれらの話題に費やされる割合は、全員が男性のグループでは〇〜五パーセントだったものが、男女混合グループでは一五〜二〇パーセントに増えた。男性はこの点に関し、女性に比して著しい変化を示したのである。

この結果の一つの解釈は、会話がしばしば一種の音声のレックとして機能することだ。レックとは、雄が潜在的な交配相手としての自分の資質を雌に宣伝するために集まる、求愛場所のことである。これは、アンテロープや鳥類のような動物で広く行なわれているが、ふつうは雄が子供を育てる行為に貢献しない（または、できない）ような種においてのみ見られる。孔雀はレックを行なうきわめて典型的な鳥だ。雄は、雌がよく訪れる区域内の小さなテリトリーを守っていて、どんな雌であろうと雌が近寄るたびに力のかぎり誇示行為《ディスプレー》を行なう。雌は雄から雄へと渡り歩き、示された資質を値踏みする。最終的に、たぶんあまりぱっとしない一群の中で最良と思われるものに決めた後、雌はそれぞれ自分の選んだ雄と交配して、それから別の場所へ向かい、のんびりと卵を産んだり雛を育てたりするのだ。

人類において会話として認められているものの大半が、レック行為として説明がつくかもしれないという説は、我々の会話の調査から得られた二つ目の発見によって説得力が増した。我々は、男女間で、社交上の話題に費やす時間の長さに違いを見いだせなかった。どちらにおいても、会話している時間の約六五パーセントが、何らかの経験について話すことに費やされていた。ところが、両者にはっきり違いのある点が一つあった。誰の社交上の経験について話すのが最も多いかという点である。少なくとも比較的若い被験者のグループでは、女性は、社交上の話題のおよそ三分の二の時間を他人の社交上の経験や行為に関して費やす（そして、およそ三分の一の時間を自分自身に関して費やす）傾向があるのに対して、男性は三分の二の時間を自分自身に関して費やしている（そして、わずか三分の一の時間だけしか、他人に関して話していない）。

この男女間の相違は、人々が互いに会話している際に起こっているのではないかと我々が考えていることにとって、重要な意味を持っている。ごく順当に解釈すると、女性がネットワークづくりに従事しているのに対して、男性は宣伝に従事しているのである。

ネットワークづくりはおそらく、子供をうまく育てるための適切な環境を作るという意味において、女性が従事する中でもこの上なく重要な活動だろう。これがもたらす支援ネットワークは、出産や子育ての過程に関する相互情報交換や、食料調達および庭仕事の手伝い、感情的に辛いときの心理的な支援など、大小あまたの支援を可能にする。

これに対して男性社会は、もっとあからさまに競争的であり、協力的な面がはるかに少ない。あからさまであろうとなかろうと、その関心の的は交配または、これから交配の機会をもたらすであろう資源や地位を獲得することにある。その過程において、宣伝はきわめて重要な要素となる。

大学という知的社会では、カントやロマン派の詩に関する知識をひけらかしたり、熱力学の第二法則に関する前日の講義を説明できたりすることで、自分の知的能力を立証するのは、能力や資格を示す格好の品質証明なのだろう。これらのおかげで他より優れていることを示し、交配の競争において際立った候補者になれる。そのような環境における知的な能力は、ブリッジクラブにおいて最高のカードプレイヤーになることや、音楽クラブにおいて最高の演奏者になることと同様に、将来の地位または経済力を示す立派な基準なのだ。よく言われることだが、知は力なのだ。

目は口ほどにものを言う

我々が発する文の意味のうち三分の二もの部分が、実際は、話す言葉に伴う言葉ではない信号《シグナル》によって、伝えられているのだと言われている。その大半は、我々がときに故意に、ときに何気なく示した、言葉に出さない身振り言語によって表されるのであり、我々はこのような合図《キュー》にきわめて敏感であるようだ。

私は周囲への反応行動の調査を行なっているとき、人々が周囲の環境のこういった面に対して敏感であることをとくに痛感した。その調査は、人々が会話している間でも周囲を確認している、その頻度に関するものだった。これを行なうにあたって、我々は被験者を一人選び、その人物が周囲に目をやるたびに記録しなければならなかった。顔を上げて見るしぐさはとらえにくいことが多く、一回も見逃さないようにするために、最長五分間くらい被験者の目をじっと凝視し、顔を上げるしぐさがあるたびに数える必要があった。ほどなく我々が発見したのは、人々は、たとえ大ホールの遠い片隅からであろうと、見つめられていることに気づくことが多い。人々はときには部屋じゅうにさっと視線を走らせることもあるが、たいていはただ片方の目の端から、周囲で何が起こっているかを絶えず監視している。そのせいで我々は、被験者をうろたえさせたり、その顔を上げる自然なパターンを乱したりしないために、データ収集方法を変更しなければならなかった。誰かが自分を見ていることに気づくと、より頻繁に顔を上げるようになるからだ。

実際、我々が日常生活において絶えず、このような合図の利用や監視をともに行なっていることは明らかだ。なかでも視線《アイコンタクト》を合わせることは、他人の誠意のしるしや、自分に対する関心のしるしとして、とくに重要である。カントリー歌手のヘレン・ダーリングがその歌「蝶は行ってしまった」'The Butterflies Have Gone Away' で嘆いているのは、恋人の「孤独な目がもはや私を追っていない」からであり、その中に、恋愛の終わりを示す最初の微妙な兆候を認めたからだ。パパラッチが最初に気づいたチャールズ皇太子とダイアナ妃の関係崩壊の兆候は、二人が公式行事で触れ合いもしないし、互いに目を見交わすこともないという事実だった。我々はアイコンタクトを非常に重んじている。格言でも言っているではないか。こちらの目を見返せない人物は、けっして信用するなと。

アイコンタクトの利用は、新たな関係をはじめるという脈略で重要だが、とりわけ女性にとってそうである。望ましくない結果に発展しそうな状況を制御することは、数多くあるきわめて重大な仕事の一つだ。独身者向けバー《シングルスバー》における行動調査は、少なくともこの脈略では、女性が求愛・交際行為に関して驚くほど主導権を行使していることを明らかにした。二、三の顕著な例外を除き（そして、大量のアルコールを摂取していない状況で）、男性はアイコンタクトのような無言の激励を受けない限り、女性に対して交際を求めるのを驚くほどためらう。この点における二つの最も重要な信号は、目をそらすことのない強烈なアイコンタクトと、いわゆる「あだっぽい《コィ》」信号、つまりアイコンタクトをほんのしばし行なったかと思うと、さっと目をそらしながらかすかに微笑んだり顔を赤らめたりすることである（すぐ後に、目の端からちらっと見返すことが多い）。

この信号を読み取ることは、実を言うと、きわめて太古からの霊長類の習性である。これは、スイスの動物学者ハンス・クマーとクリスチャン・バッハマンが行なったマントひひの研究において、かなりはっきりと実証された。雄のマントひひはひひとしては珍しく、小規模の雌のハーレムを持っている。女性との交配権はハーレムの所有者が油断なく守っており、雄たちはふつう、ハーレムの雄が持つ雌への支配権にあえて手を出そうとはしない。それどころか、潜在的な競争相手たちはハーレムの近くにいる際、雌に関心があるかもしれないと思われるような気配を少しも見せないよう、懸命に努力する。じっと座って遠くを一心に見つめたり草の葉をもてあそんだりし、たいていはその雄とも雌たちとも、アイコンタクトをできるかぎり避けている。

バッハマンとクマーは、競争相手がハーレムの雄をはるかにしのぐ力を持ち、過去の経験から所有者に勝てることがわかっている場合は、ときおりその雄から雌を奪おうとすることを発見した。しかしそうするのは、雌が、現在の雄にさほど関心がないことをはっきり示す信号を与えた場合だけだった。主な合図は、ハーレムの雄が移動するときに雌がどれほどいそいそと後に従うか、そして雌が雄をどれだけ頻繁に見るかであるらしい。ふつう、マントひひの雌は自分の雄の後にぴったりくっついて従う。しかし、雌が一瞬ためらうことや、雌がついていかないせいで雄が立ち止まって振り返らなければならないほどぐずぐずすることは微妙な合図であり、そこから競争相手の雄は、感情が細やかなマントひひの社会においてふつう要求されるほどは、雌が自分の雄に関心を持っていないことを読み取る。アメリカ人霊長類学者バーバラ・スマッツは、ケニアでオリーブひひを研究した際、非常によく似た現象を認めている。オリーブひひはマントひひよりも相手を選ばずに交配する傾向があり、形式は定まっていないものの、雄たちは、雌が本当に現在の配偶者に関心を持っているかどうか測るために、同様の微妙な合図に頼っているようだった。

しかし、恋敵に取って代わることは、簡単なことではない。雄の交代にそれだけの値打ちがあるのだと、当の交配相手に納得させる必要がある。他の条件がすべて同じなら、未知の相手より知っている相手の方がましなのだ。将来の交配相手が、ある雄が自分の配偶者としてふさわしいという印象を持つ必要がある。相手選びのほとんどは、他の哺乳類と同じように人間においても、最終的には、男性が自分の売り物となる芸を宣伝し、売り出された男性の中から女性が選ぶということに落ち着く。相手を見つけることは、本質的に、宣伝合戦なのである。

アメリカ人人類学者クリスチン・ホークスは、伝統的な狩猟採集社会において、狩りは、ちょうどそのような「ひけらかし」の一形態なのだと主張している。彼女はアンテロープのような大きな獲物を狩ることから得られるエネルギー報酬を計算し、これにエネルギーおよび時間を費やすのはまったく割にあわないと結論した。実際に男性が何かを捕まえると、たちどころに野営地《キャンプ》に持ち帰り、これみよがしに全員に分け与える。実を言うと、罠をたくさん仕掛けて一日おきに五分ほど訪れることができるようにしたほうが、はるかにうまくいくのだ。それでも男たちは狩りの重要性を力説し、たとえ経済的に意味がなかろうと、これに膨大な時間と労力を費やしている。

ホークスは、狩りを、親としての投資に関係のある経済行為——原型的な先史の男たちは、妻や子供たちに食べさせるため、狩りに出かけた——として考えるのは、間違いだと主張している。彼女の主張によれば、実を言うとそれは本当は、交配争いの一部なのである。大きな哺乳動物を狩ることは困難で危険を伴う行為であり、獲物をうまく得るには優れた技能を必要とする。狩猟をする男性は——ほとんどの狩猟採集社会において、ふつう男たちは自分一人だけ、あるいは二〜三人の集団で狩りをする——必然的に、ライオンのような捕食動物に待ち伏せされる危険や、蛇や象などの脅威に、自らをさらしている。雪上車が狩りの危険度を減らす以前のエスキモー社会では、男性は冬の氷上での死亡率が著しく高かった。北極地方のもっと厳しい居住環境において、男性の平均寿命は女性の半分以下だったこともある。狩猟をする男性は、自分自身に対するこのような危険に加えて、獲物にする機会をうかがうために餌となる動物の後をつけたり忍び寄ったりするという、相当の技能を身につけなければならない。狩りは勇気、体力、技能の実証であり、自分の遺伝子がどれほど優れているかに関する文句のつけようのない保証を与えてくれるのだ。

狩りはどこから見ても、中世ヨーロッパの騎士道物語に登場する野心に燃えた若い騎士に課された難題である。これらの物語では、その勇気を試すために、若い騎士が超人的な課題を与えられる——窮地に陥った乙女を救う、眠り姫を起こす、村を恐怖に陥れている竜を殺す、聖杯を探しだす、これまでけっして負けたことのない騎士と戦う、岩から剣を引き抜く。このような難題は、必ずしもヨーロッパの民話に限られたことではない。若いマサイの戦士は、自分の槍を投げ捨て、隅に追いつめたライオンの餌になることを志願する。戦士は盾を体の前にかざしてライオンに向かっていくことによって、ライオンが自分に飛びかからずにはいられないように仕向ける。そのおかげで、仲間たちは比較的安全にライオンを槍で突くことができるのだ。しかし、それが達成される頃には、ライオンの後脚の爪が――若者の盾の下で足をひっかけて――しっかりと彼の腹を引き裂いている。もし彼が生き延びたなら、村の英雄としてあがめられ、夫を探し求めている娘たちの相手として引く手あまたになる。

同じような事例のかなり華々しいものとして、若きユーアート・グロギャン大尉は、一八九九年に喜望峰からカイロまでのアフリカ全長七二〇〇キロを踏破して、愛する女性を手中に収めた。彼女の家族は、娘が慣れ親しんできたと思われる状態に生活を維持できないだろうと考え、彼のことをろくでなしとして退けてしまっていた。グロギャンはめざましい冒険をすれば彼らが考え直してくれるだろうと思い、(財産ではないが) 名声にかけたのである。彼らはそのとおり、彼を見直したのだった。

我々自身の社会では、若い男性が情熱と信念を持って、あえて過度なスピードで自動車レースをしたりスポーツをしたりするが、そうする価値があると思っている女性はほとんどいないだろう。ところが、自分自身がそういった行動をとることにはさほど興味を示さないのに、女性は男性が実行すると相変わらず感心するし、その勝負の優勝者と交際するために同じくらい激しく競い合っている。アメリカの元バスケットボール選手マジック・ジョンソンも、彼とベッドを共にしたがる女性に閉口させられたことでは、例外ではなかった。こういった行動がもっぱら男性の交配ディスプレーであると考えれば、女性がそれを試みたとき（最近の二つの事例をとってみると、喜望峰からカイロまで歩いたり、単独航海で世界一周したりしたとき）に、はるかに人々の関心が低い理由の説明がつくだろう。

このような「英雄的な課題」すべてに共通しているのは、ごまかすのが難しいということだ。これらは一人前の男と子供とを区別し、口先だけの者と本当に実行できる者とを区別する。子供の父親になる適性の証明として、そしておそらくもっと重要なことに、予知できない不確実な世界にあって子供たちを養う適性の証明として、祖先の世界における狩り以上に厳しいテストは思いつきにくい。

認知科学者ジェフ・ミラーは、人類の脳の進化は主に性的な宣伝の必要性によって推進されたと唱え、この問題に別の見方を示している。見込みのある相手を楽しませ、詩や歌で惹きつけ、笑わせる能力——これらは、彼の説によると、人間の脳がそれを行なうように設計されているものなのだ。しかも、これは結婚相手を捕まえるというだけの問題ではない。というのも、彼にしろ彼女にしろ、他の誰かにもっと心を動かされることは、いつだってありうるのだ。アリスが『鏡の国のアリス』で出会った〈赤の女王〉のように、ただ同じ場所にいるために走り続けなければならない。狩猟民が、自分はまだ共同体随一の結婚相手であることを証明せんがために狩りを続けるのとまさに同じように、現代の男性も自分の相手を笑わせ続けなければならないのだ。

この考え方をとくに興味深くしているのは、ほとんどの人が知らないでいる、微笑や笑いの特性だ。両方とも、内生アヘン剤の生成を促すことにかけて著しく有効なのである。どちらもふつうとは異なる筋肉の動きを伴うし、とくに笑いは、エネルギーの見地からすると驚くほど高価である。我々はひとしきり思い切り笑ったあと、疲れ切ってぜいぜい言うことになる。気管にすばやく断続的に空気を送り込むには、制御も大変だし労力もかかるのだ。むっつりして元気のない状態でいると、気持ちが沈む。だから、人生における幸福の最善の処方は、できるかぎり笑うことだ――アヘン剤が血管のなかにどっとあふれ出すおかげで、心が温まり、満足感を得る。同じ理由によって、見込みのある相手を笑わせると、その相手の神経から安心感を抱かせることができる。

微笑や笑いには、独自の魅力的な自然史がある。アメリカ人心理学者ボブ・プロバインは、会話の間に話し手と聞き手が笑う回数を記録した。そして、女性は男性よりも笑う傾向があり、しかも自分が話し手であるときよりも聞き手であるときのほうがいっそう笑う傾向があること、女性の話し手より男性の話し手に対していっそう笑う傾向があることを発見した。これに比して男性は、男性が言ったことよりも女性が言ったことに対するほうが、笑う傾向がずっと小さい。

これらはいくつかの理由により、興味深い発見である。示唆していることの一つは、女性のお笑い芸人は男女双方の観客から笑いを引き出すのが難しいだろうから、男性のお笑い芸人よりも成功する確率が少ないということだ。女性のお笑い芸人は男性のお笑い芸人よりも大げさに演じて、男女はこんなふうに行動するものという従来の固定観念を、より強烈に破る必要があるのかもしれない。

微笑や笑いへの反応に関するこのような男女差は、社会が男性によって支配されていることの反映だと解釈されてきた。女性が男性に対してより微笑んだり笑ったりするのは、微笑や笑いが従属の表明だからというのだ。これらの行為は人類にとって、尾を足の間に下げるというような、動物のなだめ行動に相当するものとみなされている。

なるほど、「作った」微笑や笑いの類は、ある状況においてなだめ行動にあたるかもしれない。たとえば、ある病院の医師たちを調査したところ、地位の低い医師が地位の高い医師に対して笑う傾向のほうが、逆の場合よりも大きいことや、地位の低い医師のほうが上司に対して笑いかける傾向の大きいことが示された。しかし、微笑や笑いには多様な種類があり、そのすべてがなだめる気持ちの表示というわけではない。何といっても、我々は自分ではまったく何もできない赤ん坊に笑いかけたり微笑みかけたりして膨大な時間を費やしているのだし、同じように、友人に対しても劣等感をまったく感じることなくそうしている。

それよりもずっと信頼できる説明は、女性が男性に微笑むのは、自分に関心を持つ気にさせるためだということだ。女性は絶えず値踏みしているのであり、現在の相手と目前に現れた他の男性とを比較している。ほとんどの場合、自分がすでに持っているもので満足して手を打っているが、周囲の状況をうかがい続けることは重要である（結局のところ、誰一人として完璧ではないのだし、現在の相手が自分を捨てないとも限らないのだ）。男性が自分を笑わせてくれる能力を試すことは、ひそかにその資質を値踏みする方法として、他にひけをとらないものなのだろう。

求婚ゲーム

我々の生活の中では相手選びや雌雄選択が広い範囲にわたって重要であることを明瞭に示す、詳細でしかも驚くべき観察結果は他にもある。それは、男性と女性とで、アクセントの身につけ方が著しく異なることだ。成長するに従って、男の子は地元の労働者階級のアクセントを身につける傾向があるのに対して、女の子はもっと中立的な中流階級の標準形態の英語（専門用語では標準発音〔Received Pronunciation〕、略してRP）を身につける傾向がある。なぜ男女でこのような差があるのか明確な理由がないため、この奇妙な事実は長い間社会学者たちを悩ませてきた。従来の説明は、「きちんと話せ」という社会的圧力が、娘たちにより多くかかっているというものだ。女の子は男の子よりも「ふつうの」発音をするよう言い聞かされる傾向がある。これもまた男の子はしたい放題しても許されるが女の子は許されないという二重標準《ダブルスタンダード》の例らしい。

しかしこれは、せいぜい半分までしか説明していない。なぜ、このように大きく異なる圧力が男女にかけられているのか、本当の説明になっていないのだ。では、どういうことなのだろう。我々が行なっていること（とりわけ大人になりたての数年間に行なうこと）のほとんどは求婚や相手選びに関連があるという事実をしっかり認識すれば、答えは明らかだ。男女の相違は、それぞれの生殖戦略の決定的な違いを反映しているのである。

雌の哺乳動物の生殖能力に対する主な制約は、子供を育てるために利用できる資源である。人間であっても変わりはない。ほぼすべての文化において、女性は圧倒的に、比較的裕福な男性（または、生存の見込みという点ではほとんど同じ意味である、高い地位の男性）との結婚を好んでいる。一九世紀はじめ頃の社会生活を描いたジェーン・オースティンのいくつかの小説は、あくまで理想的な結婚相手を求める当時の若い中流階級の女性を描いて、このことをかなり鮮明に例証している。地元の教区牧師の息子はめったに彼女たちの関心を引かないが、さっそうとした若い陸軍将校（一般的に、貴族階級にとっては世に出るための準備をする学校として、中流階級にとっては富と成功へのパスポートとしての意味がある）や、地主階級の息子たちは引く手あまたである。もちろん、あいにく彼らは全員の手に入るほど数がいたためしがなく、娘たちは「売れ残り」になるのを恐れて、いつまでも待つことができない。しまいに、彼女たちの一部は次善のもので手を打つしかなくなる――地元の教区牧師の息子にとってはありがたいことだ。

現代西洋社会において、いまだにほぼ同じパターンを見いだすことを知ると、ほとんどの人は驚く。我々は現代社会で結婚相手を選ぶ際の好みに関して、三つの調査を行なった（一つはデビッド・ウェインフォースと共同してアメリカで行なったもの、二つはイギリスで行なったもの）。この調査を行なうために、我々は新聞および雑誌の個人広告を分析した。というのも、人々が結婚相手について何を理想としているかが、はっきり要約されているからだ。四分の一ほどの女性が、相手の男性に望ましいものとして、富と地位を示す手がかり《キュー》――「専門職」「持ち家」「大卒」「資産」――に言及しており、六〇～七〇パーセントの男性が自分自身に関する記述でこれらの手がかりについて言及している。一方、女性はめったに自分自身について説明しないし、男性は女性に対してめったにそれを求めない。

富と地位が社会階層の上部に集中しているという事実を考えると、女性が自分より上の階級の社会的な世界にたやすく馴染ませてくれるような話し方をすることによって、結婚という競技の賞品の選択肢を著しく向上させるというのは、ごく当然のことだと思われる。昇嫁婚（すなわち社会階級が上の人と結婚すること）は、ほぼあらゆる人間社会で広く行なわれており、ジェーン・オースティンの小説で描かれた行動パターンは、イングランドの田舎社会を大きく越えて広がっている。ドイツ北部の田園地方フリースランドで、（現在はギーセン大学にいる）エッカート・フォラントと同僚のクラウディア・エンゲルが、過去二世紀の教区内の婚姻届を詳しく分析したところ、女性は可能な場合はいつでも、社会階層が上の者と結婚する傾向のあることが示された。社会階級が上の者との結婚のほうが、社会階級が下の者との結婚よりも、はるかに多かったのだ。

裕福な自作農は結婚相手として非常に人気があったらしい――それももっともなことだ。彼らが提供するに違いない富は（少なくはあっても確実な額であり）、子供の生存率がかなり高くなることを十分保証するものだった。しかも、社会階級が上の者と結婚する女性は概して、自分と同じ社会階級の男性と結婚する者よりも年齢が若いうちにそうしている。ほとんどの娘が結局は自分と同じ社会階級の者と結婚せざるをえなくなるとしても、もしかしたらよりよい結婚相手が現れるかもしれないため、とにかく少しばかり長く待つ価値はあるものなのだ。しかし、彼女たちは結婚の機会をまったく逃すわけにはいかないから、永久に待つことはできない。留意したいのは、今ここで話しているのが、ジェーン・オースティンの上流階級についてではなく、農民が中心の社会についてであることだ。

社会的な（または経済的な）階級が上の者と結婚することは、現在でもよくあることだ。労働者階級の娘すべてが上の階級の青年と結婚すると言っているのではないが、確かに上の階級の者と結婚するのは男性よりも女性のほうが一般的であり、しかも、女性のなかでは社会階級が下の者と結婚することよりもこのほうが一般的である。地元の清掃作業員と結婚した伯爵の娘のほうが、清掃作業員の娘と結婚した伯爵の息子よりも、はるかに世間の注目を浴びる。こう考えると、機会があれば上の社会階級にもっとたやすく移れるように、女の子が汎用のアクセントを身につける価値はある――あるいは、少なくとも両親がそうするよう促す価値はある。

一方、男の子はもっと違う問題に直面する。中流および上流階級の男の子は、子供を育てるのに十分な資源を提供できる最大の見込みを与えているため、需要が高い。その結果、彼らはたいてい結婚競争においてさほど努力する必要がない。これに対して下流階級の男の子は、この点で提供できるものが少ない。そして、自分たちの共同体ネットワークに依存する度合いがかなり大きいため、そこに属しているように見えること、その集団の一員であるのを特徴づける適切なアクセントおよび方言を身につけていることが重要になる。その一員であれば友人たちから仕事や支援を提供してもらえるが、そうでなければ与えてもらえないわけだ。貧乏であって不適切なアクセントを身につけているのは、致命的行為である。自助《セルフヘルプ》のネットワークに加わる権利がないことになるからだ。

富や地位の重視は、単に実用的な目的からである。産業革命前の世界では、次々に現れるどんな社会においても、子供の死亡率の鍵を握っているのは夫の富だった。その形態が土地であろうと、畜牛であろうと、金銭であろうとかまわない。家族の資力と子供の生存の相関関係は、モニク・ボージェロフ・マルダーが現代ケニアのキプシギスの農耕牧畜民において、エッカート・フォラントが一八～一九世紀のドイツ農民において、そしてキム・ヒルおよびヒリー・カプランが南米アチェ族の狩猟採集生活民において実証している。アメリカ人心理学者デビッド・バスは、世界中から集めた三七ほどの文化において、結婚相手選びに関する一連の調査を行なった。ほぼすべての文化において、女性にとって未来の夫に求める最も重要な基準のうちの二つは地位と将来の収入だった。より多くの富や資力への権利を持っていれば、子供たちにより多く食べ物を与えられるのであり、現代の経済制度においては、よりよい医療とよりよい教育に支払えるだけの余裕が生じるのである。

ところが、女性の要求が変化しているかもしれないことを示す証拠がある。我々が調べたアメリカとイギリスの結婚相手《ロンリーハーツ》を求める広告の標本において、約半数の女性が富と地位に加えてまたはその代わりに、家庭への献身を求めていることがわかった。これは、現代の経済制度では、出産適齢期の女性がうまく子供を産んで育てるために必要としているものが変化していることを示しているようだ。かつては資力であったものが、現在では、子育てに対する社会的労力の投入、つまり育児の手伝い、子供を社会生活に適合させるための寄与が、ますます重視されてきている。従来の社会における多数の調査では一貫して富と地位を望む傾向があったことを考えると、この違いはきわめて著しいため、偶然であるはずがない。

この変化がはじまったのは、比較的最近である（しかも、我々の標本のうち四分の一の女性は依然として富と地位を重視している）。これが生じたのは、私が思うに、二〇世紀の近代工業化経済で起こった二つの主要な変化のせいである。一つは衛生状態および医療がめざましく改善されたため子供の死亡がほとんどなくなり、自分の生んだ子供全員が、ほぼ確実に大人になるまで生き残れるようになったことだ。もう一つは、富の一般水準が高くなり、共同体で最も富裕な男性と平均的な男性との差が、もはや、子供に必要なだけ十分与えられる生活と貧窮生活との差を生むほど大きくないことだ。二番目の要因は、言うまでもなく、女性自身の経済的機会が広がったことである。彼女たちはもはやこれまでのように、家計の全収入の供給を夫に頼っていないのだ。

どうやら男性は、このような考え方の変化に追いついていないらしい。広告からは、彼らがいまだに富と地位という古い長所をせっせと謳っていることが明らかだ。もちろん、本当の富は依然として大いに重要視されている――その証拠に、ほぼあらゆる年齢の億万長者たちは明らかにやすやすと、若く美しい女性を惹きつけることができる。だが、我々残った者たちは、たぶんおむつの取り替えをしたほうがうまくいきそうだ。男性の行動も間違いなく変化するだろうが、それには時間がかかる。エッカート・フォラントと私は、この二世紀におけるドイツの田舎の人々の間では、変化を促してきた経済要因の激動に応じて子育てのパターンを変えるのに、だいたい一世代（三〇年）かかったことを示した。

女性がうまく子育てするために富や資力にさほど頼らなくなったことをさらに示唆する社会的な現象は、昇嫁婚の必要性が少なくなる、つまり社会階級の上の者と結婚しようという強い要求《プレッシャー》が少なくなることだ。もしそのとおりになるなら、女性が地元のまたは階級に即したアクセントを身につける傾向がどんどん強まり、標準発音を好む傾向が弱まるだろう。

もちろん、このような社会的な変化は、あらゆる社会階級が恩恵を受けられるほどの富の余剰が生じ続けることを前提に予測される。もし不景気によって完全雇用や富のより広い配分が妨げられるなら、結婚相手選びのパターンは、大勢の人々が通った過ぎし日の道に帰っていくだろう。社会的な変化は、経済的な変化によって推し進められるのだ。

この熱狂的な活動すべての中心に存在するのは、雌雄選択とよばれる進化のメカニズムである。雌雄選択の考え方は、一二〇年以上前にチャールズ・ダーウィンがはじめて論じた。彼は、自然界のいくつかの特徴は、生存のための利益がまったくないことを指摘した。それどころか、純粋に動物の生存への影響という観点だけからみると、反生産的であるものがきわめて多い。彼の頭にあった典型的な例は、雄の孔雀の尾だ。雄の孔雀の長くのびた尾は、その飛び方をぶざまでぎこちなくしているし、追ってくる捕食者から逃れる邪魔になっている。ではなぜ孔雀の尾は進化したのかというのが、ダーウィンの抱いた疑問だった。彼が提唱した答えは、交配相手として最も長い尾を持った雄を優先的に選ぶという、雌の孔雀の強烈な選択である。雌の選択の度合いが十分強ければ、捕食者や、防空気球に相当するものを引きずりながら飛ぶためのエネルギー代価のような、より日常的な他の事情によって課された反生産的な性質を打ち負かすのだ。

雌雄選択には、進化において、ダーウィンが思っていたよりもはるかに強い影響力があることがわかった。ダーウィンが唱えた本来の環境による自然選択のメカニズムよりも、新たな種の誕生に関して、重要な影響力を持っているかもしれない。この三〇年間で、この驚くべきプロセスについて相当な量の実験的研究および理論的研究が行なわれており、現在では多くのことがわかっている。たとえば、イギリス人生物学者マリオン・ピートリーは、雌の孔雀が、尾に最も多くの眼状斑点がついた雄の孔雀を優先的に好むことを示した。このような雄は眼状斑点の少ない雄に比べて、より多くの交配相手を獲得し、より多くの卵を受精させ、より多くの子供が生存している。このような実世界から得た発見は、のちに、一部の雄の尾から眼状斑点を取り除き、他の雄の尾に眼状斑点を加えるという実験によって確認された。眼状斑点を失った雄は以前よりも少ない交配相手しか得られず、眼状斑点を得た雄は交配相手が多くなったのだ。別の研究では、スウェーデン生物学者マルテ・アンデルソンが、ケニアにいる雄の鳳凰鳥《ほうおうちょう》の長くたらした尾羽を短くしたり長くしたりして、同じ影響力を実証した。

この影響力がどのように生じたか説明するために、少なくとも二つのメカニズムが提唱されている。一つは、最初の提唱者であるイスラエル人生物学者ザハヴィの名前にちなんで、ザハヴィの「ハンディキャップ論」と呼ばれるものである。ザハヴィの主張によると、雄は、要するに「俺を見ろよ！　こんな重荷を負っていても捕食者より速く飛べるくらい、すごく優秀なんだぞ！　俺と同じくらい優秀な息子や娘が欲しいなら、俺と子供を作ろう！」と言っているのだ。これは、別の言い方をすれば、クリスチン・ホークスの言うひけらかしである。

もう一つのメカニズムは、フィッシャーの「セクシーな息子の仮説」である。偉大なイギリス人遺伝学者にして統計学者のロナルド・フィッシャー（現代の新ダーウィン主義進化論の考案者の一人）は、雌の雄の特質についての好みがまったくの気まぐれであることは、雄の孔雀の尾のような役に立たない類の特質を生みだすほど強い雌雄選択を推し進めるかもしれないと唱えた。論点はとても単純である。たまたま雌が眼状斑点のような、ある特定の性質を好んだら、その娘たちも同じ傾向を受け継ぐ可能性は大きい。雌が好む特質を持った息子を生むのは雌のためになることだから、眼状斑点をたくさん持っている（あるいは問題の特質がどんなものであろうと、それがある）雄と優先的に交配することが利益になる。これは、眼状斑点をたくさんある雄を強烈に選択することにつながり、雄の個体群において急速にこの性質が進化することにつながるだろう。

要するに、ジェフ・ミラーの男性詩人論は、フィッシャーのセクシーな息子の仮説の一説なのだ。このような性質を持つ男性と結婚した女性は、このような性質を持つ息子をもたらすだろうし、その息子が結婚して自分の母親のためにたくさんの孫息子をもたらすだろう。詩人であったり話し上手であったりすることには、本質的な生存価は存在しない。単に、たまたま女性が執着することになった性質なのだ。フィッシャーのセクシーな息子の仮説は、比較的短い期間におけるきわめて急速な進化をもたらすことができる。これはもちろん、現生人類の特大の脳の進化について我々が見てきたものとまさに同じだ。ほぼ一五〇万年の間、脳の容量は約七〇〇～八〇〇立方センチでだいたい一定していたが、わずか五〇万年の間にほぼ二倍の大きさになった。そしてこれは、ジェフ・ミラーの主張によれば、自分の結婚相手を楽しませる能力が強烈に選択された結果にほかならないのである。

しかし、もう一つの可能性がある。これは、くすくすげらげら笑うことによって脳が体中を内生アヘン剤で満たすという事実から示唆される。思い出してみよう、3章で、毛づくろいもまたエンドルフィンの生成をいかによく促すか見てきたではないか。毛づくろいの働きが、友人たちと一緒にいる際にあなたをとても気持ちよくさせて穏やかな陶酔感を引き起こすことである場合、結束に対してどんな意味を持っているか考えてみよう。結びつきの強さが、注いだ毛づくろい労力の量（ひいては放出されるアヘン剤の量）に関係しているなら、我々の祖先は、他の霊長類で観察される水準を超えて群れの規模を大きくしようとしたとき、深刻な問題に直面しただろう。レズリー・アイエロと私は、彼らは最初、音声を声の形をした毛づくろいとして利用することによってこれを行ない、遠く離れた場所で採食に勤しんでいても友人と「毛づくろい」し続けることができるようにしたのだと唱える——まさに現在ゲラダひひが実際に行なっているのと同じだ。

こう考えたときの問題点は、音声はあくまで音声にすぎないということだ。毛づくろいと同じような、アヘン剤を放出させる特性はないのである。アヘン剤に結束メカニズムのきわめて重要な役割があるなら、音声を交わすことは、群れの規模を霊長類一般の最大限からほんのわずか超えるくらいしか増大できない可能性が大きい。いずれ、あるいはむしろほどなく、上限に達するだろう。肉体的な毛づくろいの量が限られているせいで、増大を維持できるほどのアヘン剤を生成できないからだ。

しかし、言語が発達するに従って、言語に結びついた信号《シグナル》そのものがアヘン剤の生成を促しはじめたと考えてみよう。笑いそしてとくにげらげら笑うことがまさにこれを行なうのであり、そう考えると、微笑や笑いが会話においてあれほど重要な要素であることの説明がつくのではないか。これらはたぶん最初、服従の信号として生まれたのだろう。チンパンジーに、微笑と笑いの両方に構造がきわめて似ている顔の信号があるのだ。ところがある時点で、これらは、社会的な群れの結束という行為に取り込まれた。我々は現在、まさしく離れたまま毛づくろいをすることができる。冗談を言うことにより、その場に座って肉体的に毛づくろいする時間がないときでも、毛づくろいの相手のアヘン剤生成を促すことができる。生態的な生存に重要な他の行為——移動、狩り、採集、食事の用意——に従事することができるのだ。

この章で探ってきた考えを振り返ってみると、我々が論じているものは、必ずしも現生人類の言語の進化および大きな脳に関するまったく別の仮説なのではなく、大きな枠組みが展開する中でそこに組み込まれた価値ある新しい成分であるらしい。大きな脳と言語能力が、ひとたび大きな群れを結束させる手段として進化したとき、それが新たな方向の機会を開いたのだ。以前は不可能だった不正や宣伝が、いまや可能になった。きっと両者は、大きな脳における選択行為のプロセスを強化し、言語能力を向上させたに違いない。こういったことを、社会的な結束に基づくだけではできなかった水準にまで推し進めてさえいるかもしれない。しかし、従来の社会的な結束の力がこれを支えていなければ、脳の大きさの進化が実際そうなったような、急速な進化を推し進めるほどの影響力はなかっただろう。

10　進化の傷跡

我々の旅は長く複雑なものだった。およそ五〇〇万年にわたる進化の歴史を見てきた。そして、一方では神経生物学や内分泌学、他方では社会心理学や人類学というように、非常に異なる領域の人間生物学をのぞいてきた。ある領域は、よく知っていると思ったことだろう。また別の領域ははじめて知って、驚きだったことだろう。そこで、本書の論点をあらためてまとめるところから、この最終章をはじめたい。

核となる主張は、四つの論点を中心に展開している。(1)霊長類において、社会的な群れの規模は、種の新皮質の大きさによって制限されているらしい。(2)人間の社会的ネットワークの規模は、同様の理由から約一五〇という値に制限されているらしい。(3)霊長類が社会的な毛づくろいに費やす時間は、毛づくろいが群れの結束においてきわめて重要な役割を果たしているため、群れの規模に正比例する。そして最後に、(4)言語は人間の中で、我々が大規模な群れに必要な毛づくろいの時間を割けなくなったことから進化し、社会的な毛づくろいに取って代わったことが示唆される。私の言っていることは、言語が進化してその溝が埋められたということだ。なぜなら我々は言語のおかげで、社会的な相互作用に費やせる時間をより効率的に利用できるからだ。

言語は多様なやり方でこの役割を果たしている。言語のおかげで、我々は一度により多くの個体と交流できる。我々の社会的な世界に関する情報を交換して、社会的ネットワークの仲間内で何が起こっているか常に知っていることができる（そして、社会的な不正の情報を常に知っていることもできる）。猿や類人猿ができないような方法で、自己宣伝を行なうことができる。そして、忘れてはならないのは、我々は言語のおかげで離れた場所から毛づくろい（アヘン剤放出）を補強する効果を生み出せるらしいということである。言語が発達するためには、数多くの重大な変化が必要だった。あるものは生理的なものであり（大きな脳を維持するのに必要なエネルギーを捻出すること）、またあるものは認識に関するものだった（「心の理論」を維持したり言葉を無意識に生みだしたりするのに必要な脳の基本単位《モジュール》を生成すること）。

この最終章で、これらの発見が我々の生活様式に持つ意味合いをいくらか探求してみたい。本章のタイトルはエレーン・モーガンの著書の一冊から借用しているが、彼女はその著書において、我々の進化の歴史の遺物である数多くの人体部位のことを述べている。無用の虫垂から弱い背中にいたるまで、直立したために我々が持つことになったあらゆるものが、進化は必然的な完成へのプロセスではないことを思い出させてくれる。それどころか、進化がヒース・ロビンソン的な〔ばかばかしいほど精巧で非実用的な〕一時しのぎのプロセスであり、相容れない目標をいくつも抱えながら最善を尽くそうとした際の一連の妥協なのだ。我々は進化の遺物に途方にくれている不完全な生物であり、一八世紀の進化論者たちが神の創造物である証拠として解釈したような完全な設計からはほど遠い。

人間の頭脳も人間の体と同じで、できが良くない。我々は宇宙時代の肉体にすっかりとらわれた更新世の頭脳というわけではないが、行動の中に、我々の進化の歴史を反映し、少なくともある点では文化的な進化がその結果に対処できる能力を追い越したのではないかと思わせるような、いくつかの要素が存在している。

そこで本章では、真実だとわかっている事実を述べるのではなく、推測によってそれ以上のこと、事実かもしれないことについて述べる。私が明確に述べてきた話は我々の行ないの大部分にとって何がしかのことを暗示しているが、その意味はまだまだ詳細に解明される必要がある。私の狙いは、実は、取りうる方向のいくつかを際立たせることなのだ。

小さいことはいいことだ

人間の言語は、並外れて精巧であるにもかかわらず、我々が往々にして認めたがる能力に比して、大幅に制約を受けている。言葉は、きわめて重大な瞬間には役に立たない。我々は自分を打ちのめしそうな心の動揺を表現することができない。そのため、声に出して言うことができない、またはその勇気がないことがらを表現するために、肉体的になでさするという古い方法に頼っている。我々は皆このような制約を痛感している。ところが他にも、話すための装置が、その制約の一部に日常的に対処しているとはいえ、たぶんそれについてはさほど知らないでいるような非常に重大な制約を、我々の互いに話す方法に対して課している領域がある。

6章で私は、会話において注意を引きつけておける人数が限られていることを指摘した。形式ばらない会話のグループは、ほぼ四人に限られている。これは、話し手の言っていることを十分聞き取れるくらい小さな輪に、それ以上の人数を入れられないという事実のせいらしい。このことから、我々の行動における二つの興味深い特徴が生じているように見える。

一つは、会話集団には、けっして同時に二人以上の話し手が存在しないことだ。存在すると、誰一人として会話をたどることができず、その集団は別々の二つの会話に分かれるか、あるいは——いっそう大声で話すか、はっきりと黙っているよう他の人に求めたりするなどして——一人の話し手がもう一人を抑えつけようとするか、どちらかである。

我々が会話行動を研究している間、男女双方が加わった会話では、誰が話しているかに関して著しい性差があることが明らかになった。男女混合グループでは、男性が話をする一方で女性が聞き役になりがちなことがしばしば報告された。これはときおり、女性をむりやり従属させる意図を持っている男性側の傲慢な行為として解釈されることがある。しかし、我々の研究から、この説明が正しいはずがない（あるいは、少なくともすっかり正しいわけではない）ことは明らかだ。というのも、女性は、どんな場合でも聞き役になるというものではない。実際、男性―女性の二者関係（つまり一組の男女）において、女性が話をしている時間の割合は、その二者関係だけしか存在しない場合はちょうど五〇%だが、会話中の二者関係が含まれている集団の規模が増大するに従って、その割合が減少する。八～一二人の集団では、一人の男性と「個人的な」会話をしている女性は、わずか二五パーセントの時間しか話をしない傾向がある。

これには、もっともだと思われる説明が二つある。一つは、女性の声は男性のものより細いため、属しているグループが大きくなるにつれて周囲の会話の喧噪が増すのに従い、いっそう聞き取りにくくなるという理由だ。会話の成果が「ごめん、聞き取れなかった、もう一度言ってくれない？」に終わることが多いなら、黙って聞いているほうが気楽である。男性の太くて低い声は遠くまで届くから、必然的に話をすることになるのは男性なのだ。

しかし、これに代わるもう一つの可能性がある。若い大人の会話行動の多くは、どこから見ても求婚レック（雄たちが、雌が自分たちの中から選べるよう、自分の資質を宣伝する誇示行動《ディスプレー》）なので、集団の中に大勢の男性がいる際、女性が静観しながら提供された賞品を検討評価したがるのは当然だ。自分がのべつ話をしていたのでは、競い合いを正しく評価することはできない――それどころか、話すことは複雑な行為なので、おそらく自分自身の行動の他は何も評価する暇がないだろう。これに対して、会話の二者関係が（より大きな集団内にあるのではなく）それだけしか存在しない場合、これにはたいてい非常にもっともな理由がある。状況が、純然たる売り込み口上から、関係を築こうという試みにまで進展しているのだ。

話すための装置が我々の会話行動に制約を課している二番目の領域は、通常よりも大規模な集団を統制する方法である。委員会や講演の会場で何を言っているのかわからないバベル状態になるのを防ぐために、このような状況での人々の行動に関して、非常に厳格な社会規範を課す必要がある。説教や講演では、その場にいるほとんどの人々が、自分の話す権利を、ある特定の個人のために保留することに合意しなければならない。この合意は非常に崩れやすい。聴衆の中の怒りに駆られた人々が本気でしようと思えば、話し手が続けるのを妨げることはたやすくできる。極端な場合では、ともかく議事を進めるために、手に負えない聴衆を立ち退かせる必要が生じることもある。

このような取り決めは、目前の自己利益の破滅的な結果からもっと大きな集団的利益を救うために、人間の自然な行動パターンよりも優先される。要するに、生物学者たちが相互利他性と呼んでいる状況なのだ。このような「私の背中を掻いてくれれば、君の背中を掻いてあげる」的な取り決めは、ダーウィン主義の世界で利他行動を進化させうる、もう一つの生物学的メカニズムである。しかし、このような形態の協力がすべからくそうであるように、代価を払わずに協力の利益を得ようとする不正の侵入に対しては無防備である。他のみんなが進んで規則を厳守して沈黙しているのに乗じて、ただ乗り行為者《フリーライダー》たちは（まさしく彼らはそうではないか）他の誰よりも大きな声を出したり、より精力的に口を挟んだりすることで、確実に、集まった人々にむりやり自分の意見を聞かせることができる。

ある一定の種類の重要な社会機能をとにかく発生させるためには、聴衆が自分の話す権利を保留するような正式の取り決めが必要なことは明らかだ。そうしなければ従来の社会にありえなかったような機能は、たくさんある。たとえば宗教上の説教、民衆の扇動、法廷手続きやもっと公式な政策決定における議事などである。結婚の準備を取り決めるくらい簡単なことでさえ、その行事に出席した全員が一度に話をして譲らなかったら、不可能になるだろう。

出席者全員が発言することになっているような委員会では、この問題はとりわけ深刻になる。委員会には、メンバーに対する統制権を行使し、それぞれが順番に話して不必要な口出しをしないようにさせる、有能な議長が必要である。委員会の出席者全員がよく承知しているように、議長が会議を統制することが不可欠だ。議長の注意がそれたとたん委員会はたちまち少人数の会話に分裂するし、それも進行中の議事内容に関係のない話題であることが多い（しかも、たいていは共通の知人に関するゴシップである）。

会話による相互作用を統制することが難しいのは、主として、委員会を形成する際の、重要でありながらはっきりした形になっていない原則のせいである。すみやかに議事を進めて実質的な意志決定を行ないたければ、六人より少ない人数の委員会にするというのは、定着した原則だ。ところが、何か新しい考えを生みだすブレーンストーミングを行なうための委員会にしたければ、六人より多い人数が必要である。これら二つの目的は、まったく相容れないように見える。

委員会が大きくなるに従い、何か結論に達するまでの時間が長くなる。あまりに多くの人が発言したがるだろうし——あまりに多くのもしやしかしやとはいいえが存在するだろうし——おびただしい数の対立意見が出てくるかもしれない。これに対して小さな委員会は、新しい考えを生みだすに足るだけの幅広い意見に欠けている。おそらく結論に達する理由は、全員が発言する機会を持ちながら何もつけ加えることがないためだろう。そして真向から対立する二つの意見が出てきた場合、それぞれを支持する複数の適切な大きさの派閥を生み出せるほど、人数がいない。その結果、代替案を出した人物を孤立させやすい。精神的な支持を得られなければ、孤立した人物はおそらく多数派の意志決定を受け容れることになる。

このことは間接的にではあるが、ビクトリア女王時代の人々の独特な父親的統制《パターナリズム》行動の説明になるかもしれない。いくつかの基本的な医療プログラムと医学の急速な進歩のおかげで、ビクトリア女王時代の中流および上流階級の人々は、未曾有の幼児生存率を達成した。家族の規模は、大半の従来の農民社会では二〜四人の子供が生き残るのがふつうだったのに、一九世紀の間に富裕な階級では四〜八人がふつうになるほど増大した。六人の子供と両親という人数が食卓につき、独り者のおばが加わったりすると、その騒々しさたるや耳が聞こえなくなるほどだったろう。ビクトリア女王時代の人々が「子供は顔は見せても声を出してはいけない」、つまり話しかけられたときだけ口を開くべきだという見解をとっていたことは、まったく驚くにあたらないように思う。そうしなければひどく騒々しくなっていただろうから、このような事態に直面したとき唯一とりうる対応だったに違いない。これに対して、我々のように二・四人の子供と両親という人数であれば、食卓でもっと上品な話し合いが期待でき、従って子供たちをもっと寛大に扱うことができる。はっきり示唆されるのは、ビクトリア女王時代の人々の権威主義的なパターナリズムは、家庭内の態度がしかるべくより広い大人の世界にまで広がった結果であるということだ。

我々の思考の装置が行動を制約しているように見える最後の例は、仮想《バーチャル》会議システムを作り出そうという試みに関係がある。しばらく前から、数人の人々が電話システムを介して接続されるような、会議用電話が技術的に可能になっている。おしゃべり電話《チャットライン》〔複数の通話者が同時に会話できる〕もその技術から生まれたものの一つだ。その副産物のひとつとして、現在、映像のリンクによって、世界中のさまざまな場所にいる人々がともに同じ資料に基づいて作業したり、多国籍企業に影響を及ぼす方針問題を話し合ったりできるような、仮想会議システム用の技術を築くために、大変な努力が注がれている。明らかにこれは、多国籍企業の経営問題を解決するにあたって、二時間の会議のために人々が飛行機で地球を半周するよりも、はるかに安価な（そして疲労の少ない）方法である。

残念なことに、どうやらここでも同様の制約が働いているらしい。こういったシステムでは、だいたい四人より多い人数がやりとりするのは難しい。技術はほとんど無限の人数に対処できるが、人々はできないのだ。相互作用する人数がひとたび四人を超えると、きまって誰かが取り残され、その人たちの会議への貢献はどんどん軽んじられていく。

会話グループに対処するための我々の思考装置は、あたかも、相互作用する統一体にまとめる必要がふだんからある最大人数に設定されているかのようだ。たとえエレクトロニクスによって、多数の人々が互いに隣り合わせに座っているように見せることができようと、我々はだいたい三人より多い人数を同時に心に留めておくのに必要な認識装置を持たないのである。

このことは教育などの分野において、重要な実際的意味合いを持っている。たいていの政府は、公立教育の費用《コスト》を最小限にしようとして、大人数学級の展開を推し進めがちである。しかしそこには、代償《コスト》が一つある。大人数の学級では、通常の授業方法が講義の形態になる。というのも、どんなものであろうと他の形態の授業では、生じる声があまりに騒々しくなるからだ。大学においてはかなりの授業が、議論を誘発し、学生たちに事例の討論の仕方を学ばせ、その過程でいくつかの仮説や筋道を裏付けたり反証したりする証拠を比較検討しながら論点をじっくり考えさせるように、意図されている——だがこれは、非常に小さなグループでしかできない（通常は、学生六人に先生一人というのが、この類の授業ができる最大の人数規模であると見なされている）。グループの規模がこれを大きく上回ると、議論はたいてい少人数の出席者によって占められるようになる。残りの者はいわば彼らの頭の片隅におとなしく引込んでしまい、ほとんど得るものがないか、自分たちで対抗する会話をはじめることもある。

教え方と同様、教えることのできる内容にも影響が及ぶ。大人数の学級では、実習が単に、あらかじめパッケージした情報を開いた口に詰め込むようなものになりがちだ。他に自分のできることはほとんどない。教師が注目できる範囲が限られているため、討論の行き来に本人が直接加わること——まさしく頭脳を活発に刺激するもの——ができないのだ。子供の生まれつき探求心旺盛な頭脳は、むりやり沈黙させられる。そうなると、教育の質は、自分自身で考えることのできる頭脳の訓練から、ある特定の状況で示すべき正しい反応を知っている（がなぜそれが正しいのか実は知らない）技術者の訓練に成り下がってしまう。教育が、行動規則の丸暗記の過程になってしまうのだ。

コロネーションストリートブルース*

人生のどの時点においても何かのテレビ連続ドラマに夢中になったことはないと、心から主張できる人がどれだけいるだろう。たいていはひどいしろものなのに、逃れられる人はほとんどいない。我々が本質的に他人の行ないに魅了されるということを別にしても、ここに、なぜとくにこの形態の娯楽がこれほど人気があるのか、興味深い問題が存在する。

現代都市生活においてより特異なありようの一つは、それが自宅という小さな世界に閉じ込められている部分の大きさである。親戚から離れて住み、友人仲間を作る機会が限られている現代都市生活者は、どうしても、メロドラマにでてくるお仕着せの想像上の家族に、社会生活や共同体意識を求めることになる。このような番組の最大の視聴者が子供のせいで家にこもりがちな女性であることはごく当然だ。これに対して、活発な社会生活を送っている人々は、滅多にこの種の番組に関心を示さない。

まだ誰もこれについて詳しく研究していないが、研究が行なわれて、社会的または経済的事情によって社会的ネットワークが実際は自然の限界の一五〇を大きく下回っている人々にとって、メロドラマの登場人物が実質的にネットワークの一員の役割を果たしはじめていることがわかったとしても、私は驚かないだろう。テレビのニュースキャスターやパーソナリティでさえ、この役割を果たすようになってきている。彼らは、非常によく見かけるという理由だけではなく、ニュースを伝える際、個人としての我々に実際に話しかけているという理由からも、我々の社会的ネットワークの一員、よく知っているような気がする半現実の友人になっているのだ。事実、成功したニュースキャスターの多くが、意図して茶の間の個々の視聴者に語りかけているような話し方をしているのである。

世界中の伝統的な農民共同体では、全員が他の全員に頼って生活している。もちろん、家が密集していて壁が紙のように薄いため、そうせざるをえない。しかしそれ以上に、人々はそうしたがっている。この共同体は純粋な共同体であり、そこに属する人々が日々の生存のかかっている同一の問題を共有するような協同組合なのだ。そして、少なくとも片方の性を介してつながっており、たいていは両方の性を介してつながっている、血縁という絆によっても結びつけられている。

現代の工業化した大都市圏は、無の状態から新たに作り出されたため、この共同体意識を欠いていることが多い。住宅が建てられ、人々がさまざまな場所から少しずつやってきて区画を埋めていく。彼らは社会的な絆、自分たちを結びつける共通の歴史をまったく持たない。友人や親戚のネットワークはその住宅団地の境界をはるかに越えて広がっているかもしれない。これは、人々が仕事を求めて遠距離を移動せざるをえなくするような、高度の社会的流動性によって悪化させられた問題である。

その重大な結果の一つは、社会的ネットワークが断片的になったことだ。伝統的な社会では、農民社会であろうと狩猟採集社会であろうと、共同体は複数の構成単位が緊密に統合されたものである。皆がより大きい同一の知人ネットワークを共有し、皆が他の皆を知っている。二人の個人は、ごく親しい友人や親戚の範囲（とても頻繁に相互作用している十数人の人々）については異なっていても、一五〇人の友人、親戚、知人というもっと広いネットワークは、ほぼ完全に重なり合っている。産業革命後の社会では、こういったことがないに等しい。あなたと私は職場で同一の知人の部分集合を共有しているが、自分たちの配偶者はそうではないかもしれない。あなたとあなたの配偶者は同じ教会に所属しているおかげで別の知人の部分集合を共有しているかもしれないが、私はそうではない。我々は単一の大きな共通ネットワークを持つのではなく、部分的にしか重なり合わないサブネットワークをいくつか持っているのだ。それぞれが個人ネットワーク内にまだ一五〇人の人々を持っているものの、共通するのはわずか一五〜二〇人だけかもしれない。

我々の共通の利害関係という絆は弱まっている。あなたと協力しても、私はすぐに自分の手に入る利益、あなたが当然返してくれる恩による利益が上がるだけである。伝統的な共同体では、その恩が、重なり合う一連の波に乗って共同体中に広まっていく。あなたが私から受けた恩をおばに回し、おばはそれを自分のいとこに回し、いとこは友人に回し——そしてこの人が最終的に私のところに返してくれる。私があなたにほんの少し示した親切が、小さな共同体の社会生活の連鎖の中で、一度ならず繰り返し報いられる。小さな共同体生活につきもののちょっとした欲求不満はあるにしても、社会的な義理と返礼の恩が何度も繰り返し拡大されていくのだ。

私は大都市が良くないとも、人々は仕事を求めて移動すべきでないとも、言うつもりはない。人類は太古から移動し続けている。大都市は、少なくともエジプトの中王国の設立やマヤ帝国全盛期の頃から、経済的および社会的に人々を引きつけるマグネットだった。ロンドンその他ヨーロッパの首都は、一八世紀の間ずっと、仕事を求めて故郷を遠く離れた人々を引き寄せていた。移民の勤勉を背景に、その規模と勢力を伸ばした。しかし、都市が提供したものは必ずしも名声や富ではなかった。これらの都市のほとんどは、死亡率が出生率をしのいでいるにもかかわらず成長している。その成長の理由は、移民数が人々の死亡率よりも勝り続けていたからに他ならない。

都市のスラムでは、衛生状態の悪さと低い賃金が死亡の主な原因だった。しかしこれらの影響は、疑いなく、人口統計学者たちが見落としてきたもう一つの要因によって悪化した。その要因は、移民の共同体に血縁関係その他の支援構造がないことである。血縁ネットワークがないことは、人々の健康状態に驚くほど悪影響を与える。このことは、一六二六年のキャプテン・スミス率いるバージニア入植者や、一八四六年にアメリカ西部横断に出発した、かの有名なドナー幌馬車隊のどちらにおいても、著しく際立っている。

このどちらの事例においても、集団内に親戚がいない人々の死亡数が群を抜いていた。出発時には健康な若い男性が多かったにもかかわらず、一人でドナー隊に加わって旅した多くの人々が、旅の厳しさに対処できなかった。他の人よりも早く死亡したし、きわめて大量に死亡した。同じ影響が、一九五〇年代に行なわれたイングランド北東部のスラム住人の調査において報告されている。血縁ネットワークが最小の家族は、子供の罹患率（病気になる率）および死亡率が最高水準であり、概して不況などの状況に影響を受けやすかった。緊密な社会的絆のネットワークは、我々の生存に必要不可欠であるらしい。同様の結果が、最近、ドミニカの農村部の住民調査から報告されている。

まさにこの自然の支援ネットワークのないことが、この半世紀において若者を非常に惹きつけてきた宗教的・疑似宗教的集団《セクト》の数が著しく増加したことの原因であるらしい。チャールズ・マンソンからデビッド・コレシュやクリス・ブレイン牧師、また統一教会信者からハーレクリシュナ教徒まで、若者を惹きつけるために決定的に重要であるのは、所属意識、共同体意識、家族意識なのだ。事実、これらの集団のうち非常に活動的なものは、まさしくこの理由から、意識して孤独な若者を狙っている。

これらすべての事例において、人を惹きつけるような言葉が、より友好的でより安全な共同体生活への希望を与えている。言語が感情につけこみ、言葉を正しく使えば深い感情をかき立てる目的、アヘン剤による高揚感を生みだす目的に利用できるという事実につけこんでいる。歴史上、多くの事例がある。国々にあまねく広がった宗教的原理主義、ファシズムの台頭、魔女狩り、民族虐殺、聖戦などはすべて、この過程を雄弁に物語っている。これらはすべて、我々が感情的な演説という誇大宣伝にあおられて、集団的な意志（というより、おそらくただ一人のカリスマ的な個人の意志）に自分の個性を進んでゆだねてしまいがちであることによる。共同体の結束を促すために発達した心理的メカニズムが、そのような共通の利害を持った共同体がもはや存在しないため、行き場を失っている。小さな共同体には、ある人物の激しく主張する見解が他人の利害を損なわないことを保証するために、信頼、義理、血縁という古くからの絆が存在する。現代社会の断片的な共同体では、もはやそのような保証がない。それでも、我々と気持ちが一つだと主張する者たちに対して信頼を生じるメカニズムは、依然としてしっかり残っている。フリーライダーはかつてないほど恵まれた境遇にあるのだ。

まさにこの影響が社会生活の多様な面にあふれ出しているのを、我々は目にすることができる。この二〇年間でロンリーハーツのための投稿欄や見合い業者の需要が著しく高まったことが、ふつうであれば将来の結婚相手と知り合う機会を人々に提供してくれるような社会的ネットワークがもはや存在しないことを示している。村の縁結び役は村とともに消滅した。大勢の人々が仕事を求めて新しい都市や町に移動したせいで、どんどん社会的孤立状態に放り出されるに従い、仲間や結婚相手と知り合う機会の提供に必要な社会的つながりを欠いている人々が増えていく。有害な捕食者の危険性なしに人々と知り合うには、いったいどうすればいいのだろう。個人広告欄や見合い業者が、ますますふつうの社会生活の一部になってきている。

同じような流れで、かねてから私は、現代の都市共同体における大人間の友情が、大人自身の社会的なつながりからではなく、学校やクラブを通じて子供が確立したつながりから生じることが多いのに驚いていた。保育園施設の改善は子供たちよりも親のほうにとって重要かもしれないと唱えても、さほど言い過ぎではないだろう。

だからといって、これらの現象に何か本質的に悪いものがあると言っているのではなく、単に、これらが、我々の思考方式が我々をある種の社会的状態に陥りやすくしているであろう度合いを反映していると言っているのだ。それでもなお、社会的なつながりの欠如、共同体意識の欠如は、来たるべき二〇〇〇年代における、最も緊急を要する問題であるかもしれない。

〔＊コロネーションストリートは、イギリスＩＴＶテレビの人気番組で、イングランド北部の町のコロネーションストリートという通りに住む労働者階級の日常を描いている。一九六〇年に放映が開始され、一九九〇年に二〇〇〇回を記録した。〕

コピー機を囲んだ売り込み

よく、オフィスの机よりもゴルフコースの方が、そこで行なわれている商談の数が多いと言われる。本当にそうなるには、非常にもっともな理由がある。商取引は個人間の人対人の相互作用だ。取引の当事者は互いを評価し、他の当事者の言葉が本気であるか、彼らが取引の約束を守るかどうか判断しなければならない。そのような情報は、電話や、机を挟んだ短い会議で得られるものではない。ゴルフ自体はどうでもよいのだ。その目的は単に、結びつきを強める機会を提供することにすぎない。

ニューヨークおよびアムステルダムのダイヤモンドのディーラーたちは、多くの点で、このようなビジネス共同体がどう機能するかを典型的に示している。ある一人の人物の言葉は証文と同じである。なぜなら、ディーラー共同体の皆が、その人物、その過去の履歴、誠実さや信頼性を知っているからだ。宝石ディーラーの世界は、顔なじみや個人的な紹介に基づく、小さな閉ざされた世界だ。契約や書面の必要性はない。何もかも信頼で動いている。とはいえ、小さな共同体であるからこそ、信頼で動けるのだ。多くの人が仲間に加わることを許されたら、すっかり崩壊してしまうだろう。

これを、国際金融市場というまとまりのないスーパーネットワークと比較してみよう。大勢のまったく知らない者どうしが、現代テクノロジーを介して世界中でつながっている。現在の金融証券市場の混乱のうち、どの程度が、その規模のせいなのだろう。義理も信頼も存在しない大きな匿名市場で売り買いしているため、悪者のディーラーはまんまと悪事を働くことができる。一方で、少なくとも一部の仲間たちは、自分たちがまだ、個人的な信頼に基づいて取り引きがなされている小さな共同体で働いているものと思っている。現代の分散した電子市場では、ディーラーは自分が接触するすべての相手を知ることができない。知らない者どうしの信頼はせいぜいあっても壊れやすいため、必然的に行動は、あまり心地よくない新たな規範のほうに向かっていくだろう。

情報スーパーハイウェイの支持者たちは、無限規模と思われる全世界ネットワークを利用できることが、意見の大量伝達《マスコミユニケーション》の素晴らしい機会を開いてくれることを、常々願っている。これは、情報技術の最先端にある世界的ネットワークなのだ。なるほど、概して情報の流入量がいっそう増えるのは事実だろう。自分が会ったことのない（そして、たぶん今後もけっして会うことのないだろう）誰かがインターネット上で利用できるようにしてくれた物が、手に入るのだ。しかし、このことは必ずしも、仲間や同僚の世界的ネットワークへの扉を開いてはくれない。

一つには、電子ハイウェイの非人格性のせいで、人々が他人との相互作用において、顔をあわせて情報伝達するときよりも分別がなくなるためらしい。怒ったときにののしる傾向が大きくなり、思いつきで挑発的な発言をする傾向も大きくなる。ここで発生していることは、最近ますますよく耳にするようになった「運転時の激怒《ロード・レイジ》」に、いくらか似ている。車に乗った人は、金属の要塞に保護されているため、歩行者として歩道にいるとき口論にまきこまれた場合よりもずっと急激に、感情が怒りに達する。微妙なしぐさ《キュー》が油断なくすぐさま読み取られるような、じかに顔をあわせた触れ合いから切り離されているため、ふつうは協力や結束のために社会的相互作用が課している抑制を失ってしまう。コンピューターを介したつながりの明らかな匿名性によってさらに切り離されると、我々を押しとどめるものはもっと少なくなる。必然的な結果は「ネットの激怒《ネット・レイジ》」である。敵が自分の正体をつきとめることはできないという安心感から、顔をあわせた争いはもちろん、車の中でもその気にはなれないほど、戦いをエスカレートさせても大丈夫だと感じるのだ。

同様に、電子メールが人々の社会的ネットワークを著しく拡大させることもないだろう。かたつむり《スネイル》郵便《メール》（コンピューター・マニアは従来の第一種郵便をこう呼んでいる）より速いかもしれないが、（単なる暗号を処理するのとは違い）他人に関する情報を処理する人間の能力に与える影響はさほどない。結局のところ情報スーパーハイウェイの唯一の本当の恩恵は、意見を広める際のスピードだろう。（取引を成立させるときのように）その過程において人対人の相互作用がなくてはならない特質である場合はいつでも、信頼されている古来の認識に基づいた思考様式が役割を果たすはずだ。知らない人への疑いや、信頼できない未知の人にだまされるのではないかという恐れが、やはり我々の意志決定を左右し続けるだろう。その結果、まとまりのない大勢の人々における交渉は、おそらく直観よりも厳格な規則に基づいて行なわれるだろう。そして本当に重要な場面になったら、人とじかに交流するという、信頼されている古来の装置に頼るはずだ。OBやOGのネットワークが、かつてないほど重要視されるだろう。

社会学者が認めるようになってからずいぶん経つが、二〇〇人より少ない事業は、メンバー間の情報が自由に流れても機能できる。しかし、規模がひとたびこの値を超えると、情報伝達がうまくできないせいでまったくの混乱状態になるのを防ぐために、何らかの身分制度の構造かライン部門監理システムが必要である。このような構造を押しつけることには、代価がある。きまった個人だけが互いに定期交流するせいで、情報はきまった経路に沿ってしか流れることができない。しかも、個人的な交流の欠如は、小さな集団の世界に行き渡っているような個人としての責任意識が、各人においてなくなることを意味する。お互いさまということではなく、与える側に明確な代償、即座の返礼がある場合に限って、頼み事が聞き入れられるだろう。大組織は融通のきかないものなのだ。

もちろん、この問題に対する一つの解決策は、大きな組織を、結束した集団として行動できるような小さな単位に分けることだろう。これらの集団に相互協力関係を築かせることにより、大きな組織を作り上げることができる。しかし、単に、たとえば一五〇人の集団を作ることだけでは、けっして組織の問題に対する万能薬にはならない。他の何かが必要である。関係する人々が、じかに個人的な人間関係を築くことができなければならない。情報を自由に流れさせるために、形式張らない方法で相互作用できなければならないのだ。形式的すぎる人間関係の構造を維持すると、きまってシステムの働きを妨げる。

私が二年前にこのことの重要性に関心を引かれたのは、一人のテレビプロデューサーのおかげだった。彼女が働いていた制作部隊《ユニット》は、あるテレビ局の教育作品をすべて制作していた。たまたまそうだったのか意図されていたのか、とにかくその部隊にはほぼ一五〇人がいた。長い間、すべてが一つの組織として非常にうまく機能していたが、あるとき、制作のためにとくに建てられた新しい施設に移った。すると、はっきりした理由のないまま、すべてが崩壊しはじめた。仕事のできに満足がいかなくなったとは言わないまでも、仕事を行なうことが難しくなったように思えた。

しばらくたってようやく、何が問題であるかわかった。建築家が新しい建物を設計した際、昼食時にみんながサンドウィッチを食べている休憩室は不必要なぜいたく品だから、なくしてしまおうと決断したことが判明したのだ。人々は自分の机でサンドウィッチを食べることを促されれば、もっと仕事に励むし、油を売る時間が減るはずだという理屈らしい。ところが彼らはこれによって、はからずも、組織全体に活力を与えていた親密な社会的ネットワークを壊してしまった。どうやら以前は、人々が休憩室でサンドウィッチを食べながら気楽に集まっているときに、役に立つ情報の断片が何気なく交換されていたらしい。ある人が自分たちでは解決できない問題を抱えていて、別の部署の友人と昼食を食べながらそれについて話しはじめる。友人は、助言を求めるべき適切な人物を知っている。または、会話をふと耳にした誰かが意見を持っているかもしれないし、そのまま立ち去って、一日かそこら後に、たまたま解決策を知っている誰かに出会うかもしれない。すぐさま電話があり、問題が解決する。または、何気ない言葉が、新しい番組のアイデアを思いつかせる。

このような飲み物自販機の前での偶然の出会い、コピー機のまわりでのむだ話こそが、うまくいっている組織とあまりうまくいっていない組織の差を生むのだ。古いシステムは、形式張らない交流を促すことで、スタッフそれぞれを中心とした人間関係のネットワークを生みだしていたのであり、それらが並列処理をするコンピューターのように機能していた。別々の複数の頭脳が同時に、それぞれ別々に一つの問題について考えることができたのだ。

＊

言語は人類の文化に浸透し、科学や芸術と同じくらい我々の社会を支えている。その起源ははるか昔にさかのぼり、その過去の履歴は我々の思考方式の一部になっている。我々は言語を使って最も素晴らしいことを行なえる。とはいえ、そのすべての下に潜んでいるのはあまり融通のきかない頭脳なのであり、その頭脳の認知に関する機構は、我々の進化の歴史におけるほぼ最後の瞬間の特徴となっている小規模社会に対応するよう、あらかじめ設計されている。

このことは、悲観する要因にはあたらない。単に、我々がうまく対処しなければいけないもの、抵抗するのではなく考慮に入れながら自分たちの社会的行動を適合させなければならないものであるだけだ。また、人間の行動が変化に対応できないことを意味しているのでもない。そう考えることは、一般的ではあるが単純に、進化の意味《メッセージ》を読み取っている。すべての霊長類や多くの哺乳動物がそうであるように、人類も、行動の融通性と、組織の構造の制約内で順応する能力を特徴としている。我々の種の未来は、その制約がどこにあるか、どうやったらそれを回避できるか認識する能力、必要であれば我々が最適に活動できるような社会環境を作り出すことにかかっている。我々がこれを達成できるなら、現代の世界がさほど疎外的ではないように思えるだろうし、さほど破壊的でもなくなるだろう。

訳者あとがき

本書はRobin Dunbar, *Grooming, Gossip and the Evolution of Language*, Faber & Faber, 1996を訳出したものである。ただし、本文中〔　〕で括った部分は訳者による補足である。

ダンバーは人間の心の進化を研究するイギリスの人類学者である。また『ニューサイエンティスト』誌をはじめとする科学雑誌にも寄稿してその成果を社会に普及することに熱心なライターでもあり、大学では科学論も講じている――この方面での著作には、すでに拙訳『科学がきらわれる理由』（青土社）がある。そのダンバーが、自分の本来のフィールドでの研究についてまとめたのが本書である。

ごくあたりまえの学生に言語とは何かと聞いてみると、コミュニケーションの手段だという答えが返ってくることが多い。しかしそこで言われる「コミュニケーション」とは何だろう。往々にしてそれは、何か意味のある大事なことの伝達というふうにイメージされる。起源を想像する際も、たとえば狩りをするときに獲物や進行状況についての情報を伝え合い、協力をスムーズにするために言語ができたのだと考えられたりする。すでに伝えるべき情報が把握されていて、それを言葉にして相手に伝えるというわけである。しかし、われわれは日常的にそれほど明瞭なことを言っているだろうか。また、たとえば協力のためにかけあう声なら、わざわざ言葉にしなくても、それこそかけ声、叫び声の類の方が効果的ではないだろうか。

進化というのは基本的には「やりくり」である。より高いレベルのものを目指すというより、その場の必要に合わせてやりくりした結果、いろいろな余計なものが増えて複雑になってしまったというようなところがある。

言語にしても、こういうものがあれば便利だからということで求められて計画的に得られたり設計されたるするものではなく、やむをえずその場しのぎに使っていたことが結果として言語という形をとるようになったということである。つまり、言語にせよ何にせよ、生物が用いているものの起源には、せっぱつまって手許にある何かを流用したという事情があるということだ。身も蓋もないと言われればそのとおりかもしれないが、起源を探る目のつけどころとしては、その方が有望なのは確かである。

本書で説かれる言語の進化の筋書きも、ごく簡単にまとめてしまうと、言語は、猿の延長で毛づくろいという肉体的接触によって集団の連帯を維持していた人類の祖先が、より危険な環境で生きざるをえなくなったときに、より大きな集団を維持する必要が生じ、肉体的接触の不足を補うものとして、声による接触を用いてできたというものである。毛づくろいがその快感を利用してお互いの連帯を確認するものだとすれば、言葉も、快い言葉をかけ合うことが基本である。ただそれがさらに、自分たちの関係だけでなく、他の人間どうしの関係をも確認するために利用されることにもなる。つまりはゴシップである。

もちろん言語の現在の機能はそれにはとどまらない。言語が有効に機能するようになれば、それはまた別の目的にも流用されるのは、進化の必然である（そのあたりのいきさつは、これも松浦ほかの訳で青土社から出ているミズン『心の先史時代』で論じられている）。ただダンバーの説によれば、抽象的な観念を操る言語を用いた思考も、本来の機能からすれば、副次的な言わば余談であり、今では余談扱いになるゴシップの方が、むしろ本筋なのだ。

言語は集団の連帯を維持・強化するためのものだったとすると、その後の人間の歩みは皮肉な展開を見せる。つまり、人間の生活が工業化や都市化の上に成り立つようになってくると、集団の連帯を維持する必要がなくなってくる。むしろそこから脱出して、人間関係の希薄な都会で暮らすことが求められるようにもなる。ところが生物はそう簡単に本性を捨てることもできない。現実においては希薄になった人間関係の空白を埋めるように、ワイドショーやメロドラマの登場人物が語りかけてきて、彼らがあたかも現実の人間関係を構成するかのように、関心と言語表現の対象となるのである。人間が本来処理するはずの人間関係に空いた穴を彼らが埋めるかぎり、これらの番組は廃れないだろう——自由であることの孤独とは、そういうことでもあるのかもしれない。

言語の進化という題材は、どんな説を出そうとも、しょせんは憶測にすぎないと言われる定めにある。ダンバーは客観的な証拠の上に論を立てるべくあれこれ工夫をしているものの、それが証拠として使えると言うためには、やはりいろいろな仮定を立てざるをえない。そういうやっかいな題材ではあるが、科学雑誌ライターの経験も豊富なダンバーは、研究の成果だけでなく、身近な例もあれこれと引きながら、専門家ではない読者のために生き生きと論じている。それによって展開される本書の話は、よくできた話として楽しく読める——もちろん、よくできた話にはプラスとマイナスの両面がある。本書の話は決定版でもすべてでもない。ダンバーの言語による毛づくろいの腕に身を委ねながら、その裏では、他の可能性にもあれこれ思いを巡らせてみなければならないだろう。それが科学の楽しみ方だと思う。

本書の翻訳は、先にも触れたダンバーの前著『科学がきらわれる理由』を訳出した縁で、青土社の清水康雄氏が勧めてくれ、手がけることになった。地元で活躍している翻訳家の服部清美に下訳を依頼し、できた下訳に松浦が目を通して手を入れるという形をとったが、最終的な責任は松浦にある。

出版に関する実務については青土社編集部の阿部俊一氏に見てもらった。また、装幀は岩瀬聡氏にお願いした。記して感謝したい。

一九九八年九月

松浦　俊輔

新装版の訳者あとがき

本訳書が最初に刊行されて二〇年近くが経ち、装いを改めて再刊してもらえることになった。幸い、人が無理なく互いに知り合える（顔を見れば名が言える）集団のサイズを表す「ダンバー数」のような、比較的通用している概念の典拠に挙げられるなどして、一定の評価を得ることができたからでもあり、そのような本を送り出せたこと、それが受け入れられたことを喜び、感謝している。

本書は「ことばの起源」の本（原題は Grooming, Gossip and the Evolution of Language = 毛づくろい、噂話、言語の進化）だが、言語学ではなく、言葉を持つようになった猿の一種を取り上げた、進化生物学である（著者は霊長類学者）。言語の起源を言語そのものの類縁関係からさかのぼってたどり、言語の発生を再構成するというのではなく、ある生物の特徴的な行動――本書が注目するのは、群れの中での行動――が、いかにして言語という現象をもたらしうるかを、生物の行動に関する知見を元に再構成したものだ。言葉がない時代と言葉を得た後の時代のあいだを埋める筋書きとして、一つの可能性を示したものと言えるだろう。その際の重要なきっかけが、意思を伝えるという言葉「本来の」用途に沿って何かの声を得るというより、群れに属する者どうしの親密度を上げるための接触だった。言葉はその行為の言わば副産物だという。本書は様々な状況証拠を積み重ねてそのなりゆきを組み立てている。

しかし、しかじかのいきさつで言語が生まれたとしても、その生まれた言語がまた進化するのだから、尾骨のような尻尾のなごりは残っているとしても、誕生の事情がその後の言葉の根幹ということにはならない。何ごとも氏と育ちの両方でできているのだ。ただ、由来がわかれば今を知るヒントになることもある（会話は何かを伝え、何かを判断するためというより、話すということそのものが目的だとすれば、さっさと結論を出して切り上げるのは、効率的に見えて、実は重要なところを外している、といったことは、今でも確かにありうるだろう)。

それでもその土台の上に築かれた、毛づくろいではすまない言葉の機能や産物もある(他ならぬ科学もそこに含まれる――それもまた言語の誕生以後にさらに生まれたささいな何かの副産物であるかもしれない)。もともとは別のことに使われていた機能の副産物として、ときとしてもっと重大な機能が生まれるという話が、進化生物学の話には往々にして出てくるが、本書のおもしろみはそういうところにもあると、あらためて思う。

もちろん、推測に頼らざるをえない部分が大きい起源の問題には、一つに決まる「正解」が簡単に明らかになるとは思えない。本書自体がさまざまな筋書きの可能性を取り上げていて、そのこともまた本書に魅力を加えている。著者のグルーミング・ゴシップ説は、誕生にかかわる、諸説をふまえ、説得力があって、ありそうと思える筋書きの一つだということである。逆に、なかなか決まらないからこそ、二〇年を経てもそのおもしろみが衰えないということでもあるかもしれない。

再刊にあたり、本文については、気がついた誤字・誤表記をいくつか直し、邦訳文献を追加し、このあとがきを加えたが、それ以外は旧版と同じである。刊行については、とくに青土社編集部の千葉乙彦氏のお世話になった。記して感謝する。

二〇一六年六月

松浦　俊輔

新版の訳者あとがき

このたび、ロビン・ダンバー『ことばの起源』の再度の新装版が出されることになりました。人類学者／進化生物学者である著者は、霊長類の社会も含めた観察から、人間の安定して維持できる社会の規模を、二百人内外とする、ダンバー数と呼ばれる仮説で知られます。そのダンバーが、そんな社会を安定させる仕掛けを、猿の「毛づくろい《グルーミング》」に見て、人間の言語は、この規模のグループ内でのグルーミングに対応する行動に由来すると推定したということでした。

そんな本の初版が出てからすでに四半世紀以上を経て、うれしいことに、ダンバー数も、グルーミング仮説も広く（肯定も否定も含め）迎え入れられました。ダンバーの他の著書も、この仮説に基づく社交論、社会論も、好評を得ているようです。また、ダンバーの仮説も含む、人類学的、霊長類学的、進化生物学的な知見の蓄積から、記録に残る言語以前の「言語の起源」あるいは人類の諸行動の起源を探る研究も続いています。「最初の言語」のような現物は見えなくても（そのためにこの仮説に留保もつくのですが）、言語誕生について、説得力のある再構成は可能と見られるようになったということでしょう。そんな流れとそこへの関心の持続があったということも、ありがたく思います。

さて、しかしそれはあくまでも起源のことであって、人類はその後、そこにとどまらない言語能力、あるいは当の言語を育ててきたのは言うまでもありません。時代時代でその都度変化し、変化した形の中から残るもの消えるものがあって、言語としての形がそれで表される内容とともに変わってきました。つまり言語もまた、ダーウィン以来の進化論に乗るような、変化を伴う継承を重ねてきたということです。

それでもなお、起源は継承され、残るようです。あるいはときおり先祖返りをするということでしょうか。規模の点では圧倒的に大きくなり、距離も毛づくろいの域をはるかに超えるほど高度化したネットワークの世界でも、グルーミング同様の定型的な言葉のやりとりが、ネットの人間関係を、良好にかどうかはともかく、維持しているように見えることもあります。

複雑なことが言えるようになることで、共感も反感も高まり、好意だけでなく憎悪のほうも強められ、さらにはメディアの発達がその影響を増幅しさえする。すると逆に、そのような言葉が忌避され、（過度にも思える）婉曲表現や、あたりさわりのなさそうな決まり文句やテンプレートに合わせた言葉のほうに傾くということに思えます。……それもまた、起源にあったとされるグルーミング言語への回帰ということなのでしょう。ダンバーによる起源の見立ては、遠く現代にも及ぶ根深さを見せることで、あらためてその起源説の妥当性を示している、そんなふうにも思います。

ただ、せっかく言語表現が内容とともに多様化し、高度化（複雑化）してきたのに、それをたどる力を失い（捨て）、そのために、表現のほうも、簡略化・単純化した、機械的・自動応対的に見える、いわば希薄になったグルーミング言語に依存した生活になっている、そんな場面が気になることも多々あります。もちろん言葉は変化します。ただ、多様な言葉を、言葉は変わるものなんだからと言いながら、単に簡便な型におさめてすませるということに終わらずに、多様なまま、複雑なままに扱えるような言語力が、表される内容とともに、変化するだけでなく継承もされることを願っています。

何はともあれ、新装版です。この本を迎え入れてくださり、それによって一種の古典の域に入れてくださった、長きにわたる読者のかたがたに感謝いたします。また、今回の刊行に尽力してくださった青土社のかたがた、とくに窓口になって実務を担当していただいた菱沼達也氏に、お礼申しあげます。

二〇二四年五月

訳者を代表して、松浦 俊輔識

索引

か行

さ行

た行

な行

は行

ま行

わ行

参考文献

＊は邦訳あり。邦訳文献参照。

1　むだ話をする人々

Milroy, R. (1987). *Language and Social Networks*. Blackwell, Oxford.

＊Lyons, J. (1970). *Chomsky*. Fontana, London.＊

＊Pinker, S. (1994). *The Language Instinct*. Allen Lane, London.

Tudgill, P. (1983). *Sociolinguistics: An Introduction to Language and Society*. Penguin, Harmondsworth.

2　めまぐるしい社会生活へ

Bowler, P. J. (1986). *The Idea of Evolution*. University of California Press, Los Angeles.

＊Byrne, R. (1995). *The Thinking Ape*. Oxford University Press, Oxford.

Byrne, R., and Whiten, A. (1987). 'The thinking primate's guide to deception.' *New Scientist* 116 (No. 1589): 54–7.

Byrne, R., and Whiten, A. (eds.) (1988). *Machiavellian Intelligence*. Oxford University Press, Oxford.

Cheney, D. L., and Seyfarth, R. M. (1990). *How Monkeys See the World*. Chicago University Press, Chicago.

Cheney, D. L., Seyfarth, R. M., and Silk, J. B. (1995). 'The role of grunts in reconciling opponents and facilitating interactions among adult female baboons.' *Animal Behaviour* 50: 249–57.

＊Dawkins, R. (1976). *The Selfish Gene*. Oxford University Press, Oxford.

Dawkins, R. (1993). 'Gaps in the mind.' In: P. Cavalieri and P. Singer (eds.), *The Great Ape Project*, pp. 80–87. Fourth Estate, London.

Dennett, D. (1995). *Darwin's Dangerous Idea*. Allen Lane, Harmondsworth.

Dunbar, R. I. M. (1984). *Reproductive Decisions: An Economic Analysis of Gelada Baboon Social Strategies*. Princeton University Press, Princeton.

Dunbar, R. I. M. (1988). *Primate Social Systems*. Chapman & Hall, London.

Fleagle, J. G. (1988). *Primate Adaptation and Evolution*. Academic Press, New York.

* Goodall, J. (1986). *The Chimpanzees of Gombe: Patterns of Behaviour*. Harvard University Press, Cambridge (Mass.).

Gribbin, J., and Gribbin, M. (1993). *Being Human: Putting People in an Evolutionary Perspective*. Dent, London.

Harcourt, A., and de Waal, F. (eds.) (1993). *Coalitions and Alliances in Humans and Other Animals*. Oxford University Press, Oxford.

Hinde, R. A. (ed.) (1983). *Primate Social Relationships*. Blackwells Scientific Publications, Oxford.

Jones, S., Martin, R. D., and Pilbeam D. (eds.) (1992). *The Cambridge Encyclopedia of Human Evolution*. Cambridge University Press, Cambridge.

Martin, R. D. (1990). *Primate Origins and Evolution*. Chapman & Hall, London.

Pearson, R. (1978). *Climate and Evolution*. Academic Press, London.

Richard, Alison F. (1985). *Primates in Nature*. W. H. Freeman, San Francisco.

Smuts, B. B., Cheney, D. L., Seyfarth, R. M., Wrangham, R. W., and Struhsaker, T. T. (eds.) (1987). *Primate Societies*. Chicago University Press, Chicago.

Smuts, B. B. (1985). *Sex and Friendship in Baboons*. Aldine, New York.

* de Waal, F. (1982). *Chimpanzee Politics*. Allen & Unwin, London.

de Waal, F., and van Roosmalen, J. (1979). 'Reconciliation and consolation among chimpanzees.' *Behavioural Ecology and Sociobiology* 5: 55–66.

3 誠実になることの重要性

Abott, D. H. (1984). 'Behavioural and physiological suppression of fertility in subordinate marmoset monkeys.' *American Journal of Primatology* 6: 169–86.

Abbott, D. H., Keverne, E. B., Moore, G. F., and Yodyinguad. U. (1986). 'Social suppression of reproduction in subordinate talapoin monkeys, *Miopithecus talapoin*.' In: J. Else and P. C. Lee (eds.), *Primate Ontogeny*, pp. 329–41. Cambridge University Press, Cambridge.

Barton, R. (1985). 'Grooming site preferences in primates and their functional implications.' *International Journal of Primatology* 6: 519–31.

Bowman, L. A., Dilley, S. R., and Keverne, E. B. (1978). 'Suppression of oestrogen-induced LH surges by social subordination in talapoin monkeys.' *Nature*, London, 275: 56–8.

Cheney, D. L., and Seyfarth, S. M. (1990). *How Monkeys See the World.* Chicago University Press, Chicago.

Dunbar, R. I. M. (1985). 'Stress is a good contraceptive.' *New Scientist* 105 (17 January): 16–18.

Dunbar, R. I. M. (1988). *Primate Social Systems.* Chapman & Hall, London.

Dunbar, R. I. M. (1991). 'Functional significance of social grooming in primates.' *Folia primatologica* 57: 121–31.

Enquist, M., and Leimar, O. (1993). 'The evolution of cooperation in mobile organisms.' *Animal Behaviour* 45: 747–57.

Goosen, C. (1981). 'On the function of allogrooming in Old World monkeys.' In: A. B. Chiarelli and R. S. Corruccini (eds.), *Primate Behaviour and Sociobiology*, pp. 110–20. Springer, Berlin.

Hayes, K., and Hayes, C. (1952). 'Imitation in a home-raised chimpanzee.' *Journal of Comparative Psychology* 45: 450–9.

Hockett, C. F. (1960). 'Logical considerations in the study of animal communication.' In: W. E. Lanyon and W. N. Tavolga (eds.), *Animal Sounds and Communication*, pp. 392–430. American Institute of Biological Sciences, Washington.

Howlett, T., Tomlin, S., Ngahfoong, L., Rees, L., Bullen, B., Skrinar, G., and MacArthur, J. (1984). 'Release of ß endorphin and met-enkephalin during exercise in normal women: response to training.' *British Medical Journal* 288: 1950–2.

Kellogg, W. N., and Kellogg, L. A. (1933). *The Ape and the Child: A Study of Environmental Influence upon Early behaviour.* Whittlesey House, New York.

Keverne, E. B., Martensz, N., and Tuite, B. (1989). 'Beta-endorphin concentrations in cerebrospinal fluid on monkeys are influenced by grooming relationships.' *Psychoneuroendcrin-ology* 14: 155–61.

Mason, H. (1984). 'Everything you wanted to know about sperm banks.' *Observer* (20 August), p. 35.

Premack, D., and Premack, A. J. (1983). *The Mind of an Ape.* Norton, New York.

* Savage-Rumbaugh, S. (1980). *Ape Language: From Conditioned Response to Symbol.* Oxford University Press, New York.

Silk, J. (1982). 'Altruism among female *Macaca radiata*: explanations and analysis of patterns of grooming and coalition formation.' *Behaviour* 79: 162–88.

Sparks, J. (1967). 'Allogrooming in primates: a review.' In: D. Morris (ed.), *Primate Ethology*, pp. 148–75. Weidenfeld & Nicholson, London.

Smuts, B. B., Cheney, D. L., Seyfarth, R. M., Wrangham, R. W., and Struhsaker, T. T. (eds.) (1987). *Primate Societies*. Chicago University Press, Chicago.

Wasser, S. K., and Barash, D. P. (1983). 'Reproductive suppression among female mammals: implications for biomedicine and sexual selection theory.' *Quarterly Reviews of Biology* 58: 513–38.

4 脳、群れ、進化

Buys, C. J., and Larsen, K. L. (1979). 'Human sympathy groups.' *Psychology Reports* 45: 547–53.

* Byrne, R. (1995). *The Thinking Ape*. Oxford University Press, Oxford.

Byrne, R., and Whiten, A. (eds.) (1988). *Machiavellian Intelligence*. Oxford University Press, Oxford.

Coleman, J. S. (1964). *An Introduction to Mathematical Sociology*. Collier-Macmillan, London.

Dunbar, R. I. M. (1992). 'Neocortex size as a constraint on group size in primates.' *Journal of Human Evolution* 20: 469–93.

Dunbar, R. I. M. (1993). 'Coevolution of neocortical size, group size and language in humans.' *Behavioural and Brain Sciences* 16: 681–735.

Dunbar, R. I. M. (1992). 'Why gossip is good for you.' *New Scientist* 136: 28–31.

Dunbar, R. I. M., and Spoors, M. (1995). 'Social networks, support cliques amd kinship.' *Human Nature* 6: 273–90.

Friedman, J., and Rowlands, M. J. (eds.) (1977). *The Evolution of Social Systems*. Duckworth, London.

Jerison, H. J. (1973). *Evolution of the .Brain and Intelligence*. Academic Press, New York.

Johnson, G. A. (1982). 'Organizational structure and scalar stress.' In: Renfrew, C., Rowlands, M., and Abbott-Seagram, B. (eds.), *Theory and Explanation in Archaeology*. Academic Press, London.

Killworth, P. D., Bernard, H. R., and McCarty, C. (1984). 'Measuring patterns of acquaintanceship.' *Current Anthropology* 25: 391–7.

Kudo, H., Bloom, S., and Dunbar, R. I. M. (submitted). 'Neocortex size as a constraint on social network size in primates.' *Behaviour*.

Lewin, R. (1992). 'The great brain race.' *New Scientist* (5 December), pp. 2–8.

Naroll, R. (1956). 'A preliminary index of social development.' *American Anthropologist* 58: 687–715.

Wasdell, D. (1974). 'Let My People Grow!' Urban Church Project Workpaper No. 1. Archbishops' Council on Evangelism, London.

5 機械の中の幽霊

* Astington, J. W. (1994). *The Child's Discovery of the Mind*. Fontana, London.

Barkow, J. H., Cosmides, L., and Tooby, J. (eds.) (1993). *The Adapted Mind*. Oxford University Press, Oxford.

Baron-Cohen, S. (1991). 'The theory of mind impairment in autism.' In: Whiten, A. (ed.), *Natural Theories of Mind*, pp. 233–52. Oxford University Press, Oxford.

* Byrne, R. (1995). *The Thinking Ape*. Oxford University Press, Oxford.

Cheney, D. L., and Seyfarth, S. M. (1990). *How Monkeys See the World*. Chicago University Press, Chicago.

Dennett, D. (1983). 'Intentional systems in cognitive ethology: the "Panglossian paradigm" defended.' *Behavioural and Brain Sciences* 6: 343–90.

Donald, M. (1991). *Origins of the Modern Mind*. Harvard University Press, Cambridge (Mass).

* Dunbar, R. I. M. (1995). *The Trouble with Science*. Faber & Faber, London.

Gallup, G. G. (1970). 'Chimpanzees: self-recognition.' *Science* 167: 417–21.

Gallup, G. G. (1985). 'Do minds exist in species other than our own?' *Neuroscience and Biobehavioural Reviews* 9: 631–41.

* Happé, F. (1994). *Autism: An Introduction to Psychological Theory*. University College London Press, London.

Kinderman, P., Dunbar, R., and Bentall, R. (submitted). 'Theory-of-mind deficits, causal attributions and paranoia: an analogue study.' *British Journal of Psychology*.

Leslie, A. M. (1987). 'Pretence and representation in infancy: the origins of theory of mind.' *Psychological Review* 94: 84–106.
Parker, S., Mitchell, R. W., and Boccia, M. L. (eds.) (1994). *Self-awareness in Animals and Humans*. Cambridge University Press, Cambridge.
Povinelli, D. J. (1989). 'Failure to find self-recognition in Asian elephants (*Elephas maximus)* in contrast to their use of mirror cues to discover hidden food.' *Journal of Comparative Psychology* 103: 122–31.
Povinelli, D. J., Nelson, K. E., and Boysen, S. T. (1990). 'Inferences about guessing and knowing by chimpanzees (*Pan troglodytes*).' *Journal of Comparative Psychology* 104: 203–10.
Povinelli, D. J., Nelson, K. E. and Boysen, S. T. (1992). 'Comprehension of social role reversal by chimpanzees: evidence of empathy?' *Animal Behaviour* 43: 633–40.
Premack, D., and Woodruff, G. (1978). 'Does the chimpanzee have a theory of mind?' *Behavioural and Brain Sciences* 4: 515–26.
RACTER (1985). *The Policeman's Beard is Half Constructed*. Warner Books, New York.
Weiskrantz, L. (ed.) (1985). *Animal Intelligence*. Oxford University Press, Oxford.
Wolpert, L. (1994). *The Unnatural Nature of Science*. Faber & Faber, London.
*de Waal, F. (1982). *Chimpanzee Politics*. Allen & Unwin, London.
Whiten, A. (ed.) (1991). *Natural Theories of Mind*. Blackwell, Oxford.
Whiten, A. , and Byrne, R. (1988). 'Tactical deception in primates.' *Behavioural and Brain Sciences* 11: 233–44.

6　はるか彼方へ時をさかのぼる

Aiello, L., and Dunbar, R. I. M. (1993). 'Neocortex size, group size and the evolution of language.' *Current Anthropology* 34: 184–93.
Aiello, L., and Wheeler, P. (1995). 'The expensive tissue hypothesis.' *Current Anthropology* 36: 199–211.
Alexander, R. D., Hoogland, J. L., Howard, R. D., Noonan, K. M., and Sherman, P. W. (1979). 'Sexual dimorphisms and breeding systems in pinnipeds., ungulates, primates and humans.' In: N. Chagnon and W. Irons (eds.), *Evolutionary Biology and Human Social Behaviour*, pp. 402–35. Duxbury, North Scituate (Mass.).

Arensburg, B., Tillier, A. M., Vandermeersch, B., Duday, H., Schepartz, L. A., and Rak, Y. (1989). 'A Middle Palaeolithic human hyoid bone.' *Nature*, London, 338: 758–9.

Bischoping, K. (1993). 'Gender differences in conversation topics, 1922–1990.' *Sex Roles* 28: 1–17.

Clarke, R. J., and Tobias, P. V. (1995). 'Sterkfontein member 2 foot bones of the oldest South African hominid.' *Science* 269: 521–4.

Cohen, J. E. (1971). *Casual Groups of Monkeys and Men*. Harvard University Press, Cambridge (Mass.).

Dunbar, R. I. M. (1988). *Primate Social Systems*. Chapman & Hall, London.

Dunbar, R. I. M. (1993). 'Coevolution of neocortical size, group size and language in humans.' *Behavioural and Brain Sciences* 16: 681–735.

Dunbar, R. I. M., Duncan, N. D. C., and Nettle, D. (1995). 'Size and structure of freely forming conversational groups.' *Human Nature* 6: 67–78.

Dunbar, R. I. M., and Spoors, M. (1995). 'Social networks, support cliques and kinship.' *Human Nature* 6: 273–90.

Janis, C. (1976). 'The evolutionary strategy of the Equidae and the origins of rumen and caecal digestion.' *Evolution* 30: 757–74.

Jones, S., Martin, R. D., and Pilbeam D. (eds.) (1992). *The Cambridge Encyclopedia of Human Evolution*. Cambridge University Press, Cambridge.

Legget, R. F., and Northwood, T. D. (1960). 'Noise surveys at cocktail parties.' *Journal of the Acoustical Society of America* 32: 16–18.

Liebermann, D. (1989). 'The origins of some aspects of language and cognition.' In P. Mellars and C. Stringer (eds.), *The Human Revolution*, pp. 391–414. Edinburgh University Press, Edinburgh.

Mellars, P., and Stringer, C. (eds.) (1989). *The Human Revolution*. Edinburgh University Press, Edinburgh.

Nettle, D. (1994). 'A behavioural correlate of phonological structure.' *Language and Speech* 37: 425–9.

* Pinker, S. (1994). *The Language Instinct*. Allen Lane, London.

Sigg, H., and Stolba, A. (1981). 'Home range and daily march in a hamadryas baboon troop.' *Folia Primatologica* 36: 40–75.

van Soest, P. J. (1982). *The Nutritional Ecology of the Ruminant*. Cornell University Press, Ithaca.

* Stringer, C., and Gamble, C. (1993). *In Search of the Neanderthals*.

Thames and Hudson, London.
Wheeler, P. E. (1988). 'Stand tall to stay cool.' *New Scientist* (December) pp. 62–5.
Wheeler, P. E. (1991). 'The influence of bipedalism on the energy and water budgets of early hominids.' *Journal of Human Evolution* 21: 107–36.

7 最初の言葉

Asch, S. E. (1956). 'Studies of independence and conformity. A minority of one against a unanimous majority.' *Psychological Monographs* 70, No. 9.
Bever, G., and Chiarello, R. J. (1974). 'Cerebral dominance in musicians and non-musicians.' *Science* 185: 137–9.
Bott, E. (1971). *Family and Social Network*. Tavistock Publications, London.
Bradshaw, J., and Rogers, L. (1993). *The Evolution of Lateral Asymmetries, Language, Tool Use and Intellect*. Academic Press, New York.
* Calvin, W. H. (1983). *The Throwing Madonna: From Nervous Cells to Hominid Brains*. McGraw-Hill, New York.
Casperd, J., and Dunbar, R. I. M. (1996). 'Asymmetries in the visual processing of emotional cues during agonistic interactions by gelada baboons.' *Behavioural Processes* (in press).
Cheney, D. L., and Seyfarth, R. M. (1982). 'How vervet monkeys perceive their grunts: field playback experiments.' *Animal Behaviour* 30: 739–51.
Corballis, M. C. (1991). *The Lopsided Ape*. Oxford University Press, Oxford.
Davies, N. B., and Halliday, T. R. (1977).' Optimal mate selection in the toad *Bufo bufo*.' *Nature*, London, 269: 56–8.
Denman, J., and Manning, J. T. (submitted). 'Lateral cradling preferences and left-eye-mediated perceptions of emotions.' *Ethology and Sociobiology*.
Dunbar, R. I. M. (1988). *Primate Social Systems*. Chapman & Hall, London.

Dunbar, R. I. M., and Spoors, M. (1995). 'Social networks, support cliques amd kinship.' *Human Nature* 6: 273–90.

Foley, R. A. (1989). 'The evolution of hominid social behaviour.' In: V. Standen and R. Foley (eds.), *Comparative Socioecology*, pp. 473–94. Blackwell Scientific Publications, Oxford.

Foley, R. A., and Lee, P. C. (1989). 'Finite social space, evolutionary pathways and reconstructing hominid behaviour.' *Science* 243: 901–6.

Hauser, M. (1993). 'Right hemisphere dominance for the production of facial expression in monkeys.' *Science* 261: 475–7.

Hauser, M., and Fowler, C. (1991). 'Declination in fundamental frequency is not unique to human speech.' *Journal of the Acoustical Society of America* 91: 363–9.

* Jaynes, J. (1990). *The Origin of Conciousness in the Breakdown of the Bicameral Mind*. Houghton Mifflin, New York.

Kinzey, W. (ed.) (1987). *The Evolution of Human Behaviour: Primate Models*. State University of New York Press, Albany.

Knight, C. (1990). *Blood Relations: Menstruation and the Origins of Culture*. Yale University Press, New Haven (Conn.).

Manning, J. T., Chamberlain, A. T., and Heaton, R. (1994). 'Left-sided cradling: similarities and differences between apes and humans.' *Journal of Human Evolution* 26: 77–83.

Richman, B. (1976). 'Some vocal distinctive features used by gelada monkeys.' *Journal of the Acoustical Society of America* 60: 718–24.

Rodseth, L., Wrangham, R. W. , Harrigan, A., and Smuts, B. B. (1991). 'The human community as a primate society.' *Current Anthropology* 32: 221–55.

Schumacher, A. (1982). 'On the significance of stature in human society.' *Journal of Human Evolution* 11: 697–701.

* de Waal, F. (1982). *Chimpanzee Politics*. Allen & Unwin, London.

de Waal, F. (1984). 'Sex differences in the formation of coalitions among chimpanzees.' *Ethology and Sociobiology* 5: 239–55.

Wallach, M. A., Kogan, N., and Bem, D. J. (1962). 'Group influence on individual risk-taking.' *Journal of Abnormal and Social Psychology* 65: 75–86.

Wallach, M. A., Kogan, N., and Bem, D. J. (1964). 'Diffusion of responsibility and level of risk-taking in groups.' *Journal of Abnormal and Social Psychology* 68: 263–74.

Cavalli-Sforza, L. L., Piazza, A., Menozzi, P., and Mountain, J. L. (1988). 'Reconstruction of human evolution: bringing together genetic, archaeological and linguistic data.' *Proceedings of the National Academy of Sciences, USA* 85: 6002–6.

* Daly, M., and Wilson, M. (1988). *Homicide*. Aldine, New York.

* Dawkins, R. (1976). *The Selfish Gene*. Oxford University Press, Oxford.

Dunbar, R. I. M., Clark, A., and Hurst, N. L. (1995). 'Conflict and cooperation among the Vikings: contingent behavioural decisions.' *Ethology and Sociobiology* 16: 233–46.

Green, S. (1975). 'Dialects in Japanese monkeys: vocal learning and cultural transmission of locale-specific vocal behaviour?' *Zeitschrift fur Tierpsychologie* 38: 304–14.

Hughes, A. L. (1988). *Evolution and Human Kinship*. Oxford University Press, Oxford.

Johnson, G. R., Ratwick, S. H., and Swyer, T. J. (1987). 'The evocative significance of kin terms in patriotic speech.' In: Reynolds, V., Falger, V., and Vine, I. (eds.), *The Sociobiology of Ethnocentrism*, pp. 157–74. Chapman & Hall, London.

Knight, C. (1990). *Blood Relations: Menstruation and the Origins of Culture*. Yale University Press, New Haven.

Mitani, J., Hasegawa, T., Gros-Louis, J., Marler, P., and Byrne, R. (1992). 'Dialects in wild chimpanzees?' *American Journal of Primatology* 23: 233–43.

Nettle, D., and Dunbar, R. I. M. (submitted). 'Social markers and the evolution of reciprocal exchange.' *Current Anthropology*.

Panter-Brick, C. (1989). 'Motherhood and subsistence work: the Tamang of rural Nepal.' *Human Ecology* 17: 205–28.

* Pinker, S. (1994). *The Language Instinct*. Allen Lane, London.

Renfrew, C. (1994). 'World linguistic diversity.' *Scientific American* 270: 104–11.

* Ridley, M. (1994). *The Red Queen*. Viking, London.

Shaw, R. P., and Wong, Y. (1989). *Genetic Seeds of Warfare: Evolution, Natiuonalism and Patriotism*. Unwin Hyman, Boston.

Stoneking, M., and Cann, R. (1989).' African origin of human mitochondrial DNA.' In: Mellars, P., and Stringer, C. (eds.). *The Human Revolution*, pp. 17–30. Edinburgh University Press, Edinburgh.

9　生活のちょっとした儀式

Bachmann, C., and Kummer, H. (1980). 'Male assessment of female choice in hamadryas baboons.' *Behavioural Ecolology and Sociobiology* 6: 315–21.

Betzig, L., Borgerhoff Mulder, M., and Turke, P. (1988). *Human Reproductive Behaviour*. Cambridge University Press, Cambridge.

Bischoping, K. (1993). 'Gender differences in conversation topics, 1922-1990.' *Sex Roles* 28: 1–18.

* Buss, D. (1994). *The Evolution of Desire*. Basic Books, New York.

* Coates, J. (1993). *Women, Men and Language*. Longman, New York.

Coser, R. L. (1960). 'Laughter among colleagues.' *Psychiatry* 23: 81–95.

Cosmides, L., and Tooby, J. (1993). 'Cognitive adaptations for social exchange.' In: Barkow, J. H., Cosmides, L., and Tooby, J. (eds.), *The Adapted Mind*, pp. 162–228. Oxford University Press, Oxford.

Daly, M., and Wilson, M. (1988). 'Evolutionary psychology and family homicide.' *Science* 242: 519–24.

Dunbar, R. I. M. (1993). 'The co-evolution of neocortical size, group size and the evolution of language in humans.' *Behavioural and Brain Sciences* 16: 681–735.

Dunbar, R. I. M., Duncan, N. D. C., and Marriott, A. (submitted). 'Human conversational behaviour: a functional approach.' *Ethology and Sociobiology*.

Eakins, B. W., and Eakins, R. G. (1978). *Sex Differences in Human Communication*. Houghton Mifflin, Boston.

Emler, N. (1990). 'A social psychology of reputations.' *European Journal of Social Psychology* 1: 171–93.

Emler, N. (1992). 'The truth about gossip.' *Social Psychology Newsletter* 27: 23–37.

Goodman, R. F., and Ben-Ze'ev, A. (eds.) (1994). *Good Gossip*. University of Kansas Press.

Grammer, K. (1989). 'Human courtship behaviour: biological basis and cognitive processing.' In: A. Rasa, C. Vogel and E. Voland (eds.), *The Sociobiology of Sexual and Reproductive Behaviour*, pp. 147–69. Chapman & Hall, London.

Hawkes, K. (1991). 'Showing off: tests of another hypothesis about men's foraging goals.' *Ethology and Sociobiology* 11: 29–54.

Huxley, E. (1987). *Out in the Midday Sun*. Penguin, Harmondsworth.

Kipers, P. S. (1987). 'Gender and topic.' *Language and Society* 16:

543–57.

Miller, G. (1996). 'Sexual selection in human evolution: review and prospects.' In: C. Crawford and D. Krebs (eds.), *Evolution and Human Behaviour: Ideas, Issues and Applications*. Lawrence Erlbaum, New York.

Moore, M. M. (1985). 'Non-verbal courtship patterns in women: context and consequences.' *Ethology and Sociobiology* 6: 237–47.

Petrie, M. (1994). 'Improved growth and survival of offspring of peacocks with more elaborate trains.' *Nature*, London 371: 598–9.

Petrie, M., and Halliday, T. (1994). 'Experimental and natural changes in the peacock's (*Pave cristatus*) train can affect mating success.' *Behavioural Ecology and Sociobiology* 35: 213–17.

Provine, R. R. (1993). 'Laughter punctuates speech: linguistic, social and gender contexts of laughter.' *Ethology* 95: 291–8.

* Ridley, M. (1994) *The Red Queen*. Viking, London.

Smuts, B. B. (1985). *Sex and Friendship in Baboons*. Aldine, New York

Voland, E., and Engel, C. (1990). 'Female choice in humans: a conditional mate choice strategy of the Krummhorn women (Germany 1720–1874).' *Ethology* 84: 144–54.

Waynforth, D., and Dunbar, R. I. M. (1995). 'Conditional mate choice strategies in humans: evidence from lonely-hearts advertisements.' *Behaviour* 132: 755–79.

Zahavi, A. (1975). 'Mate selection – a selection for a handicap.' *Journal of Theoretical Biology* 53: 205–14.

10 進化の傷跡

Bott, E. (1971). *Family and Social Network*. Tavistock Publications, London.

Cohen, J. (1971). *Casual Groups of Monkeys and Men*. Harvard University Press, Cambridge (Mass.).

Coleman, J. S. (1964). *Introduction to Mathematical Sociology*. Collier-Macmillan, London.

Dunbar, R. I. M., Duncan, N. D. C., and Nettle, D. (1995). 'Size and structure of freely forming conversational groups.' *Human Nature* 6: 67–78.

Flinn, M., and England, B. G. (1995). 'Childhood stress and family environment.' *Current Anthropology* 36: 854–66.

Grayson, D. K. (1994). 'Differential mortality and the Donner party disaster.' *Evolutionary Anthropology* 2: 151–9.

Legget, R., F., and Northwood, T. D. (1960). 'Noise surveys at cocktail parties.' *Journal of the Acoustical Society of America* 32: 16–18.

McCormick, N. B., and McCormick, J. W. (1992). 'Computer friends and foes: content of undergraduates' electronic mail.' *Computers and Human Behaviour* 8: 379–405.

Milardo, R. M. (ed.) (1988). *Families and Social Networks*. Sage, Newbury Park (Ca.).

* Morgan, E. (1990). *The Scars of Evolution*. Souvenir Press, London.

Spence, J. (1954). *One Thousand Families in Newcastle Upon Tyne*. Oxford Universirt Press, Oxford.

Young, M., and Willmott, P. (1957). *Family and Kinship in East London*. Routledge and Kegan Paul, London.

邦訳文献

1　むだ話をする人々

Lyons, J.『チョムスキー』長谷川欣佑他訳（岩波書店・1985）

Pinker, S.『言語を生み出す本能』上・下　椋田直子訳（日本放送出版協会・1995）

2　めまぐるしい社会生活へ

Byrne, R.『考えるサル』小山高正他訳（大月書店・1998）

Byrne and Whitten.『ヒトはなぜ賢くなったか』藤田和生ほか監訳（ナカニシヤ出版・2004）

Dawkins, R.『利己的な遺伝子』日高敏隆他訳（紀伊國屋書店・1997）

Dennett, D.『ダーウィンの危険な思想』石川幹人ほか訳（青土社・2001）

Goodall, J.『野生チンパンジーの世界』杉山幸丸ほか監訳（ミネルヴァ書房・1990）

de Waal, F.『チンパンジーの政治学』西田利貞訳（産経新聞出版・2006）

3　誠実になることの重要性

Savage-Rumbaugh, S.『チンパンジーの言語研究』小島哲也訳（ミネルヴァ書房・1992）

4　脳、群れ、進化

Byrne, R.『考えるサル』小山高正他訳（大月書店・1998）

Byrne and Whitten.『ヒトはなぜ賢くなったか』藤田和生ほか監訳（ナカニシヤ出版・2004）

5　機械の中の幽霊

Astington, J.W.『子供はどのように心を発見するか』松村暢隆訳（新曜社・1995）

Dunbar, R.I.M.『科学がきらわれる理由』松浦俊輔訳（青土社・1997）

Happé, F.『自閉症の心の世界』石坂好樹他訳（星和書店・1997）

de Waal, F.『チンパンジーの政治学』西田利貞訳（産経新聞出版・2006）

6　はるか彼方へ時をさかのぼる

Pinker, S.『言語を生み出す本能』上・下　椋田直子訳（日本放送出版協会・1995）

Stringer, C. and Gamble, C.『ネアンデルタール人とは誰か』河合信和訳（朝日新聞社・1997）

7 最初の言葉

Calvin, W.H.『マドンナがしとめた』須田勇他訳（誠信書房・1987）
Jaynes, J.『意識の起源、構造、制約』北村和夫訳（私家版・2005）
de Waal, F.『チンパンジーの政治学』西田利貞訳（産経新聞出版・2006）

8 バベルの遺物

Daly, M. and Wilson, M.『人が人を殺すとき』長谷川真理子ほか訳（新思索社・1999）
Dawkins, R.『利己的な遺伝子』日高敏隆他訳（紀伊國屋書店・1997）
Ridley, M.『赤の女王』長谷川真理子訳（翔泳社・1994）

9 生活のちょっとした様式

Buss, D.『男と女のだましあい』狩野秀之訳（草思社・2000）
Coates, J.『女と男とことば』吉田正治訳（研究社出版・1993）
Ridley, M.『赤の女王』長谷川真理子訳（翔泳社・1994）

10 進化の傷跡

Morgan, E.『進化の傷あと』望月弘子訳（どうぶつ社・1999）

Grooming, Gossip and the Evolution of Language
by Robin Dunbar

ことばの起源　猿の毛づくろい、人のゴシップ　新版

2024年8月25日　第1刷印刷
2024年9月 5 日　第1刷発行

著　者――ロビン・ダンバー
訳　者――松浦俊輔＋服部清美
発行者――清水一人
発行所――青土社

〒101-0051　東京都千代田区神田神保町1－29　市瀬ビル
［電話］03-3294-7829（営業）、03-3291-9831（編集）
［振替］00190-7-192955

印刷・製本――モリモト印刷

装幀――岩瀬聡

ISBN978-4-7917-7656-6
Printed in Japan